初学者也能快速上手！

Unity 2018

[日] 北村爱实／著

罗水东／译

入门与实战

人民邮电出版社

北 京

图书在版编目（CIP）数据

Unity 2018入门与实战 ／（日）北村爱实著；罗水
东译. -- 北京：人民邮电出版社，2020.10（2022.1重印）
ISBN 978-7-115-53428-6

Ⅰ．①U… Ⅱ．①北… ②罗… Ⅲ．①游戏程序—程序
设计 Ⅳ．①TP317.6

中国版本图书馆CIP数据核字(2020)第037445号

　◆　著　　　　［日］北村爱实
　　　译　　　　罗水东
　　　责任编辑　俞　彬
　　　责任印制　王　郁　马振武
　◆　人民邮电出版社出版发行　　北京市丰台区成寿寺路 11 号
　　　邮编　100164　　电子邮件　315@ptpress.com.cn
　　　网址　https://www.ptpress.com.cn
　　　北京虎彩文化传播有限公司印刷
　◆　开本：787×1092　1/16
　　　印张：26　　　　　　　　　2020 年 10 月第 1 版
　　　字数：527 千字　　　　　　2022 年 1 月北京第 3 次印刷
　　　著作权合同登记号　图字：01-2018-1418 号

定价：119.00 元
读者服务热线：**(010)81055410**　印装质量热线：**(010)81055316**
反盗版热线：**(010)81055315**
广告经营许可证：京东市监广登字 20170147 号

内容提要

　　本书基于 Unity 2018，用简单的说明和插图详细介绍了如何开发游戏。本书在讲解时将游戏开发分解为 5 个步骤，并通过 6 个小游戏的开发来介绍 Unity 的功能，包括编辑器、游戏脚本、打包、UI 游戏界面、多媒体、动画系统、关卡设计等。

　　本书非常适合第一次挑战游戏制作的读者，读者即使没有编程经验也可以轻松学习 Unity。

前言

　　很多朋友在听说"用 Unity 来开发游戏非常简单"并带着跃跃欲试的心情下载了 Unity 后，却发现不知如何使用 Unity，并且在编程方面也是一头雾水。

　　幸运的是，现在已经有很多讲解 Unity 使用方法和相关编程知识的好书了。这些书大多提供了许多游戏开发的实例，读者按照讲解一步步操作，就能很容易地开发出 3D 游戏。然而，很多人看懂了书中的例子，开始信心满满地尝试自己开发点什么的时候，却常常陷入一筹莫展、不知从何入手的境地。

　　这主要是因为，大部分教程将讲解的重点放在了与游戏开发相关的个别技术上（比如，如何让动画角色动起来，如何完成碰撞检测，如何进行 UI 显示等），而专注于讲解"游戏开发流程"的书则非常少见。针对这一现状，本书在讲解时将游戏开发分解为 5 个步骤。读者掌握它们之后，对于每一步具体应当怎么做都会胸有成竹，这样开发游戏也就不难了。

　　我们常说，为了真正掌握某种技术，不论用此技术制作的作品多么简陋，一定要保证将它"做完"。游戏开发出来后，不妨发给朋友们试玩，或者传到线上商店供玩家下载。这样将能够从玩家的反馈中总结出很多改进的思路，积攒越来越多的经验后，对如何打造一款优秀的游戏自然会有更深的体会。如果本书能帮助读者创作出游戏佳作，笔者将深感荣幸。

　　承蒙读者厚爱，笔者之前的著作获得了大量好评，而本书也是在前作的基础上根据 Unity 2018 版修订而来的。在此，笔者要向对本书出版给予支持与帮助的各位朋友表示深深的感谢。

北村爱实

目录

第2章　C#编程基础

第3章 游戏对象的配置与移动方法

第4章 UI 和调度器

第5章　Prefab 与碰撞检测

第6章　Physics 和动画

第 7 章 3D 游戏的开发方法

第8章　关卡设计

第 1 章
游戏开发前的准备

学习 Unity 的安装与基本操作！

本章我们将对 Unity 进行介绍。大家可能都听说过"用 Unity 来开发游戏非常简单"，但真正使用起来怎么样呢？本章我们就来看看 Unity 具有什么功能，以及要灵活使用 Unity 所必须掌握的知识有哪些。同时，我们还将学习安装 Unity 并尝试让游戏能在手机上运行起来。这些准备工作都完成后，我们也就迈出了使用 Unity 开发游戏的第一步！

1.1 必备的游戏开发技术

在使用 Unity 开发游戏之前，我们先简单看看游戏开发需要用到哪些知识。了解了传统游戏开发的相关技术后，再来看如何用 Unity 实现相同的功能。

如今在手机上收发邮件、上网、玩游戏都已经是稀松平常的事了。现在的智能手机都内置了许多方便的工具，而且开发者还可以开发并销售各种应用，因此抓住这一机会在手机平台上开发游戏的人数也在逐年增多。

不过，**从零开始开发一款游戏的难度是很大的**。在书店里可以看到很多编程入门教材和与游戏开发相关的书籍，但这并不意味着买本编程书学习后就可以马上开发出游戏。

游戏开发对技术的要求很高。仅掌握 C 或 C++ 编程语言，并不意味着就一定能开发出游戏。光学习编程语言还不够，还需要学习游戏类库[①]的使用方法、矩阵运算等数学知识、动画特效和音效的制作、游戏的操作控制、UI 菜单的跳转等，要学习的内容实在太多了，如图 1-1 所示。

读到这里，读者是不是有把书页合上的冲动呢？先别着急，如果使用 Unity 来开发游戏，那么**上述这些游戏开发中的难点都将由 Unity 为我们代劳了**。我们只要专注于设计游戏的核心玩法即可。那么，Unity 到底是一款怎样的工具呢？在接下来的 1.2 节中我们将对此进行说明。

图1-1 游戏开发的难点

---

① 类库指的是将特定领域的相关代码集中起来，整理成便于他人使用的集合。如由 Intel 开发的著名图像处理类库 OpenCV。借助于 OpenCV，开发者可以不用考虑图像处理的相关算法，使用它提供的函数就可以很容易地编写出图像处理程序。

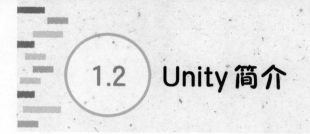

我们来看看 Unity 是一款怎样的工具。了解 Unity 的优点和缺点，从而更好地使用它。

1.2.1 人人都可以上手的开发环境

Unity 是 Unity Technologies 在 2004 年开发的游戏引擎。所谓游戏引擎，简单说就是为了便于开发，而将 3D 图形计算以及光照处理、音效处理、菜单跳转处理等游戏开发中经常使用的功能都集合到一起的工具集。

当然，在 Unity 发布之前已经存在了很多游戏引擎。和其他游戏引擎不同的是，在 Unity 中，游戏对象的调整、光照设定以及功能追加等基本操作都可以通过 Unity 编辑器按"所见即所得"的方式来完成。也就是说，**只需在 Unity 编辑器中调整参数，就可以改变游戏对象（被放置到游戏画面中的物体）的行为以及外观。**

这样，不用编写复杂的代码，就能很简单地完成游戏开发。随着 Unity 的出现，游戏开发的难度大幅下降，原本只有游戏公司才能完成的游戏开发，现在，那些缺少相关专业知识的人也可以参与进来了。

1.2.2 多平台支持

Unity 开发的游戏不仅能在电脑上运行，同样还支持主流的智能手机和游戏主机等平台。表 1-1 列出了 Unity 支持的几大主要平台。其他平台的情况以及最新的资料，可以前往 Unity 官方网站进行查看。

表1-1 Unity支持的平台

电脑	Windows	macOS	Linux
智能手机	iOS	Android	Windows Phone
游戏主机	PS4/PSVITA	Xbox One	3DS/Switch
VR	Oculus Rift	Google Daydream	Playstation VR

对开发者来说，有了多平台的支持，游戏开发就方便多了，如图 1-2 所示。只需简单地做些设置，为电脑开发的游戏也能在智能手机和游戏主机上运行。同时，为 iPhone 开发的游戏也能通过这一特性在 Android 手机上运行。而且，有了多平台支持，自己开发的游戏就能在多个平台上被玩家体验，多么令人兴奋！

图1-2　Unity的多平台支持

1.2.3　Unity Asset Store

Unity 并不仅是个游戏引擎，它还提供了许多游戏开发的必要素材。Unity 将这些游戏中使用的素材称为 Asset，开发者可以在 Asset Store 中购买各种 Asset。Asset Store 不仅提供了 **2D 和 3D 的模型、动画特效、音效、脚本及功能插件**，而且价格便宜（还有很多是免费的），如图 1-3 所示。借助 Asset Store，用户无须亲自绘制素材与模型也能开发出高质量的游戏。

图1-3　Unity Asset Store

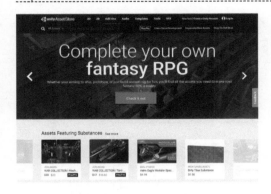

1.2.4　Unity 授权许可

Unity 提供了免费的 Personal 版、付费的 Plus 版以及 Pro 版共 3 种版本。

Personal 版在开发游戏时，功能上并没有什么欠缺，但使用时有如下一些限制条件。

• 游戏启动屏必须显示 Unity 的 Logo

启动屏指的是游戏启动时显示的画面。使用 Personal 版开发出来的游戏，其启动屏必须显示 Unity 的 Logo，Plus 版或者 Pro 版则无此限制。

• 收益限制

年收益低于 20 万美元的商业产品必须购买 Plus 版，年收益超过 20 万美元的商业产品则必须购买 Pro 版。

还有一些零散的限制条件，但最需要注意的就是上述两条。

Personal 版同样可以开发手机平台上的游戏。不过，如果希望改变启动屏显示的 Logo，或者收益超过上述限制，就需要购买授权许可证。具体价格如表 1-2 所示。

表1-2 Unity各种授权许可证价格

Personal	免费
Plus	每月 275 元
Pro	每月 1020 元

1.2.5 使用Unity开发游戏必须掌握的知识

我们已经知道 Unity 能够使游戏开发变得简单。不过，若没能掌握它的使用方法，这一切将无济于事。Unity 的学习内容包括 Unity 编辑器以及 Unity 自带函数（第 2 章以后讲解）的使用方法。

此外，因为**"不知道具体应该如何编写代码"**而受挫最终放弃的人并不在少数。这并不是 Unity 特有的问题，刚接触游戏开发的新手都很容易为此困扰，如图 1-4 所示。入门教材往往只演示了一些非常简单的程序，轮到读者自己独立开发游戏时就变得毫无头绪，这是其中的一个原因。但是，如果参考书内容过于深入，则该书可能只会花很少的篇幅讲解程序，并且各个示例的游戏设计各不相同，很难参考利用。

图1-4 如何用Unity来开发游戏?

好想做出
这样的
游戏啊!

不过从
哪里开始
才好呢?

由于 Unity 的功能足够强大，因此一开始就按照自己的想法着手开发，最后也都能开发出东西来。如果游戏的规模较小这样可能没有什么问题，但对于中等规模甚至大型游戏来说，最终成品很可能会与一开始的想法偏差很大。

所以本书**将介绍一种对初学者来说也能很快上手，并且适用于任何游戏的设计模式**。设计模式听起来似乎有点过于专业，简单来说，设计模式就相当于"按照这些步骤编写代码就可以顺利开发出游戏"的一套流程。本书将通过 6 个小游戏的制作来介绍该设计模式的使用方法，读者朋友们一定非常期待吧。

1.3 Unity 的安装和运行

现在我们就先来安装 Unity。本节将对 Unity 的安装以及将游戏打包发布到手机的步骤进行介绍。书中以 macOS High Sierra 系统下的操作为例进行介绍，Windows 系统下的操作也大体相同。至于两个操作系统上存在差异的部分，书中会有补充说明。

1.3.1 安装 Unity

本小节将介绍 Unity 的安装方法。这里我们使用可免费试用的 Personal 个人版（具体版本号是 Unity 2018.1.0.0f2）。首先需要从 Unity 官方网站下载安装器，即访问 Unity 官方网站，单击"下载 Unity Personal"（注意，Unity 2018 不支持 32 位的操作系统），如图 1-5 所示。

图1-5 选择 Personal 版本

紧接着，填写信息并勾选确认条款的复选框后，选择对应版本，单击下载按钮开始下载安装器，如图 1-6 所示。下载完成后启动安装器，Mac 系统请按照图 1-7、Windows 系统请按照图 1-8 所示的步骤进行。注意，Mac 系统请在图 1-7 中的步骤 4，Windows 系统请在图 1-8 中的步骤 3 中勾选"Android Build Support""iOS Build Support"两个复选框。

图1-6 下载安装器

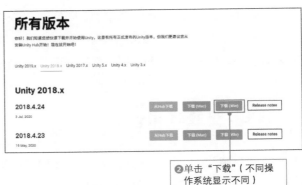

❶勾选确认条款

❷单击"下载"（不同操作系统显示不同）

图1-7 Unity的安装（Mac版）

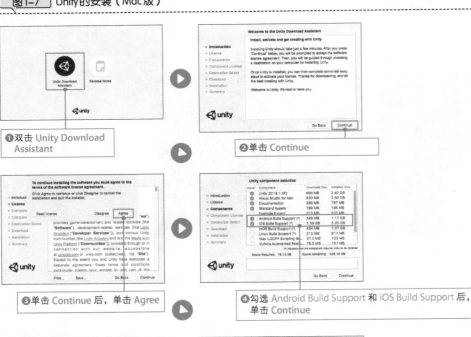

❶双击 Unity Download Assistant

❷单击 Continue

❸单击 Continue 后，单击 Agree

❹勾选 Android Build Support 和 iOS Build Support 后，单击 Continue

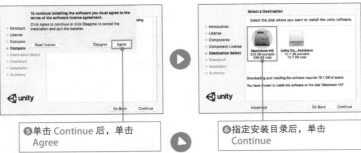

❺单击 Continue 后，单击 Agree

❻指定安装目录后，单击 Continue

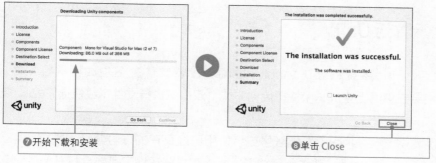

❼开始下载和安装

❽单击 Close

图1-8 Unity的安装（Windows版）

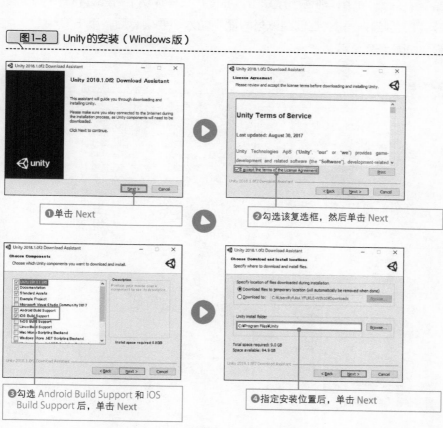

❶单击 Next

❷勾选该复选框，然后单击 Next

❸勾选 Android Build Support 和 iOS Build Support 后，单击 Next

❹指定安装位置后，单击 Next

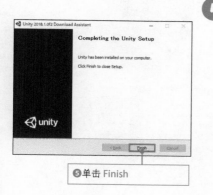

❺单击 Finish

1.3.2 激活 Unity

安装完成后，Mac 系统将会在 \Applications\Unity\ 文件夹下生成可执行文件，Window 系统将会在桌面上生成一个快捷启动方式，双击可执行文件（或快捷方式）即可启动 Unity。

首次启动后必须激活 Unity（新建账号或者使用已经存在的账号登录）才能使用。单击界面中央的 **create one**，前往创建账号界面（在某些环境下可能会打开 Web 网页，用户可在网页上创建账号）。在创建账号界面中输入必要信息后，单击 **Create a Unity ID** 按钮，如图 1-9 所示。

图1-9 创建Unity账号

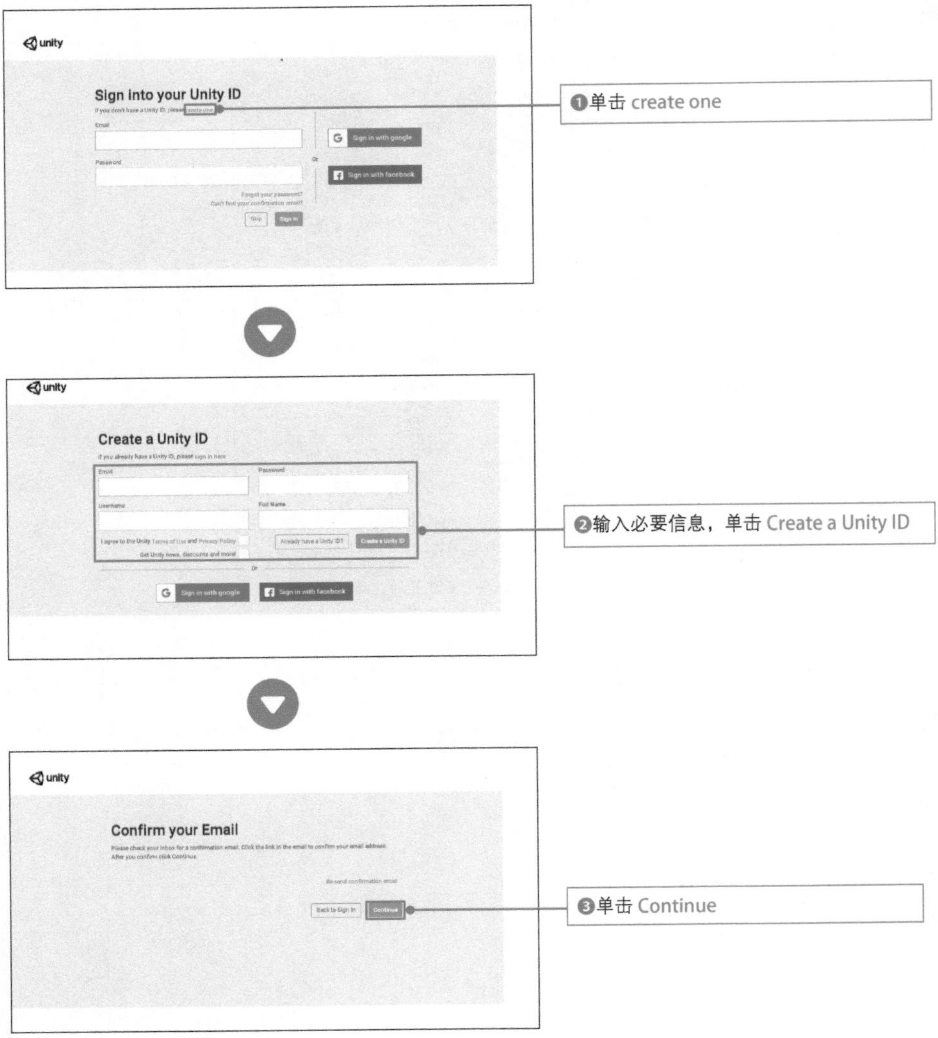

❶单击 create one

❷输入必要信息，单击 Create a Unity ID

❸单击 Continue

Unity 将会向用户填写的邮箱地址发送注册确认邮件。

创建好账号后，在图 1-10 所示的登录界面中输入邮箱地址和密码即可登录。

图1-10　账号登录

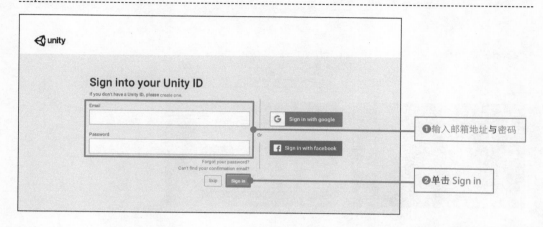

到此，Unity 的安装就结束了，暂时可以先关闭 Unity。**如果只是想在电脑上运行 Unity 工程，那么这样的设置就已经足够；如果需要将游戏打包到手机上运行，则必须再安装一些专门的工具。**接下来我们看看如果要在手机上运行游戏应当如何设置开发环境。

1.3.3　使游戏能在iOS上运行

要使 Unity 开发的游戏在 iOS 上运行，需要安装 Xcode。Xcode 是用于开发 Mac、iPhone 以及 iPad 应用的集成开发环境，用户可按照图 1-11 所示的步骤从 App Store 中下载安装 Xcode。注意，如果 Mac 的版本太低将无法安装最新版本的 Xcode。另外，还需要拥有一个 Apple ID 才能登录 App Store。如果没有 Apple ID 可以在 Apple 官网或 iTunes 中创建。

安装完成后，即可从 Launchpad 中启动 Xcode，如图 1-12 所示。首次启动并同意相关协议后，系统将开始安装各种功能框架，安装完成后将显示 Xcode 的菜单界面。这样 Xcode 就准备完毕了，可以暂时先关闭 Xcode。

图1-11 安装Xcode

图1-12 启动Xcode

1.3.4 使游戏能在Android上运行

为确保用 Unity 开发的游戏能在 Android 手机上运行，Mac 系统和 Windows 系统都必须安装 JDK 及 Android Studio 集成开发环境。我们先从 JDK 的安装开始。访问 Oracle 的相关网页，按图 1-13 所示的步骤完成安装（图 1-13 所示为 Mac 系统上的步骤，Windows 系统上的操作步骤也基本相同）。

图 1-13　JDK的安装

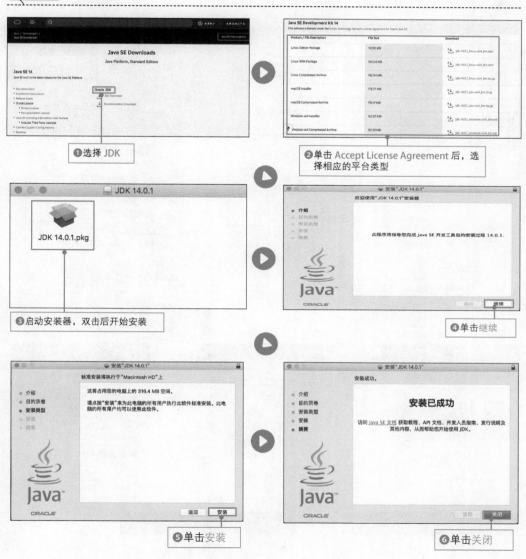

❶选择 JDK

❷单击 Accept License Agreement 后，选
择相应的平台类型

❸启动安装器，双击后开始安装

❹单击继续

❺单击安装

❻单击关闭

　　接下来安装 Android Studio。访问其下载网站并分别按照图 1-14 和图 1-15 所示
的步骤安装，这里我们都按照默认的设置往下进行。

图1-14　Android Studio的安装（Mac版）

❶单击 DOWNLOAD ANDROID STUDIO

❷勾选同意协议，单击下载 ANDROID STUDIO FOR MAC

❸启动安装器，将它拖曳到 Applications 文件夹中

❹启动 Applications 文件夹中的 Android Studio，单击打开

❺选择 Do not import settings，单击 OK

❻单击 Next

❼选择 Standard 后，单击 Next

❽任意选择一个，然后单击 Next

❾单击 Finish

❿单击 Finish

图1-15 Android Studio的安装（Windows版）

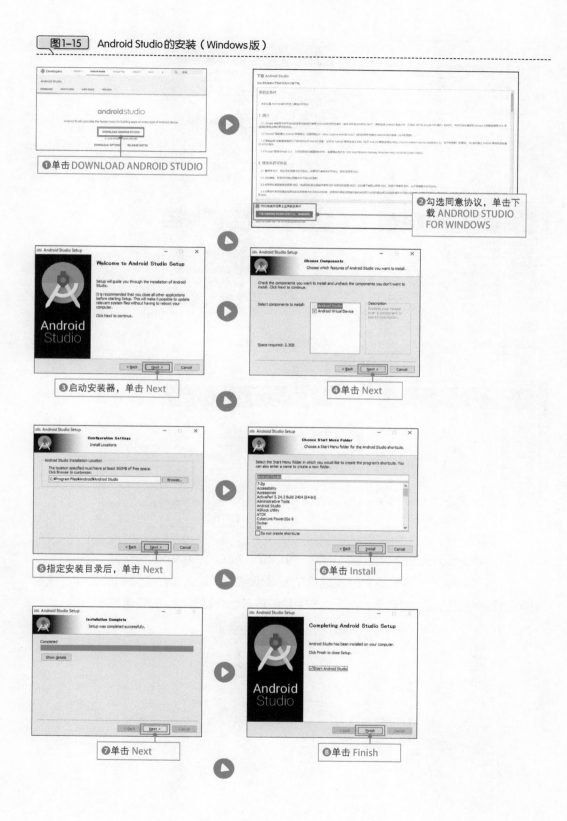

❶单击 DOWNLOAD ANDROID STUDIO

❷勾选同意协议，单击下载 ANDROID STUDIO FOR WINDOWS

❸启动安装器，单击 Next

❹单击 Next

❺指定安装目录后，单击 Next

❻单击 Install

❼单击 Next

❽单击 Finish

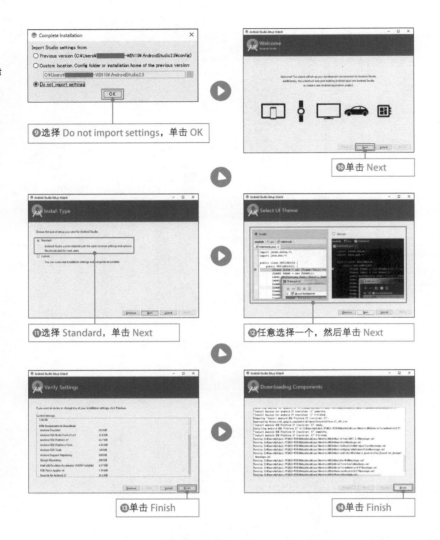

❾选择 Do not import settings，单击 OK

❿单击 Next

⓫选择 Standard，单击 Next

⓬任意选择一个，然后单击 Next

⓭单击 Finish

⓮单击 Finish

　　这样 Android Studio 就安装完毕了，可以暂时先关闭 Android Studio。

　　至此，Unity 及其手机平台开发环境的安装就结束了。这都是些单调的工作，读者可能会感到有些枯燥。别着急，在 1.4 节中我们将开始介绍 Unity 的使用方法。

1.4 Unity 编辑器的各部分组成

启动安装好的 Unity。本节将对 Unity 编辑器各个区域的功能进行简单说明。具体使用方法会从第 3 章开始介绍，请读者不要着急。

Unity 启动后的界面如图 1-16 所示，大体可以分为场景视图和游戏视图、层级窗口、工程窗口、检视器窗口和服务窗口共 4 个区域。

读者可以先大致看看各个区域的功能。当然，要马上记住这些功能是不现实的，多操作几次慢慢就记住了。

图1-16 Unity 编辑器的界面构成

操作工具栏　场景视图和游戏视图　启动工具栏
检视器窗口和服务窗口
层级窗口　工程窗口

场景视图

该区域是开发游戏时的主要区域，主要用于在游戏场景中配置各个素材。可以通过视图上方的标签页在场景视图和游戏视图之间互相切换。

游戏视图

用于确认游戏运行时的效果，并且可以显示游戏的性能和运行状况等数据。

层级窗口

按名称列出了游戏场景中配置的所有对象，用户可以通过它编辑各个游戏对象之间的层次关系。

工程窗口

用于管理游戏中用到的素材，用户往该窗口拖放图片或声音等素材就可以添加资源到 Unity 中。

检视器窗口和服务窗口

在场景视图中选中某游戏对象后，该对象的详细信息将在检视器窗口中显示。在检视器窗口中可以对游戏对象的坐标、旋转角度、缩放大小以及颜色、形状等进行设置。

在服务窗口中，可以对游戏玩家的年龄限制以及 Unity Cloud 进行相关设置（本书不准备讨论）。用户可以通过上方的标签页在检视器窗口与服务窗口之间进行切换。

操作工具栏

该工具栏不仅能够调整游戏场景中游戏对象的坐标、旋转角度以及尺寸大小，而且能够调整场景视图的查看方式。

启动工具栏

用于启动或停止游戏。

1.5 熟悉 Unity

学习理论知识是非常枯燥的，接下来不妨动手体验一下 Unity 的实际使用。作为简单的入门实践教程，本节将试着配置一些 3D 游戏对象并改变其形状。这些都是使用 Unity 开发游戏时的常见操作，请务必掌握。

1.5.1 创建工程

开发 Unity 游戏时，首先要创建一个工程。工程和场景都是 Unity 中非常重要的概念。工程代表了整个游戏，而场景表示的是游戏中的一组画面。以戏剧为例，**如果整部剧本对应于这里的"工程"，那么剧本中的各个章节相当于各个"场景"，如图 1-17 所示。**

图1-17 工程与场景的关系

工程　　　　　场景

工程相当于整个游戏，因此，在创建工程时将游戏名称作为工程名称是很自然的。

安装后首次启动 Unity 编辑器将显示图 1-18 所示的界面，单击 Projects 即可打开创建工程的界面。

图1-18 Unity 编辑器启动后的界面

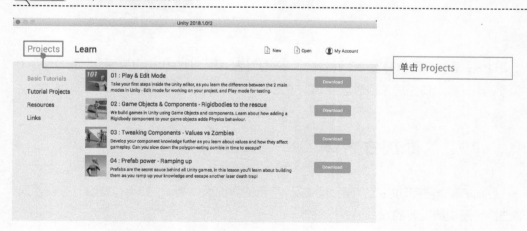

此时将出现图 1-19（左）所示的界面。由于我们要新建工程，所以单击 New 按钮。如果之前已经启动过 Unity 编辑器，可以在界面上方的菜单栏中选择 File → New Project，即可打开工程设置界面，如图 1-19（右）所示。

图1-19 创建工程界面

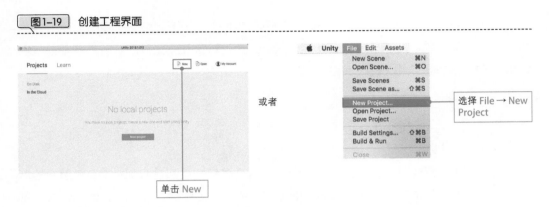

或者

单击 New 后将出现工程设置界面，输入 Test 作为工程名称，如图 1-20 所示。由于我们要创建的是 3D 示例工程，所以在 Template 中选择 3D。单击右下角蓝色 Create project 按钮后，系统将会在指定文件夹下新建工程，然后自动打开 Unity 编辑器。

图1-20 工程设置界面

Unity 最初是用来开发 3D 游戏的，不过几经演化，现在也可以开发 2D 游戏了。如本例所示，可以在创建工程时选择 3D 或 2D。

1.5.2 添加立方体

Unity 编辑器启动后的界面和图 1-21 所示的界面大体相似（如果有些细节存在差异，请选择场景视图上方的 Scene 标签）。

界面中央的场景视图显示了太阳和摄像机图标，它们分别表示**游戏世界中的光源**和**对游戏世界进行观察的摄像机对象**。另外，在层级窗口中可以看到它们所对应的列表（Directional Light 和 Main Camera）。

试着在场景视图中添加一个立方体看看。Unity 已经提前将立方体和球体这类游戏制作时常用的素材准备好了，对它们进行组合使用就可以设计出简单的游戏场景。

图1-21 场景视图和层级窗口的显示

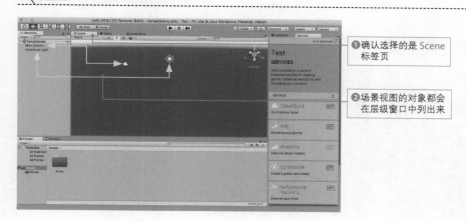

①确认选择的是 Scene 标签页

②场景视图的对象都会在层级窗口中列出来

单击层级窗口上方的 Create，选择 3D Object → Cube，如图 1-22 所示。

立方体将显示在场景视图的中央附近区域，同时可以看到层级窗口中也相应地添加了 Cube 项。请记住，**场景视图中的对象与层级窗口中的对象是一一对应的。**

图1-22 添加立方体

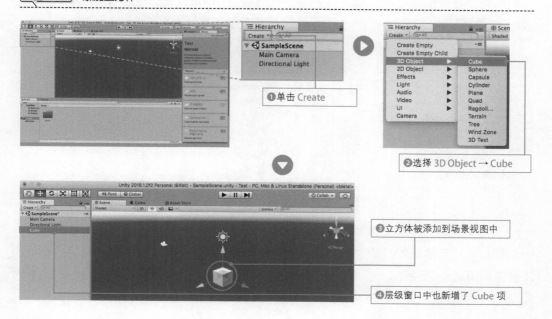

①单击 Create

②选择 3D Object → Cube

③立方体被添加到场景视图中

④层级窗口中也新增了 Cube 项

在层级窗口中选择 Cube 后，单击界面右侧的 Inspector 标签，如图 1-23 所示。在检视器窗口中可以看到 Cube 的详细信息。**当层级窗口中的对象被选中时，该对象的详细信息将被显示在检视器窗口中。**

类似使用纬度和经度来表示地图上的位置，游戏场景中对象的位置是通过 X、Y、Z 这 3 个坐标来表示的。可以看到，检视器窗口中 Transform 项的 Position 栏中 X、Y、Z 的值都是 0（如果对象被拖曳了，则值可能会发生变化）。这意味着该对象的 X、Y、Z 坐标值都为 0。X、Y、Z **值都为 0 的点也被称为**原点。

图1-23 确认立方体的信息

❷单击 Inspector

❶在层级窗口中选择 Cube

❸ Cube 的详细信息显示在检视器窗口中

再看摄像机的信息，如图 1-24 所示。在层级窗口中选择 Main Camera，观察检视器窗口中 Transform 项的 Position 一栏，摄像机的坐标为（0，1，−10）。

另外，在层级窗口中选择摄像机后，场景视图中将显示出 "Camera Preview"。Camera Preview 用于显示 Main Camera 观察到的场景画面。

图1-24 确认摄像机的信息

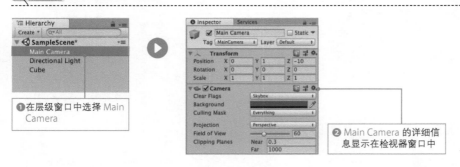

❶在层级窗口中选择 Main Camera

❷ Main Camera 的详细信息显示在检视器窗口中

现在，立方体的坐标是（0，0，0），摄像机的坐标是（0，1，−10）。在这种状态下，二者关系如图 1-25 所示。

图1-25 Unity 3D的坐标系与显示实例

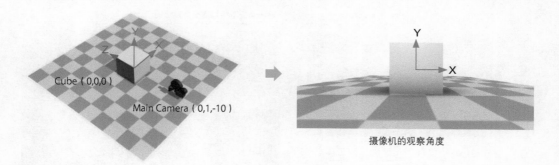

Cube（0,0,0）

Main Camera（0,1,-10）

Y

X

摄像机的观察角度

使用 Unity 开发 3D 游戏时，营造良好的空间感是非常重要的。**这可以通过"原点"和"摄像机所在的位置"来调整**，开发游戏前就必须将它们设置好。

摄像机与光源的相关内容我们将在第 7 章与第 8 章中详细说明，现在只要有个初步印象就可以了。

1.5.3 运行游戏

用户可以通过界面上方的启动工具栏来运行游戏。工具栏从左向右各个按钮依次是启动、暂停、逐帧播放，如图 1-26 所示。

图1-26 启动工具栏的功能

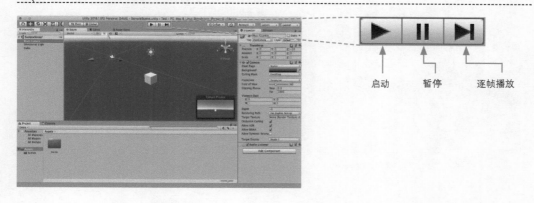

启动　　　暂停　　　逐帧播放

请读者单击启动工具栏中最左边的按钮启动游戏，这时可以发现之前显示场景视图的区域变为游戏视图了，如图 1-27 所示。场景视图中的摄像机拍摄到的内容将会显示在游戏视图中。此时界面中央附近区域显示的是我们添加的立方体。

图1-27 运行游戏

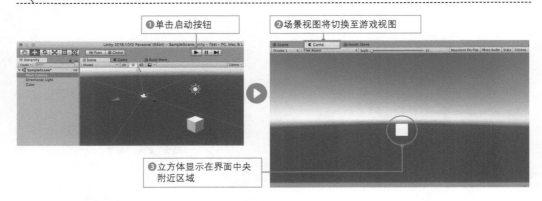

❶单击启动按钮

❷场景视图将切换至游戏视图

❸立方体显示在界面中央附近区域

再次单击**启动**按钮，游戏将停止并回到场景视图。

像这样，游戏运行时的画面正是摄像机所拍摄的内容。如果将摄像机与游戏对象间的距离增大，将会看到游戏运行画面上的对象变小了；反之，如果缩短摄像机与游戏对象间的距离，将会看到游戏运行画面上的对象变大了，如图1-28所示。

图1-28 摄像机与游戏画面的关系

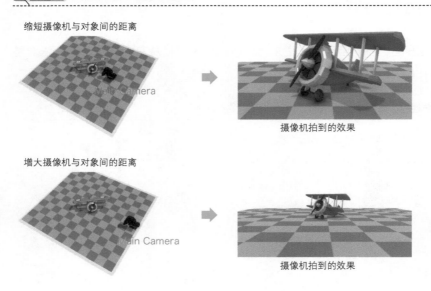

缩短摄像机与对象间的距离

Main Camera

摄像机拍到的效果

增大摄像机与对象间的距离

Main Camera

摄像机拍到的效果

1.5.4 保存场景

现在将场景保存起来。在菜单栏中选择 File → Save Scene as 后将弹出保存场景对话框。这里可以为场景取任意名字，我们在 Save As 中输入 TestScene 后单击 Save 按钮，此时工程窗口中将出现一个 Unity 图标，这意味着场景以 TestScene 为场景名称被保存了，如图1-29所示。

图1-29 保存场景

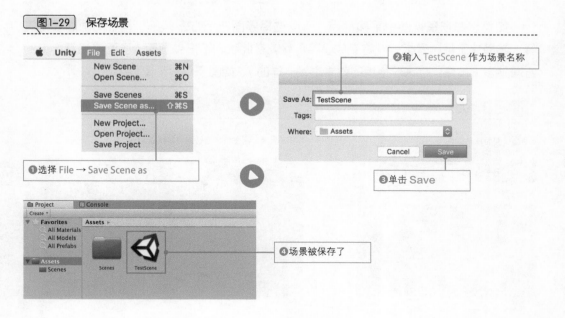

①选择 File → Save Scene as

②输入 TestScene 作为场景名称

③单击 Save

④场景被保存了

1.5.5 在场景视图中改变视点

本小节将介绍如何改变视点（缩放、平移、旋转）。注意，**这里改变的其实只是开发者的视点，并不会对游戏实际运行时呈现的效果产生影响。**

视点的缩放

场景的放大与缩小可以通过滚动鼠标滚轮完成。向前滚动鼠标滚轮，场景视图整体看起来更大；而向后滚动鼠标滚轮，场景视图则看起来更小（具体情况取决于操作系统对鼠标滚轮的设置，效果有可能是相反的），如图1-30所示。

图1-30 在场景视图中缩放视点

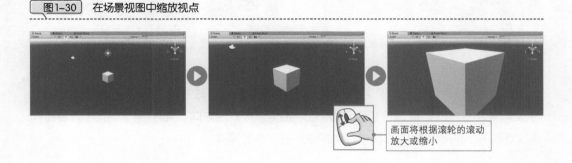

画面将根据滚轮的滚动放大或缩小

🐟 视点的平移

如果想在场景视图中平移视点,可以选择界面左上方操作工具栏中的画面移动工具。选择该工具,鼠标指针将变成小手形状。在此状态下拖曳画面,画面将沿着拖曳的方向平移(按住鼠标滚轮拖曳的效果也是一样的),如图 1-31 所示。

图1-31 在场景视图中平移视点

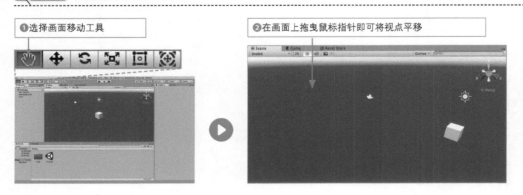

🐟 视点的旋转

如果想在场景视图中旋转视点,首先要按住 Alt 键。当工具图标变为眼睛图标时,在画面上拖曳即可对视点进行旋转。注意,在场景旋转时,画面右上方的场景 Gizmo 也在同步旋转,如图 1-32 所示。场景 Gizmo 就像指南针一样,会时刻显示出对象所处的方位。

图1-32 在场景视图中旋转视点

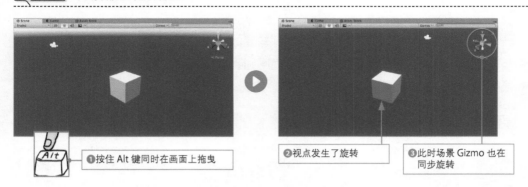

单击场景 Gizmo 中的红色圆锥体,视点将移至沿 X 轴方向;单击蓝色圆锥体视点将移至沿 Z 轴方向;单击绿色圆锥体视点将移至沿 Y 轴方向,如图 1-33 所示。要让视点恢复到原先的倾斜方向,请按住 Alt 键并进行拖曳操作。

图1-33　通过场景Gizmo改变视点位置

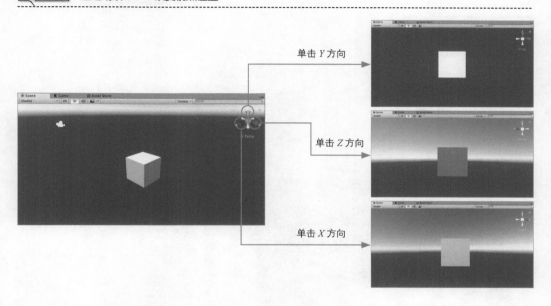

单击 Y 方向

单击 Z 方向

单击 X 方向

1.5.6　改变对象的形状

　　下面我们来试着改变该立方体的形状。1.5.5 小节中只是改变了开发者观察的视点，游戏运行时的效果并不会受影响。注意，**现在我们将直接操作游戏对象，所以将会改变游戏运行时的效果**。要对场景视图中的对象进行移动、旋转以及缩放等操作，可以使用界面左上方的操作工具来完成，或者可以在界面右侧的检视器窗口中进行调整。本小节将介绍操作工具的使用方法。

移动工具

　　移动游戏对象可以通过"移动工具"来完成，如图 1-34 所示。选择画面左上方的移动工具，在层级窗口中选择 Cube，立方体附近将出现一个 3 轴箭头，拖曳箭头，立方体将沿着相应的轴移动。红色箭头代表 X 轴，绿色箭头代表 Y 轴，蓝色箭头代表 Z 轴（箭头被选中后将变为黄色）。

　　在移动游戏对象的同时，检视器窗口中 Transform 的 Position 值也会随之发生变化。**也可以直接在 Position 中输入数值来指定对象的位置**。物体沿箭头所指方向移动时，Position 的值将增大；沿箭头相反方向移动时，Position 的值将减小。

 图1-34 移动对象

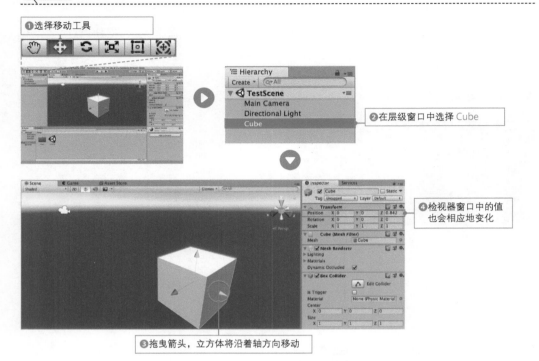

❶选择移动工具

❷在层级窗口中选择 Cube

❹检视器窗口中的值
也会相应地变化

❸拖曳箭头，立方体将沿着轴方向移动

旋转工具

使物体旋转可以通过"旋转工具"来完成，如图 1-35 所示。选择旋转工具后，在层级窗口中选择 Cube，此时立方体上将出现若干个圆，试试拖曳其中的一个圆，立方体将围绕相应轴旋转。红色圆用于围绕 X 轴旋转，绿色圆用于围绕 Y 轴旋转，蓝色圆用于围绕 Z 轴旋转。

图1-35 旋转对象

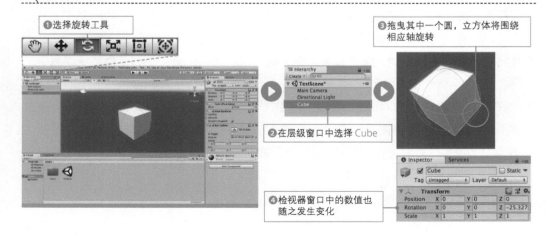

❶选择旋转工具

❸拖曳其中一个圆，立方体将围绕
相应轴旋转

❷在层级窗口中选择 Cube

❹检视器窗口中的数值也
随之发生变化

在旋转对象的同时，检视器窗口中 Transform 的 Rotation 值也会随之发生变化。和 Position 一样，直接修改该值也能使对象旋转。

缩放工具

对物体的缩放可以通过"缩放工具"来完成，如图 1-36 所示。选择缩放工具后，在层级窗口中选择 Cube，此时立方体上将出现 3 条末端带四边形的轴线。**拖曳末端的四边形可以使立方体沿该轴缩放**；而如果拖曳中心的四边形，则立方体会在 X、Y、Z 这 3 个方向上同时缩放。

图1-36 缩放对象

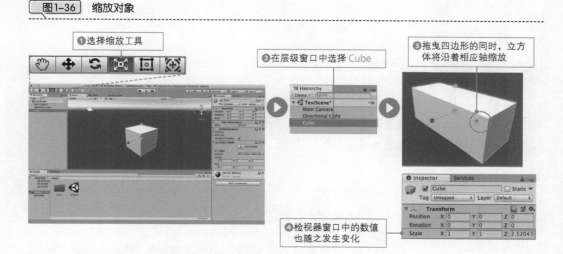

① 选择缩放工具
② 在层级窗口中选择 Cube
③ 拖曳四边形的同时，立方体将沿着相应轴缩放
④ 检视器窗口中的数值也随之发生变化

在缩放对象的同时，检视器窗口中 Transform 的 Scale 值也随之发生变化。和 Position、Rotation 类似，直接修改该值也能缩放对象。

1.5.7 其他功能

最后，我们对之前没有提及的 Unity 其他功能进行介绍。

布局调整

Unity 编辑器的布局是可以自由调整的。读者可以单击编辑器右上方的 Layout 下拉列表，从中选择喜欢的布局类型，如图 1-37 所示。

图1-37 界面布局的类型

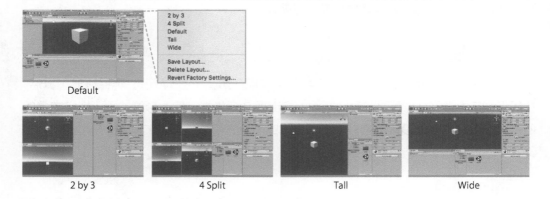

设置游戏运行画面的尺寸

在游戏视图左上方的菜单中，用户可以选择画面宽高比，如图 1-38 所示。为 iPhone 或 Android 手机开发游戏时，可以选择与目标设备一致的画面尺寸。摄像机将根据选定的画面宽高比来显示相应的绘制范围。

图1-38 设置画面尺寸

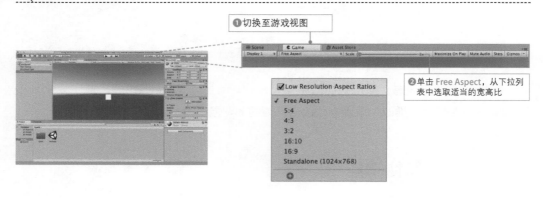

性能分析器

单击游戏视图右上方的 Stats 按钮可以查看游戏运行时的 profile（运行时的性能数据），包括 FPS、绘制的多边形数量、batch 数、drawcall 数等，如图 1-39 所示。在优化 3D 游戏的性能时常用到这一功能。

如果想查看更详细的性能数据，Unity 还提供了专门的性能分析器。在菜单栏中选择 Window → Profiler 就可以打开性能分析器窗口，如图 1-40 所示。

图1-39 性能分析器的显示

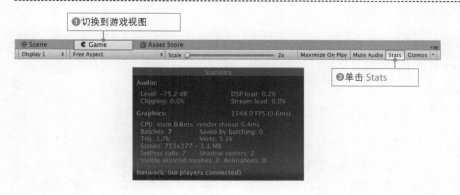

❶切换到游戏视图

❷单击 Stats

图1-40 显示详细的性能数据

❶选择 Window→Profiler

❷打开性能分析器窗口

　　本章的内容到这里就结束了。接下来的第 2 章将对编程脚本（Unity 中用来使游戏运行的程序）的基本语法进行讲解。刚接触脚本的读者可能会有些不适应，但只有将它扎实掌握才有可能灵活地进行游戏开发。不妨一起来学习吧！

> Tips <　Unity 2D 与 Unity 3D

　　1.5 节中我们创建了 3D 游戏工程，介绍了 Unity 的使用方法。其实，Unity 不仅能开发 3D 游戏，同样也支持 2D 游戏开发。而且这并不需要两套不同的工具，更确切地说，2D 游戏就是 3D 游戏从正面看到的投影，如图 1-41 所示。

图1-41 2D游戏和3D游戏的视觉效果

Unity3D　　　　　　　　　Unity2D

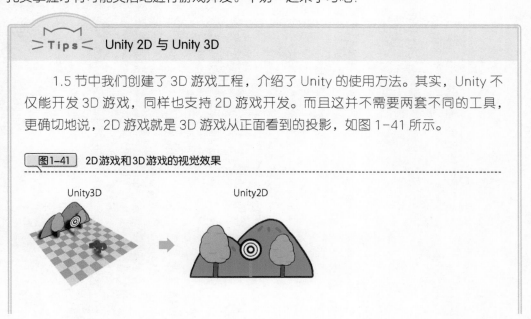

2D 游戏有下列几个特征。

① 游戏画面中看到的是从正面观察 3D 场景的结果。
② 摄像机采用正交模式（改变摄像机距离的远近并不会造成物体视觉上的大
小变化）。
③ 无光照效果（2D 游戏不使用光照效果）。

大体上，开发 2D 和 3D 游戏时，Unity 编辑器上的操作几乎是相同的。如果
会开发 2D 游戏，那么开发 3D 游戏也会很简单。本书的第 3 章 ~ 第 6 章介绍的是
开发 2D 游戏，第 7 章 ~ 第 8 章则介绍的是开发 3D 游戏。读者读完本书就会发现，
使用 Unity 开发 2D 游戏与开发 3D 游戏的方法是基本相同的。

第 2 章
C# 编程基础

学习如何使用脚本语言来开发游戏!

本章我们将学习脚本相关的内容。Unity 是用 C# 作为脚本开发语言的,因此本章就来学习 C# 的基础知识。当然,如果直接从语法开始详细讲解未免太过枯燥,让我们先来学习使用 Unity 脚本开发游戏必须掌握的知识吧!

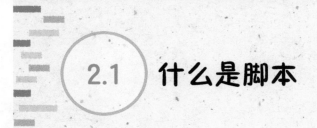

2.1 什么是脚本

脚本相当于用来记录游戏对象行为的"剧本"。以电影和话剧为例，演员表演的内容都写在剧本中。同样，在 Unity 中，脚本规定了各个对象的行为。编写好脚本后，将其传给（挂载到）游戏对象，游戏对象就能按照脚本的设计执行各种行为，如图 2-1 所示。

图 2-1 脚本与游戏对象

在正式开始学习之前，先介绍一下脚本学习的窍门。其实和英语、日语一样，脚本也属于一种"语言"。学习语言的关键无非就是"多读、多写、多说"，脚本语言自然也不例外，也就是我们常说的"熟能生巧"。这里的"多说"，看起来好像在开玩笑，不过请读者想想，当我们向他人口述脚本的设计时，是不是在不知不觉中又强化了自己的知识呢？

> 🐾 **脚本语言学习的窍门**
>
> 尽可能多读、多写、多说脚本语言！

2.2 创建一个脚本

下面来实际编写脚本。为了加深印象，建议读者尝试动手编写脚本并将其运行查看效果。首先创建一个测试用的工程，然后从创建脚本文件开始。

2.2.1 创建工程

首先创建用于测试脚本的工程。然后启动 Unity 编辑器，单击界面右上方的 New。如果之前已经启动过 Unity 编辑器，则选择界面顶部菜单栏中的 File → New Project 来创建工程，如图 2-2 所示。

图2-2 创建工程

单击 New 以后，将进入工程设置界面。将工程命名为 Sample，指定好工程的保存位置，在 Template 中选择 2D（这样就会创建用于 2D 游戏开发的工程）。单击右下方蓝色的 Create project 按钮，系统就会在指定文件夹下创建好工程并启动 Unity 编辑器，如图 2-3 所示。

图2-3 工程设置界面

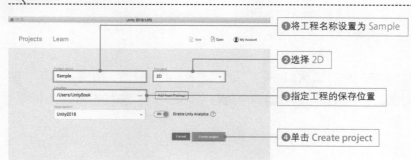

2.2.2　创建脚本

启动 Unity 编辑器，选择 Project 标签，在工程窗口中单击鼠标右键，在弹出的菜单中选择 Create → C# Script，如图 2-4 所示。文件创建后，其文件名处于可编辑状态，这里我们将其命名为 Test。

图2-4　创建脚本

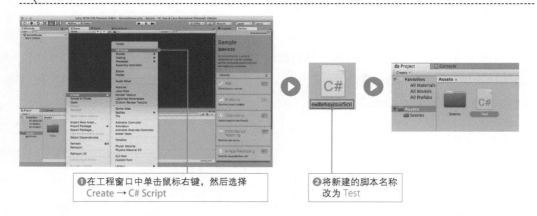

❶在工程窗口中单击鼠标右键，然后选择
Create → C# Script

❷将新建的脚本名称
改为 Test

为了使创建的脚本成功运行，还必须添加游戏对象（第 37 页的 Tips 中将会解释必须这样做的原因）。按图 2-5 所示的操作，在 Unity 编辑器左上方的层级窗口中选择 Create → Create Empty，就可以在层级窗口中看到 GameObject 被创建出来了。

新创建的游戏对象内部空空如也，不具备任何功能，这样的游戏对象我们称为"空对象"。

图2-5　创建游戏对象

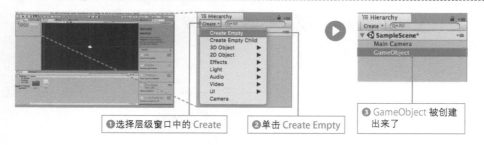

❶选择层级窗口中的 Create

❷单击 Create Empty

❸ GameObject 被创建出来了

将创建的 Test 脚本拖曳到层级窗口中的 GameObject 上。通过"**拖曳**"操作，**脚本被挂载到了游戏对象上，之后就可以在游戏中执行了**。我们可以在检视器窗口中确认脚本是否挂载成功，如图 2-6 所示。

图2-6 挂载脚本

❷单击 Inspector

❶将 Test 拖曳到 GameObject 上

❸ Test 被挂载到 GameObject 上了

>Tips< **脚本必须"挂载"后才能运行**

　　为了使脚本运行，必须要将它挂载到某个游戏对象上。例如，用于控制角色行为的脚本，就应当被挂载到希望被其控制的角色对象上；用于操作摄像机的脚本则应挂载到摄像机对象上。类似这样，只有将脚本挂载到某个游戏对象上，它才有可能被执行。

2.3 脚本入门

刚才创建好的游戏脚本中其实已经包含了一段模板代码，接下来打开它看看里面的内容。

2.3.1 脚本概要

双击工程窗口内的 Test 图标，系统将自动打开脚本代码编辑器 Visual Studio[①]，在其中可以看到文件中包含了一些自动生成的代码，如图 2-7 所示。图 2-8 所示为脚本内容。

图2-7 打开脚本文件

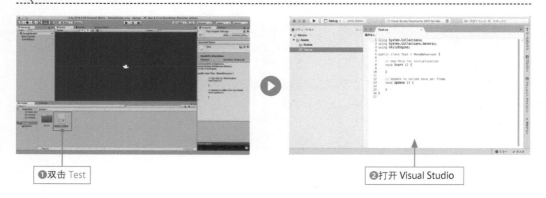

❶双击 Test

❷打开 Visual Studio

图2-8 显示的脚本内容

```
1 using System.Collections;
2 using System.Collections.Generic;
3 using UnityEngine;
4
5 public class Test : MonoBehaviour {
6
7    // Use this for initialization
8    void Start () {
9
10   }
11
12   // Update is called once per frame
13   void Update () {
14
15   }
16 }
17
```

① Visual Studio 是 Microsoft 公司提供的集成开发环境（Integrated Development Environment）。所谓的集成开发环境，指的是一站式地提供了开发过程中所需要的所有工具（如文本编辑器、代码调试器、项目管理功能等）。Visual Studio 启动时可能会要求用户登录 Microsoft 账户，登录后即可使用 Visual Studio。

脚本文件 Test 中的内容如 List 2-1 所示。

| List 2-1 | 自动创建的脚本 |

```
1  using System.Collections;
2  using System.Collections.Generic;
3  using UnityEngine;
4
5  public class Test : MonoBehaviour {
6
7      //Use this for initialization
8      void Start(){
9
10     }
11
12     //Update is called once per frame
13     void Update(){
14
15     }
16 }
```

代码中出现了大量类似 using、public 及 class 这样的单词，缺乏经验的读者恐怕已是一头雾水，不过请别担心，学习完本章内容后就会理解它们的含义了。

第 1 行和第 2 行的 System.Collections 和 System.Collections.Generic 用于提供一些数据容器类型（关于类型，我们将在后续章节中讲解）。第 3 行的 UnityEngine 负责提供 Unity 运行时所必需的一些功能。这几行代码一般没有修改的必要，这里就不深究了。

第 5 行指定了类名。C# 编写的程序都是以类为单位管理的。这里不妨先记住：**类名 = 脚本名**。后续我们还会对类的知识进行讲解。

从第 5 行最后的"{"到第 16 行的"}"之间包括的内容，就是脚本运行时处理的内容。被"{"与"}"包围的部分，我们称之为代码块。"{"与"}"必须成对出现。如果忘记编写 {} 或 () 的另一半，程序将会报错。另外，"{"的位置可以像下面这样写在行尾或者另起一行编写。

```
public class Test : MonoBehaviour{
    //这里编写该类要执行的处理
}

public class Test : MonoBehaviour
{
    //这里编写该类要执行的处理
}
```

第 7 行和第 12 行这样以"//"开头的行被称为**注释行**，代码执行时将会忽略"//"后的内容。如果不希望某些代码被执行但又想留着备份，使用注释是非常方便的。"//"不一定非要放在行首，如果它出现在某行代码中间，那么"//"后的部分将被视为注释。

第 8 行的 Start 和第 13 行的 Update 部分，分别被称为"Start 方法"和"Update方法"。虽然目前还没有添加任何处理，但是可以像下面这样在代码块中编写逻辑处理。

```
void Start(){
    //这里编写该方法的逻辑处理
}
```

请读者记住，"**执行脚本时，将会执行 Start、Update 等代码块中编写的逻辑**"。关于这些"方法"，后续会再做说明。

帧与执行时间

游戏画面的显示和电影或动画的显示类似，即将许多幅图像串起来快速播放。每幅图像称为"**帧**"，每秒播放的帧数用"FPS（Frame Per Second）"来表示。大体上，电影 1 秒播放 24 帧（24FPS），游戏 1 秒播放 60 帧（60FPS），以这种速度切换图像的结果就是我们看到的动画。

不过，即便设置了每秒播放 60 帧，有时因为玩家的输入不同以及设备的性能差异，实际的每帧间隔有可能会比 1/60 秒更长或者更短。距离上一帧经过的时间值，可以通过 Time.deltaTime 来查看，如图 2-9 所示。Time.deltaTime 在本书后面章节中还会出现。目前，读者即使不理解也没有关系，只要对帧与 Time.deltaTime 有个印象就可以了。

图2-9　帧的概念

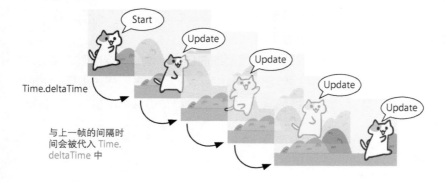

请注意图 2-9 中标注为 Start 和 Update 的气泡。脚本启动后，只会执行一次 Start方法，剩下的每帧都会执行 Update 方法，且一直循环。例如，创建角色向右行走的动画时，可以一开始先在 Start 方法中显示出角色，然后每帧都使其向右移动一点位置。

```
void Start(){
    //显示角色
}

void Update(){
```

//使当前角色稍微向右移动
　　}

当然，Update 方法并非仅处理角色显示，碰撞检测和用户输入处理也需要 Update 方法来实现每帧执行。图 2-10 所示为脚本执行的大体流程。

<u>图 2-10</u>　脚本执行的大体流程

2.3.2 显示"Hello, World"

下面来尝试编写脚本中的处理内容。

如果我们希望在 Unity 编辑器的控制台窗口[①] 中显示出"Hello, World"，则可以在 Start 方法的 {} 中输入 List 2-2 中的内容。

<u>List 2-2</u>　用于显示"Hello, World"的脚本

```
1  using System.Collections;
2  using System.Collections.Generic;
3  using UnityEngine;
4
5  public class Test : MonoBehaviour{
6
7      void Start(){
8          //在控制台窗口中显示Hello, World
9          Debug.Log("Hello, World");
10     }
11
12     void Update(){
13     }
14 }
```

对比之前的版本可以发现，此版本的脚本中 Start 方法新增了第 9 行代码。事实上第 8 行也是新加的，不过它是注释行，所以在运行时将被忽略。在 Debug.Log() 中，() 内的字符串将被显示在控制台窗口中。

----

① 控制台窗口中可以显示错误以及警告，也可以显示代码中打印的一些值。由于脚本可以在任意时刻向控制台打印字符串，所以这种方法在调试时常被用到。

Debug.Log("显示在控制台窗口中的字符串");

我们多次提到了"字符串"这个词。字符串就是多个字符拼接后的产物。在脚本中要表示一个字符串，需要用"（双引号）将它们包围起来。如果不这样做，直接写成 Debug.Log(Hello, World)；系统将会报错。即使要表示的是 1234 这样的数字内容也要用双引号包围起来写成 "1234"，这样才会被当作字符串来处理。

🐟 脚本的执行

脚本内容编写完成后，保存脚本并回到 Unity 编辑器中，单击场景视图上方的启动按钮。然后单击 Unity 编辑器下方的 Console 标签，界面将从工程窗口切换到控制台窗口，如图 2-11 所示。

图2-11 确认 Debug.Log 的显示

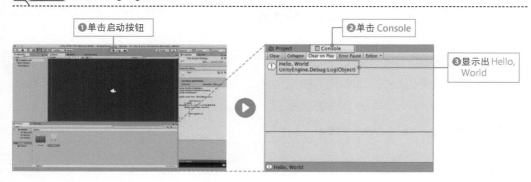

①单击启动按钮　②单击 Console

❸显示出 Hello, World

启动游戏后，层级窗口中的游戏对象将处于激活状态，它挂载的所有脚本都会被启动。脚本启动后，类中编写的 Start 方法只会在最开始执行一次，后续每帧都将调用 Update 方法，直到游戏结束。

在控制台窗口中可以看到，"Hello, World"被显示出来了。我们已经迈出了脚本编程的第一步！记得后续多加练习，慢慢就会适应编写脚本。

🐟 保存场景

为了保留这些工作成果，必须保存场景。在菜单栏中选择 File → Save Scene as，将场景的名称设置为"SampleScene"。保存场景后可以看到 Unity 编辑器的工程窗口中多出了一个场景图标。

>Tips< 关于 ";"

Debug.Log（"Hello, World"）; 最后带了一个 ";"（分号）。它虽然很不起眼甚至容易
被忽略，但作为脚本中的语句分隔符，它非常重要。如果遗漏了，脚本运行时将会出错。

忘记添加分号时，系统并不会提示"缺少分号！"之类的错误，而会在输入下
一行代码时报错，这时请注意检查上一行是否遗漏了分号。

2.4 使用变量

为方便脚本中的数据处理，Unity 提供了"变量"这一功能。现在我们就来学习变量的用法。

2.4.1 变量声明

可以在脚本中使用变量来处理数字以及字符串。变量相当于一个用于存放数据的箱子，要创建这个箱子，**就必须要声明它能够存放什么类型的数据，以及箱子的名字是什么**。

箱子的种类被称为"类型"，常见的类型有整型、浮点型、字符串型以及布尔型[①]；箱子的名字也叫作"变量名"，在脚本中可以根据自己喜好来命名，如图 2-12 所示。

表 2-1 列出了脚本中支持的一部分类型。想要一下记住所有类型的难度太大，暂时记住这几个常用的就可以了。

图 2-12 变量声明

该如何使用这些变量呢？将 List 2-2 中的 Start 方法替换为 List 2-3 所示的内容后，再次启动游戏即可。注意，因为这里暂时不会用到 Update 方法，所以将其删除。

表2-1 变量类型

类型名称	类型说明	取值范围
int	整型	−2147483648 ~ 2147483647
float	单精度浮点型	$-3.402823 \times 10^{38} \sim 3.402823 \times 10^{38}$
double	双精度浮点型	$-1.79769313486232 \times 10^{308} \sim 1.79769313486232 \times 10^{308}$
bool	布尔型	true 或 false
char	字符型	用于记录文本的各种 Unicode 符号
string	字符串型	字符文本

---

① 布尔型是用于判断条件表达式结果为 true 或 false 的逻辑类型。例如，"kyoto"和"tokyo"两个字符串是否相等？这一判断结果就等于布尔型的 false。

List 2-3　使用变量的脚本

```
1  using System.Collections;
2  using System.Collections.Generic;
3  using UnityEngine;
4
5  public class Test : MonoBehaviour{
6
7      void Start(){
8          int age;
9          age = 30;
10         Debug.Log(age);
11     }
12 }
```

输出结果

30

　　第 8 行的 int age; 是变量声明。int 表明这是一个整型，age 是箱子的名字。也就是说，它声明了**"我们将要使用一个能够存储 int 型（整型）并且名字叫作 age 的箱子！"**。

变量的声明方法
类型名 变量名;

　　第 9 行将"30"这个值放入 age 箱子。将值放入箱子的过程叫作**赋值**。赋值时，**变量名放在左侧，准备代入的值放在右侧，中间用"="连接**。

变量的赋值方法
变量名=代入值;

　　"="被称为赋值操作符。注意，这里的"="绝对不是表示"左边和右边相等"的意思，如图 2-13 所示。

　　最后使用 Debug.Log 将箱子内的值在控制台窗口上显示。在 Debug.Log 的 () 内写上变量名，它就会将该变量的值（箱子中存放的值）打印出来。

图2-13　变量的声明与赋值

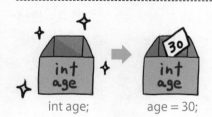

int age;　　　　　age = 30;

⚫🐟 变量的初始化与赋值

　　再来看另外一个例子。在 List 2-4 所示的脚本中，虽然是将**变量赋值**给另外一个变量，但原理与直接赋值是一样的。按 List 2-4 所示的代码替换 Start 方法中的内容后，再次启动游戏即可输出相应的结果。

List 2-4 用变量给变量赋值的脚本

```
1  using System.Collections;
2  using System.Collections.Generic;
3  using UnityEngine;
4
5  public class Test : MonoBehaviour {
6
7      void Start() {
8          float height1 = 160.5f;
9          float height2;
10         height2 = height1;
11         Debug.Log(height2);
12     }
13 }
```

输出结果

160.5

　　第 8 行完成了对变量的声明与赋值。这一过程也叫作变量的 *初始化*。这里，我们使用了数值"160.5f"对 float 型（单精度浮点型）变量 height 1 进行初始化。

变量的初始化方法
类型 变量名 = 代入值；

　　注意，用于赋值的小数最后写了一个"f"，这样它才会被当作 float 型（单精度浮点型）处理。如果没有加上"f"，则会被当作 double 型（双精度浮点型）处理。第 8 行末尾如果忘记加上"f"，就会被视为将 double 型的数值赋值给 float 型的变量，那么系统将提示"变量类型与代入值类型不一致"的错误。**为 float 型变量赋值时，务必在数值最后加上"f"。**

　　第 9 行声明了一个 float 型的变量 height2，第 10 行用"height1"为它赋值。**使用同类型的变量赋值是没有问题的。** 由于赋值本身只是一个值复制操作，数据并不会发生转移，因此 height1 内部的值并不会产生变化，如图 2-14 所示。

变量赋值
变量名 = 用于代入的另一个变量；

图 2-14   变量之间的赋值

图 2-14   变量之间的赋值

float height1 = 160.5f;   float height2;   height2 = height1;

>Tips<   将 double 型数值赋值给 float 型变量会如何?

从表 2-1 可以看出，double 型能够表示的数值范围比 float 型更广。如果将 double 型数值赋值给 float 型变量，float 型无法表示的部分将被截断。这样很容易造成一些难以发现的 bug，因此 C# 禁止将 double 型数值赋值给 float 型变量。

用变量处理字符串

下面看 List 2-5 中用字符串给变量赋值的例子。

List 2-5   将字符串赋值给变量并打印

```
1  using System.Collections;
2  using System.Collections.Generic;
3  using UnityEngine;
4
5  public class Test : MonoBehaviour {
6
7      void Start() {
8          string name;
9          name = "kitamura";
10         Debug.Log(name);
11     }
12 }
```

输出结果

```
kitamura
```

和数字一样，字符串也可以用来给变量赋值。用于处理字符串的变量类型是 string。脚本内要表示一个字符串时，需要用 " "（双引号）将字符串包围起来。上述代码是将字符串 "kitamura" 赋值给 string 型的变量 name，最后在控制台窗口中输出该变量的值，如图 2-15 所示。

字符串赋值
变量名＝"代入字符串"；

图2-15 字符串变量

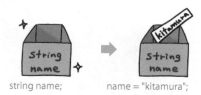

string name;　　　　name = "kitamura";

> \>Tips< **将数字赋值给 string 型变量会如何?**
>
> 　　如果把 "1234" 赋值给 string 型变量会如何? 这样在控制台窗口中打印的结果是 1234。虽然与将 1234 赋值给 int 型变量再打印出来结果是一样的，但是将 "1234" 赋值给 string 型变量后，系统是将它作为字符串来处理的，该值无法参与数学计算。请再次注意，被双引号包围的内容会被系统视为字符串。另外，如果将 int 型数值赋值给 string 型变量将会发生编译错误。

2.4.2 变量与计算

　　接下来学习如何使用变量进行计算。在脚本中执行计算时，加法用 "+"，减法用 "-"，乘法用 "*"，除法用 "/" 来表示。将加法结果赋值给变量的脚本如 List 2-6 所示。

List 2-6 将加法结果赋值给变量的脚本

```
1  using System.Collections;
2  using System.Collections.Generic;
3  using UnityEngine;
4
5  public class Test : MonoBehaviour {
6
7      void Start() {
8          int answer;
9          answer = 1 + 2;
10         Debug.Log(answer);
11     }
12 }
```

输出结果

```
3
```

第 8 行声明了一个 int 型且名字叫作 answer 的变量。第 9 行对 "1+2" 进行计算，并将结果 "3" 赋值给 answer 变量。

计算结果代入
变量名 = 数值 + 数值;

推而广之，再来看看其他四则运算的情况，如 List 2-7 所示。

List 2-7 四则运算

```
1  using System.Collections;
2  using System.Collections.Generic;
3  using UnityEngine;
4
5  public class Test : MonoBehaviour {
6
7      void Start() {
8          int answer;
9          answer = 3 - 4;
10         Debug.Log(answer);
11
12         answer = 5 * 6;
13         Debug.Log(answer);
14
15         answer = 8 / 4;
16         Debug.Log(answer);
17     }
18 }
```

输出结果

```
-1
30
2
```

变量之间的运算

运算不仅能在数字之间进行，也能在变量之间进行。List 2-8 中的脚本将对变量进行加法运算。

List 2-8 变量之间的运算示例

```
1  using System.Collections;
2  using System.Collections.Generic;
3  using UnityEngine;
4
5  public class Test : MonoBehaviour {
6
```

```
7    void Start() {
8        int n1 = 8;
9        int n2 = 9;
10       int answer;
11       answer = n1 + n2;
12       Debug.Log(answer);
13   }
14 }
```

输出结果

17

第 8 行将变量 n1 初始化为 8，第 9 行将变量 n2 初始化为 9。第 11 行将 n1 与 n2 的值相加并把结果赋给变量 answer。类似这样，计算不仅可以在 2 和 3 这样的数字之间进行，**也可以在变量之间执行四则运算，**如图 2-16 所示。

图2-16　变量的加法

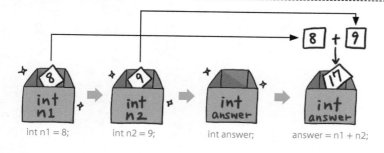

| int n1 = 8; | int n2 = 9; | int answer; | answer = n1 + n2; |

使用 += 运算符

例如，"给箱子中存放的值加上 5"，这种**对变量再加上一定值（或减去一定值）**的情况非常常见，这时可以用下列代码来对变量进行加 5 的计算。

answer = answer + 5;

假设 answer 的原值是 10，上述代码即表示把 "10+5" 的计算结果再赋值给 answer。

不过每次都要这样写未免有些冗长。为了简便，C# 提供了更简洁的运算符，即 +=。通过"变量名 += 需要增加的值"这种写法，用户就可以完成变量的加法操作。读者可以试运行 List 2-9 中的代码看看效果。

第 8 行将变量 answer 初始化为 10。然后在第 9 行使用显示 "+=" 运算符，使 answer 的值增加 5。这样 answer 的值将变为 15，控制台窗口中也将打印 15，如图 2-17 所示。

List 2-9　对变量执行加法运算

```
1  using System.Collections;
2  using System.Collections.Generic;
3  using UnityEngine;
4
5  public class Test : MonoBehaviour {
6
7      void Start() {
8          int answer = 10;
9          answer += 5;
10         Debug.Log(answer);
11     }
12 }
```

输出结果

```
15
```

　　当然，除了加法之外，其他运算也有类似的运算符，减法、乘法、除法分别对应 -=、*=、/= 运算符。

图 2-17　 += 运算符

answer += 5;

使用自增运算符

　　在脚本中，**将变量值加 1** 也是一种常见的操作。C# 为这种将变量值加 1 的操作提供了自增运算符。自增运算符的写法是"变量名 ++"，脚本示例如 List 2-10 所示。

List 2-10　将变量值加 1

```
1  using System.Collections;
2  using System.Collections.Generic;
3  using UnityEngine;
4
5  public class Test : MonoBehaviour {
6
7      void Start() {
8          int answer = 10;
```

```
9          answer++;
10          Debug.Log(answer);
11     }
12 }
```

输出结果

```
11
```

第 8 行将变量 answer 初始化为 10 后，第 9 行利用自增运算符对 answer 执行加 1 操作，结束后 answer 的值将变为 11，如图 2-18 所示。

对应于自增运算符，还存在**将变量值减 1 的自减运算符**，写作"变量名 --"。

图 2-18 自增运算符

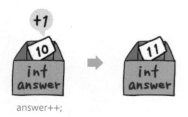

answer++;

要让某个变量的值加 1，还可以使用刚才介绍的 += 运算符通过 answer += 1 来完成，也可以使用 + 运算符通过 answer = answer + 1 来实现。不过，在后面将要介绍的流程控制代码中，对变量加 1 和减 1 的操作会频繁出现，而"++"和"--"的写法要简洁得多，更建议读者积极使用这种运算符。

🐟 字符串连接

上面讨论了数值之间的运算，**事实上，不光是数字，字符串也可以使用 + 和 += 运算符进行运算**，通过它们可以完成字符串之间的连接。请输入 List 2-11 中的代码并运行。

List 2-11 使用 + 进行字符串连接

```
1 using System.Collections;
2 using System.Collections.Generic;
3 using UnityEngine;
4
5 public class Test : MonoBehaviour {
6
7     void Start() {
8         string str1 = "happy";
9         string str2 = "birthday";
10        string message;
```

```
11
12          message = str1 + str2;
13          Debug.Log(message);
14      }
15 }
```

输出结果

happy birthday

第 8 行和第 9 行各自初始化了一个字符串，第 12 行通过 + 运算符将它们连接起来。连接后的字符串被赋值给变量 message，第 13 行输出 message 的值。

如果像 List 2-12 那样使用 += 运算符，得到的结果是一样的。

List 2-12   使用 += 进行字符串连接

```
1 using System.Collections;
2 using System.Collections.Generic;
3 using UnityEngine;
4
5 public class Test : MonoBehaviour {
6
7      void Start() {
8          string str1 = "happy ";
9          string str2 = "birthday";
10
11          str1 += str2;
12          Debug.Log(str1);
13      }
14 }
```

输出结果

happy birthday

第 8 行和第 9 行各自初始化了一个字符串，第 11 行通过 += 运算符将它们连接起来。使用 + 运算符时，str1 和 str2 字符串本身的值不会发生变化；但是使用 += 运算符时，程序会将 str2 字符串拼接到 str1 字符串中，所以 str1 的值会发生改变。

🐟 字符串与数字的连接

+ 和 += 运算符不仅可以用于纯数字或者纯字符串之间的连接，同样也可以用于**字符串与数字的连接**。在连接字符串与数字时，数字会被当作字符串来处理，如 List 2-13 所示。

List 2-13 字符串与数字连接

```
1  using System.Collections;
2  using System.Collections.Generic;
3  using UnityEngine;
4
5  public class Test : MonoBehaviour {
6
7      void Start() {
8          string str = "happy ";
9          int num = 123;
10
11         string message = str + num;
12         Debug.Log (message);
13     }
14 }
```

输出结果

happy 123

第 8 行初始化 string 型变量 str，第 9 行初始化 int 型变量 num，第 11 行将两者连接起来并且赋值给变量 message。num 变量和字符串"相加"时，会被作为字符串处理，所以最终变量 message 的打印结果为字符串"happy 123"。

> **Tips** **Hello, world**
>
> 在 2.3.2 小节中，我们编写了用于在控制台窗口显示"Hello, World"的脚本。大部分的编程入门教材，一开始的示例都是编写一个"Hello, World"程序。可以说，"Hello, World"程序是世界上最有名的程序之一。

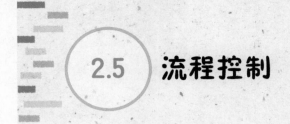

2.5　流程控制

本节我们将对流程控制进行说明。之前的脚本都是从上往下按编写顺序执行的。如果借助流程控制，就可以让某段代码在满足特定条件时才执行，甚至可以让某段代码反复执行多次。

2.5.1　if 条件判断

以前面讲解的知识，还不能实现"获得 1 棵草药后，HP 将增加 50"这类游戏功能。这种只有满足特定条件才会执行的处理，可以用 if 语句来实现。

if 语句往往伴随着多个验证条件出现，最简单的例子就像下面这样。

```
if(判断条件){
    处理
}
```

图 2-19 所示为相应的流程图。当条件满足（即条件为"真"）时，将执行 {} 内的处理；而当条件不满足（即条件为"假"）时，则会跳过 {} 内的处理，执行后面的代码。

图 2-19　if 语句的执行流程

if 判断的条件表达式中可以使用关系运算符。表 2-2 中列出了所有关系运算符。"=="运算符表示左右两侧值相等时，表达式的值为"真"，反之为"假"。请注意不要将"=="和赋值运算符"="混淆。"!="正好和"=="相反，当左右两侧值不等时，表达式的值为"假"，否则为"真"。其他运算符的含义基本和数学中的描述相同。

| 表2-2 | 关系运算符 |

运算符	含义
==	左右相等时为真
!=	左右不等时为真
>	左侧大于右侧时为真
<	左侧小于右侧时为真
>=	左侧大于或等于右侧时为真
<=	左侧小于或等于右侧时为真

下面通过运行相应的脚本来看看 if 语句的效果。if 语句的使用示例如 List 2-14 所示。

| List 2-14 | if语句的使用示例 |

```
1  using System.Collections;
2  using System.Collections.Generic;
3  using UnityEngine;
4
5  public class Test : MonoBehaviour {
6
7      void Start() {
8          int herbNum = 1;
9          if(herbNum == 1) {
10             Debug.Log("HP 增加了 50");
11         }
12     }
13 }
```

输出结果

HP 增加了 50

在上述示例中，只有当 herbNum（草药数量）为 1 时才会执行 {} 中的处理。如果第 9 行中的条件判断为真，那么后续 {} 中的内容才会被执行，控制台窗口中将会打印"HP 增加了 50"。而当条件判断为假时，将不会在控制台窗口中显示任何信息，直接跳过处理。

试一试！

读者可以尝试将第 8 行代码改为"herbNum = 5;"，此时，控制台窗口中将不会显示任何信息。

2.5.2　if-else分支处理

if 语法常被用在 if-else 处理中。例如，"当 HP 值大于或等于 100 时发起攻击，否则进行防御"，这种**当条件满足和不满足时将各自执行不同代码的情况**经常会用到 if-else 处理。

```
if(条件表达式){
        处理A
} else {
        处理B
}
```

图 2-20 所示为 if-else 处理的流程图。

图 2-20　if-else 处理

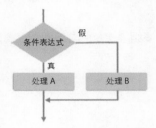

List 2-15 所示是单个 if-else 处理的示例。当变量 hp 的值大于或等于 100 时发起攻击，否则进行防御。

List 2-15　单个 if-else 处理的示例

```
1  using System.Collections;
2  using System.Collections.Generic;
3  using UnityEngine;
4
5  public class Test : MonoBehaviour {
6
7      void Start() {
8          int hp = 200 ;
9          if(hp >= 100 ) {
10             Debug.Log("攻击！");
11         } else {
12             Debug.Log("防御！");
13             }
14      }
15 }
```

输出结果：

攻击！

为了让程序根据变量 hp 的值是否大于或等于 100 而执行不同处理，第 9 行设置了条件判断式 hp >= 100。这里的"＞＝"关系运算符和数学中的"≥"意义相同。第 6 行将 hp 赋值为 200，因此该条件判断式结果为真，控制台窗口中将打印出"攻击！"。

试一试！

如果将第 8 行改为"int hp = 0;"，程序将会打印"防御！"。

2.5.3 添加 if 判断

前面介绍了使用一个条件判断式来执行分支操作的方法，那么"当 hp 值不到 50 则逃跑，超过 200 则发起攻击，其余情况则进行防御"这种**含有 2 个以上判断条件的情况**应当如何处理呢？其实通过 if 语句就可以解决。

不需要任何新的语法。只要在 if-else 语句后再加一组或多组 if-else 语句即可，请看下列示例。

```
if( 条件表达式 a) {
    处理 A
} else if( 条件表达式 b) {
    处理 B
}
……
else if( 条件表达式 y) {
    处理 Y
} else {
    处理 Z
}
```

图 2-21 所示为上面示例的执行流程。程序将从最上方开始对条件进行逐个检测，如果条件满足则执行其后 {} 中的处理，且后续的 if else 或 else 都将被忽略。如果前面的所有条件表达式都不为真，则只执行最后一个 else{} 内的处理。

在第一个 if 和最后一个 else 之间可以插入任意多个 else if 语句，并且允许省略最后一个 else。

图2-21 多个 if-else 语句的执行流程

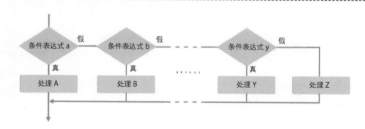

关于添加多个 if-else 语句的示例，请参考 List 2-16。

List 2-16 多个 if-else 语句的使用示例

```
1  using System.Collections;
2  using System.Collections.Generic;
3  using UnityEngine;
4
5  public class Test : MonoBehaviour {
6
7      void Start() {
8          int hp = 180;
9          if(hp <= 50) {
10             Debug.Log("逃走！");
11         } else if(hp >= 200) {
12            Debug.Log("攻击！");
13         } else {
14            Debug.Log("防御！");
15         }
16     }
17 }
```

输出结果

防御！

第 9 行的 if 语句对"hp 是否小于或等于 50"进行判断，第 11 行的 else if 对"hp 是否大于或等于 200"进行判断。因为第 8 行将 hp 赋值为 180，所以程序将执行最后的 else{} 中的内容，打印"防御！"。

2.5.4 变量的作用域

在 if 判断语句等代码块内定义的变量，使用范围是有限制的，可以通过 List 2-17 中的例子来确认。

List 2-17 变量使用范围示例

```
1  using System.Collections;
2  using System.Collections.Generic;
3  using UnityEngine;
4
5  public class Test : MonoBehaviour {
6
7      void Start() {
8          int x = 1;
9          if(x == 1) {
```

```
10        int y = 2;
11        Debug.Log(x);
12        Debug.Log(y);
13        }
14        Debug.Log(y);
15   }
16 }
```

单击运行按钮执行脚本后，Unity 编辑器的左下方将会显示"The name 'y' does not exist in the current context"错误提示。这应该是因为第 14 行使用的变量 y 没有被声明，不过，第 10 行不是对变量 y 进行声明了吗？

其实，变量只能在其声明位置所在的 {} 内被使用，这也被称为"变量作用域"。在上述代码中，第 8 行定义的变量 x，只能在第 15 行的 } 之前使用；而变量 y 只能在定义的第 10 行到第 13 行的 } 前使用，如图 2-22 所示。

图 2-22 变量作用域

```
 7  void Start() {              7  void Start() {
 8      int x = 1;              8      int x = 1;
 9      if(x == 1) {            9      if(x == 1) {
10          int y = 2;         10          int y = 2;
11          Debug.Log(x);      11          Debug.Log(x);
12          Debug.Log(y);      12          Debug.Log(y);
13      }                      13      }
14      Debug.Log(y);          14      Debug.Log(y);
15  }                          15  }
       变量 x 的作用域               变量 y 的作用域
```

现在也就不难理解为什么会报错了。变量 y 只在 if 语句的代码块内有效，所以第 14 行使用变量 y 时必然会提示"变量 y 未定义"的错误。如果将第 14 行改为注释行（在行首添加"//"即可改为注释行），错误就会被消除。

本例中"**在 if 代码块之外使用了 if 代码块内定义的变量**"是初学者易犯的错误，请读者留意。

2.5.5 for 循环

编写脚本时，常会遇到需要多次执行某个处理的情况。如果要对某个处理重复执行 50 次，手动输入 50 遍代码无疑非常低效。为提高效率，可以使用能指定循环次数然后自动重复执行相应次数的 for 语句。for 语句的处理流程简单描述如下。

```
for(循环次数){
    处理
}
```

当然，在实际代码中并不是只写个"for(3)"这么简单，具体的语法如下。图2-23
所示为for循环的流程图。

```
for(变量初始化;循环条件式;更新变量值){
    处理
}
```

图2-23 for循环执行的流程

乍一看，重复条件被写在for循环的()中多少有些奇怪。不过实际编写代码后就能
很好地理解。读者可以运行List 2-18中的代码来看看效果。

List 2-18 for循环示例

```
1  using System.Collections;
2  using System.Collections.Generic;
3  using UnityEngine;
4
5  public class Test : MonoBehaviour {
6
7      void Start() {
8          for(int i = 0; i < 5; i++) {
9              Debug.Log(i);
10         }
11     }
12 }
```

输出结果：

```
0
1
2
3
4
```

上例用 for 语句执行了 5 次循环，处理流程如图 2-24 所示。其中，❶只会执行一次，❷执行了 6 次，❸ ~ ❺执行了 5 次。

❶ 将变量 i 初始化为 0。

❷ 如果满足循环条件 (i < 5) 则前往步骤❸，否则循环结束。

❸ 将 i 值显示在控制台窗口中。

❹ 对 i 执行自增（使其值增加 1）操作。

❺ 回到步骤❷。

图2-24 for 循环的处理流程

```
for(int i = 0;        i < 5;        i++)
{
    处理  ❸ 执行处理
}
```

为帮助读者理解，我们还准备了若干个使用 for 循环的示例，如 List 2-19 至 List 2-22 所示。读者不妨试着运行它们来加深理解。

List 2-19 只打印偶数的示例

```
1 using System.Collections;
2 using System.Collections.Generic;
3 using UnityEngine;
4
5 public class Test : MonoBehaviour {
6
7     void Start() {
8         for(int i = 0; i < 10; i += 2) {
9             Debug.Log(i);
10        }
11    }
12 }
```

输出结果：

```
0
2
4
6
8
```

该示例会打印出一系列偶数。它将 List 2-18 中第 8 行的 "i++" 改成了 "i += 2"。这样，每次循环后变量 i 的值都会加 2，所以最终会在控制台窗口中显示出所有小于 10

的偶数。

List 2-20 只打印特定范围数字的示例

```
1 using System.Collections;
2 using System.Collections.Generic;
3 using UnityEngine;
4
5 public class Test : MonoBehaviour {
6
7     void Start() {
8         for(int i = 3; i <= 5; i++) {
9             Debug.Log(i);
10        }
11    }
12 }
```

输出结果

```
3
4
5
```

　　该示例只会打印 3~5 范围内的数字。这里，for 循环中变量 i 的初始值被设置为 3，条件被设置为 i<=5，所以最终打印 3、4、5。像这样设置适当的初始值以及相应的条件表达式，就可以打印出特定范围内的数值。

List 2-21 降序输出的示例

```
1 using System.Collections;
2 using System.Collections.Generic;
3 using UnityEngine;
4
5 public class Test : MonoBehaviour {
6
7     void Start() {
8         for(int i = 3; i >= 0; i--) {
9             Debug.Log(i);
10    }
11    }
12 }
```

输出结果：

```
3
2
1
0
```

该示例将按降序输出数字。变量 i 的初始值被设置为 3，每次循环后对 i 执行自减操作。根据设置的循环条件"i >= 0"，程序将降序打印，然后结束循环。

求和的示例

```
1  using System.Collections;
2  using System.Collections.Generic;
3  using UnityEngine;
4
5  public class Test : MonoBehaviour {
6
7      void Start() {
8          int sum = 0;
9          for(int i = 1; i <= 10; i++) {
10             sum += i;
11         }
12         Debug.Log(sum);
13     }
14 }
```

输出结果：

55

该示例计算了 1~10 的和。设置一个变量 sum 并将初始值设置为 0，for 循环中将 i 的值累加到 sum 中。第 1 次循环后 sum 的值为 1；第 2 次循环会把 2 加到 1 上，sum 的值为 3；第 3 次循环把 3 加到 3 上，sum 的值为 6，以此类推。为了使 i 的值在 1~10 中，可以将 i 的初始值设置为 1，条件表达式设置为 i<=10。

> Tips < **脚本中的错误**

编写脚本时，经常会在"终于好了，现在应该可以运行游戏了！"的时候发现编译代码出现了一堆错误。这时初学者难免会感到"脚本编程好难……"。其实，编写完代码就能一次性编译通过的情况几乎是不存在的，正确的做法是根据错误提示信息，逐一进行修改。

2.6　数组的使用

编写脚本有时会遇到一次性处理多个数值的情况（如游戏的排行和成绩等）。这时一个一个地创建变量将会很麻烦。假如要处理 100 个人的成绩，就必须先声明 100 个变量。可能 100 个还能忍受，但如果是 1000 个、10000 个呢？这就不只是烦琐的问题了，毕竟出现 bug 的风险也在无形中增加了。

```
int point_player1;
int point_player2;
int point_player3;
……
int point_player783;
int point_player784;
我受够了！
```

2.6.1　数组的声明和用法

针对上述情况，就需要数组登场了。关于数组，可以先把它想象成一些"用于存放变量的箱子"被排成一行后形成的一个"细长箱子"，如图 2-25 所示。

图2-25　数组的"模样"

 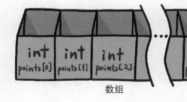

变量　　　　　　　　　　　　　数组

🐟 准备数组

如果用数组来处理上述问题，就不必再特意准备 100 个"变量箱子"了，只需准备一个"细长的箱子"即可。数组不但处理多个数值时很方便，创建也极为简单。下面是数组的声明语法。

int[ ] points;

int 表示整型，int[ ] 表示一个整型数组。不过，仅如此还不清楚"变量箱子"的个数，还需像下面这样写出"箱子"的个数。如要准备 5 个"箱子"，就在右边写上 new int[5] 即可。

> int[] points = new int[5];

右边出现了关键字 new，其英文意思是"新的"，所以在脚本中相当于"新创建"之意。new int[5] 意为将创建 5 个 int 型的"箱子"。**要创建数组，则必须在声明数组后用 new 来指定该数组需要的"箱子"个数。**

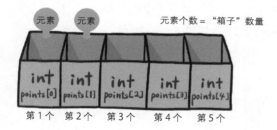 使用数组中的值

现在，我们已经有了一个包含 5 个"箱子"的数组。要往该数组中存值或取值时，需要指定箱子的编号。如希望从开头起的第 3 个"箱子"中取值时，可以写如下语句。

> points[2]

读者可能会觉得奇怪，难道不应该是 points[3] 吗？注意，**数组中"箱子"的编号是从 0 开始算起的。**第 1 个"箱子"的编号是 0，第 2 个"箱子"的编号是 1，以此类推，最后一个"箱子"的编号是 4。各"箱子"中放入的值称为元素，"箱子"的个数也叫作元素数量，如图 2-26 所示。

图 2-26 数组

元素个数 = "箱子"数量

第1个 第2个 第3个 第4个 第5个

2.6.2 数组的使用方法

关于数组最重要的内容已经介绍完毕，下面来编写代码以加深理解，如 List 2-23 所示。

List 2-23 数组的使用示例

```
1 using System.Collections;
2 using System.Collections.Generic;
3 using UnityEngine;
4
5 public class Test : MonoBehaviour {
```

```
6
7      void Start() {
8          int[] array = new int[5];
9
10         array[0] = 2;
11         array[1] = 10;
12         array[2] = 5;
13         array[3] = 15;
14         array[4] = 3;
15
16         for(int i = 0; i < 5; i++) {
17             Debug.Log(array[i]);
18         }
19     }
20 }
```

输出结果：

```
2
10
5
15
3
```

第 8 行声明了一个元素个数为 5 的 int 型数组 array。第 10~14 行使用 [] 为数组各元素赋值。务必注意数组的第 1 个元素编号为 0。第 16~18 行使用 for 循环打印出所有的元素，这样就不必编写 5 次 Debug.Log。像这样，**将数组和循环控制搭配起来使用非常方便，读者暂时可以认为它们总是成对出现的。**

为数组的各个元素赋值时，像第 10~14 行那样逐一编写无疑非常烦琐，我们可以使用下面这种简易的初始化方法。

int[ ] array = {2, 10, 5, 15, 3};

这种写法简单明确地列出了各个元素，所以无须再使用 new 来指定元素个数。这种写法很常用，请读者牢记。

同样，我们也准备了若干示例来帮助读者理解数组，如 List 2-24 和 List 2-25 所示。

List 2-24   只打印满足特定条件元素

```
1 using System.Collections;
2 using System.Collections.Generic;
3 using UnityEngine;
4
5 public class Test : MonoBehaviour {
6
7     void Start() {
```

```
8          int[] points = {83, 99, 52, 93, 15};
9
10         for(int i = 0; i < points.Length; i++) {
11             if(points[i] >= 90) {
12                 Debug.Log(points[i]);
13             }
14         }
15     }
16 }
```

输出结果：

```
99
93
```

该脚本会将数组中数值大于或等于 90 的元素打印出来。

第 10~14 行通过 for 循环遍历数组中的元素，然后在循环体内用 if 语句确保只打印数值大于或等于 90 的元素。

注意，for 循环条件中的索引范围是 0 ~ points.Length。如同它的字面含义，points.Length 表示数组 points 的长度（即元素个数）。"数组变量名 .Length"这种写法可以获得数组的长度（示例中的长度为 5），其中 "." 操作符的含义我们会在 2.8 节中说明，读者目前只要有个印象就可以了。

List 2-25 计算平均值的示例

```
1 using System.Collections;
2 using System.Collections.Generic;
3 using UnityEngine;
4
5 public class Test : MonoBehaviour {
6
7     void Start() {
8         int[] points = {83, 99, 52, 93, 15};
9
10        int sum = 0;
11        for(int i = 0; i < points.Length; i++) {
12            sum += points[i];
13        }
14
15        int average = sum / points.Length;
16        Debug.Log(average);
17    }
18 }
```

输出结果：

```
68
```

该示例展示了如何计算数组中所有元素的平均值。平均值计算的步骤是先求出数组内所有元素的和，再用算出的值除以数组的元素个数。

为计算所有元素之和，第 10 行设置了一个 sum 变量，第 11~13 行将数组内的元素值陆续累加到 sum 中（数组元素之和的计算方法在之前介绍 for 循环的示例中也出现过）。第 15 行用元素之和除以元素个数 5 求出平均值，并将结果赋值给变量 average。

>Tips< **整数间的除法运算**

在上面计算平均值的脚本中，我们把平均值视作一个整数（因为变量 average 被声明为 int 型），然而大多数情况下平均值是一个小数。为了用小数形式来表示结果，可以试着将 List 2-25 中的第 15 行替换为以下写法并再次运行。

float average = sum / points.Length;

正确的平均值应当是 68.4，但结果却是 68。这是因为，C# 中整数之间进行除法运算后，会将结果中小数点之后的部分舍去。也就是说，$10 \div 4 = 2$，$17 \div 3 = 5$。

如此看来，为了确保结果是小数，就不应当通过整数除以整数的方法来进行计算，可以在一开始让被除数先乘上 "1.0f"。这种编程技巧可以很轻松地解决上述问题，建议读者先记下来。

float average = 1.0f * sum / points.Length

>Tips< **令人头疼的英文错误信息**

对一些读者来说，报错时的英文提示确实让人一头雾水。错误日志的格式往往是这样的 "!Assets/xxxxx.cs(5:12)……"。其中，括号内的数字是关键，可以理解为 "第 5 行的第 12 个字符出现了问题"。这时应当前往该行（以及附近）查看是否有不当之处。其实，多排查几次有了经验后，就能很容易从错误信息中推断出大致原因。

2.7 创建方法

到目前为止，我们把所有的处理都写在 Start 方法中。冗长的代码不仅让阅读变得困难，还会给调试带来诸多不便。现在，将各种处理按照功能进行切分的技术——"方法 (method)"就要登场了。本节我们将介绍如何创建方法。

2.7.1 方法概要

如果按照思考的顺序一行行往下编写代码，脚本将变得越来越长。随着代码行数的增加，很容易遗忘哪个功能是在哪里编写的。因此，编程时一般会**按逻辑对处理进行分解并为之起名**，被分解开的处理片段就叫作"方法"，如图 2-27 所示。

图2-27 方法概要

- -

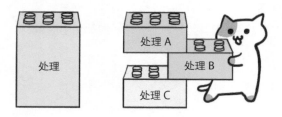

作为功能代码的逻辑单元，方法还可以接受外部传入的值并返回计算结果。从**外部传入的值称为**参数，**方法返回给外部的值称为**返回值。**参数可以有多个，但返回值只有 1 个**，如图 2-28 所示。这两个概念后续会频繁出现，请读者务必掌握。

脚本中默认存在的"Start"和"Update"都属于方法。

图2-28 参数和返回值

- -

2.7.2　如何创建方法

上面介绍得比较抽象，读者可能会困惑："方法应该如何创建和使用呢？"。

将图 2-28 所示的 Add 方法写成代码，结果如图 2-29 所示。具体编写方法我们将会在下一小节中详细说明，这里先有一个印象。

图2-29　方法的使用示例

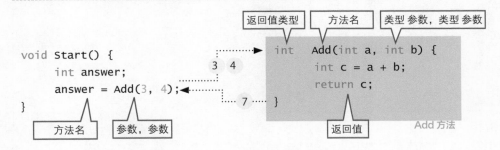

方法的定义语法请参考图 2-30 所示的左侧绿色部分。图中标注的"返回值的类型"，**将用于指定返回给调用处的值的类型**，支持的类型和定义变量时的可用类型相同。如果方法没有返回值则会被指定为 void，void 表示"无返回值"。

参数指的是从被调用处传入的一些值，**方法中可以对这些参数值进行处理**。有些方法不必传入参数，此时只需在方法名后的 () 内留空即可。

图 2-30 右侧所示的橙色部分描述了如何调用方法，即在方法名称后紧跟一个 ()，() 里面写上传入的参数，多个参数则用"，"隔开。

图2-30　方法的定义与调用

方法的定义

```
返回值的类型　方法名（类型 参数，类型 参数 …）{
    方法的具体处理;
    return 返回值;
}
```

方法的调用

```
方法名(参数，参数 …);
```

2.7.3　没有参数和返回值的方法

继续讨论一些示例。下面编写一个能够在控制台窗口中输出"Hello"的方法"SayHello"，如 List 2-26 所示。

List 2-26 用于打印"Hello"的方法

```
1  using System.Collections;
2  using System.Collections.Generic;
3  using UnityEngine;
4
5  public class Test : MonoBehaviour {
6
7      void SayHello() {
8          Debug.Log("Hello");
9      }
10
11     void Start() {
12         SayHello();
13     }
14 }
```

输出结果：

Hello

编写方法

在上面的示例中，第 7~9 行就是用于打印字符串的 SayHello 方法。该方法没有返回值，因此返回值类型指定为 void。同时它也不需要参数，所以方法名后面的 () 中保持空白，如图 2-31 所示。

{} 内是具体的处理代码，它通过 Debug.Log 在控制台窗口中输出"Hello"。至于 SayHello 方法的编写位置，只要确保它位于 Test 类的 {} 中（即第 6~13 行）即可，写在 Start 方法上方或下方则无所谓。

图2-31 没有返回值与参数的方法

调用方法

List 2-26 中的第 12 行在 Start 方法中调用了 SayHello 方法。调用时，注意要在方法名后加上括号与参数。该例中 SayHello 方法不需要参数，所以 () 内保持空白。图 2-32 所示为调用该类型方法的流程。

图 2-32　调用没有返回值与参数的方法

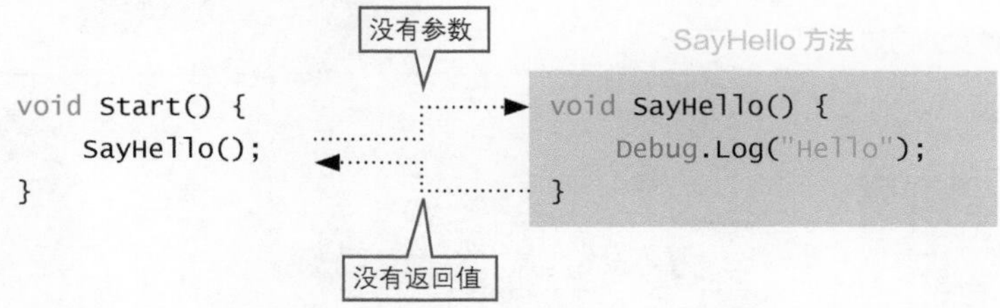

```
                          没有参数              SayHello 方法
void Start() {
    SayHello();                    void SayHello() {
}                                      Debug.Log("Hello");
                                   }

                          没有返回值
```

注意，如果只编写好 SayHello 方法但并未在 Start 方法或 Update 方法中调用，则 SayHello 方法中的相关处理并不会被执行。**编写好的函数只有在被调用时才会执行**。

2.7.4　含有参数的方法

下面介绍含有参数的方法的示例，大体和之前的 SayHello 方法相似，不过这次我们将传入的字符串紧跟着 Hello 打印出来，如 List 2-27 所示。

List 2-27　含有参数的方法的示例

```
1  using System.Collections;
2  using System.Collections.Generic;
3  using UnityEngine;
4
5  public class Test : MonoBehaviour {
6
7      void CallName(string name) {
8          Debug.Log("Hello " + name);
9      }
10
11     void Start() {
12         CallName("Tom");
13     }
14 }
```

输出结果：

```
Hello Tom
```

🐟 创建方法

在上面的示例中，第 7~9 行是 CallName 方法的内容，没有返回值，所以它的前面加上了 void。该方法需要接收字符串参数，因此方法名后面的 () 中声明了 string 类型的变量 name，如图 2-33 所示。

图2-33 没有返回值但是有参数的方法

没有返回值　　　方法名　　1个string类型的参数

`void` `CallName` `(string name)`

调用方法

List 2-27 中的第 12 行调用了 CallName 方法，并在方法名 CallName 后的 () 中写了要传入的参数（字符串）。调用该类型方法的大致流程如图 2-34 所示。

调用 CallName 方法时，参数（即字符串 "Tom"）将被自动代入该方法中的 name 变量。在方法内，name 和普通变量没有区别，可以用 Debug.Log 将 name 变量的值打印出来。

图2-34 调用含有参数的方法

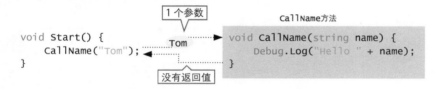

```
void Start() {
    CallName("Tom");
}
```
1 个参数　Tom　没有返回值

CallName方法
```
void CallName(string name) {
    Debug.Log("Hello " + name);
}
```

试一试！

请尝试修改 List 2-27 中第 12 行 CallName 方法的字符串内容，再次运行代码并查看控制台窗口中输出的内容是否发生了变化。

＞Tips＜　注意参数的类型

如果 List 2-27 中的第 12 行没有任何参数，即直接写为 CallName(); 会如何呢？这种情况将报错。原则上，调用时的参数个数必须和定义时相同。

2.7.5 同时具有参数和返回值的方法

最后来介绍同时具有参数和返回值的方法。编写一个接收两个参数，并将二者之和返回的 Add 方法，如 List 2-28 所示。

List 2-28 | 计算两个参数之和的方法的示例

```
1  using System.Collections;
2  using System.Collections.Generic;
3  using UnityEngine;
4
5  public class Test : MonoBehaviour {
6
7      int Add(int a, int b) {
8          int c = a + b;
9          return c;
10     }
11
12     void Start() {
13         int answer;
14         answer = Add(2, 3);
15         Debug.Log(answer);
16     }
17 }
```

输出结果：

```
5
```

编写方法

在上面的示例中，第 7~10 行是编写的 Add 方法。该方法将 int 型参数之和作为返回值，因此，它的返回类型也是 int 型。另外，Add 方法中包含两个参数，必须用"，"将它们隔开，如图 2-35 所示。

图2-35 | 同时具有返回值和参数的方法

int 型的返回值　　方法名　两个 int 型参数

```
int  Add(int a, int b)
```

为了返回参数的和，第 9 行使用了 return 语句。return 后跟着空格再写上变量名，就表示将该变量值返回至方法的被调用处。

调用方法

图 2-36 所示为 Add 方法的调用过程。调用方法时，在方法名后面传入两个参数 (2 和 3)，变量 a 将被赋值为 2，变量 b 将被赋值为 3。变量 **a 和 b** 将按照调用时传入的

参数被逐个赋值。也就是说，如果调用时不写作 Add(2, 3) 而写作 Add(3, 2)，那么变量 a 将被赋值为 3，变量 b 将被赋值为 2。

在 Add 方法中，变量 a 和变量 jb 的和将被赋值给变量 c，再通过 return 语句返回给调用者。

可以这样认为：**方法执行完成后，可以用返回值来替换调用处的代码**。例如，这里 Add(2, 3) 可以用返回值 c 来替换，将 answer = Add(2, 3); 变成 "answer=c;"，也就是把 c 的值代入 answer 中。

图2-36 调用同时具有返回值和参数的方法

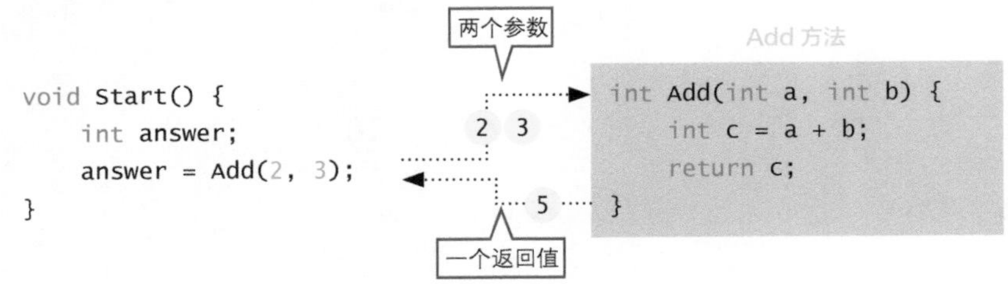

通过这些例子可以看到，方法作为脚本中的一个重要元素，创建后可以在需要的时候任意调用。合理编写方法可以让脚本更加灵活。

试一试！

参数不仅可以传入数字，也可以传入变量。不妨通过下列代码来进行确认。

```
void Start() {
    int answer;
    int num1 = 2;
    int num2 = 3;
    answer = Add(num1, num2);
    Debug.Log(answer);
}
```

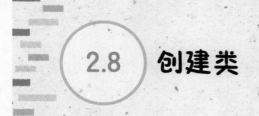

2.8 创建类

方法是对处理过程的一种封装，而"类"又是**对方法和变量的一种封装**。

2.8.1 什么是类

使用 Unity 开发游戏时，设计者通常会为玩家、敌人、武器、道具等"东西"逐个创建脚本从而控制它们的行为。这种情况下，不以"方法"而以"对象"作为单位来创建脚本会更方便，如图 2-37 所示。

具体以玩家脚本的创建为例进行分析。玩家对象需要具备 HP、MP 和状态等变量，还需要有进行攻击、防御和魔法等行为的方法。

图2-37 类以对象为单位

如果没有将这些变量和方法归到一块，而是零散地定义，那么就不容易看出哪个变量和哪个方法是相关联的。**使用"类"，我们可以将相关的变量和方法集中到一起，脚本的管理也就变得更容易了。**

类的写法大致如下。首先在关键字 class 后面写上类名，然后编写类中用到的变量与方法。类中含有的变量被称为成员变量，类中含有的方法被称为成员方法。

```
class 类名{
    成员变量的声明;
    成员方法的实现;
}
```

和 int 型与 string 型相似，类也可以被当作一种类型使用。也就是说，创建了 Player 类以后就多出了 Player 这种类型（当然，严格来说类和类型是两种概念，具体可以参考 C# 的相关语法书）。

代码 int num; 将创建一个 int 型的变量 num。同样，代码 Player myPlayer; 也会创

建一个 Player 型的变量 myPlayer。此时，myPlayer 变量"箱子"的内部是"空"的。

可以将 2 或 1500 代入 int 型变量 num 中，同样也可以将"Player 的实体"代入 Player 型的变量 myPlayer 中。这个"Player 的实体"我们称为实例，如图 2-38 所示。在 2.8.3 小节中我们将介绍如何生成实例。

图2-38 实例的含义

要使用 myPlayer 变量拥有的成员方法或者成员变量时，可以采用"myPlayer. 成员方法名（或者成员变量名）"的写法，如图 2-39 所示。今后这种"."的写法会频繁出现。这里可以先记住，"○○ .xx"的写法表示的是"**调用○○类中包含的 xx 方法（或者变量）**"。

图2-39 成员方法调用

> ﹥Tips﹤ **Unity 提供了很多功能类**
>
> 除了用户自己创建类，Unity 也提供了一些写好的功能类，如 2.9 节将要介绍的 Vector 类以及显示日志的 Debug 类。为了能熟练使用 Unity，充分理解类的概念是非常重要的。

2.8.2 类的创建

前面的讲解可能还是有点抽象。下面编写图 2-39 所示的 Player 类，我们可以直接往之前的 Test 脚本（Test.cs）中追加代码，具体代码如 List 2-29 所示。注意，Player 类的相关代码应写在 Test 类的外面。

List 2-29　创建 Player 类

```
1  using System.Collections;
2  using System.Collections.Generic;
3  using UnityEngine;
4
5  public class Player {
6
7      private int hp = 100;
8      private int power = 50;
9
10     public void Attack() {
11         Debug.Log(this.power + "点攻击发起");
12     }
13     public void Damage(int damage) {
14         this.hp -= damage;
15         Debug.Log(damage + "点攻击收到");
16     }
17 }
18
19 public class Test : MonoBehaviour {
20
21     void Start() {
22         Player myPlayer = new Player();
23         myPlayer.Attack();
24         myPlayer.Damage(30);
25     }
26 }
```

输出结果

```
50点攻击发起
30点攻击收到
```

第 5~17 行是新加的 Player 类。大致观察类的构成，不难发现第 5 行声明了 Player 类，第 7~8 行声明了用于记录玩家 hp 和 power 的成员变量。第 10~16 行创建了用于攻击的 Attack 成员方法以及用于伤害的 Damage 成员方法。具体的实现会在后面详细介绍。

2.8.3　类的使用

来看看如何使用创建好的 Player 类。List 2-29 中的第 22~24 行就创建并使用了 Player 类的实例。

第 22 行左边的 Player myPlayer 声明了一个 Player 型的变量 myPlayer。这一阶段只是创建了一个 Player 型的"箱子"，后续还需生成并代入一个 Player 型的实体。

为了生成实体，需要在 new 关键字后跟上"类名()"（如第 22 行右边）。这样就能生成一个 Player 型的实体并能够将其代入 myPlayer 变量中，如图 2-40 所示。

图2-40　实例的生成方法

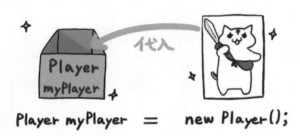

第 23 行对实例所拥有的 Attack 成员方法，按照 myPlayer.Attack() 这种"变量名.成员方法名()"的写法完成了调用。同样，第 24 行代码调用了 Damage 成员方法。

按下执行按钮，就可以在控制台窗口中看到相应的输出结果。

2.8.4　访问修饰符

在 List 2-29 中，Player 类的成员变量与成员方法前面都加上了 public 或者 private 这样的关键字。它们叫作访问修饰符，用于指定其他类中能否**通过"○○.xx"这样的写法来访问此类中的成员**。

public 修饰的成员变量（或方法）能够在其他类中调用，而 private 修饰的成员变量（或方法）则不行。Attack 成员方法前添加了 public，所以能够像 myPlayer.Attack() 来调用 Attack 成员方法。但是成员变量 hp 前是 private，所以无法通过 myPlayer.hp 成员来访问 hp 成员变量，如图 2-41 所示。

图 2-41　访问修饰符的作用

读者可能会想：将所有成员都用 public 来修饰不是更省事吗？当然，这样做并不会影响脚本运行，游戏也照样能开发。但是，private 的好处在于一旦别人试图在其他类中访问该成员变量（或方法）时，就会被提示 **"不允许访问 private 修饰的成员变量（或方法）"**。同样地，我们在使用他人创建的类时，也只需看那些 public 修饰的成员变量和成员方法就行了，如图 2-42 所示。

图 2-42　在类中使用public修饰成员

创建类时　　　　使用类时

省略访问修饰符会默认使用 private 进行修饰。因此，我们只要在那些希望公开的成员变量和成员方法前加上 public 即可。

访问修饰符的具体介绍如表 2-3 所示。

表2-3　访问修饰符

访问修饰符	允许被访问的类
public	所有类都可以访问
protected	同一个类或者子类
private	只有在同一个类中才允许访问

2.8.5　this 关键字

一些读者可能已经注意到，Attack 方法和 Damage 方法在使用 hp 和 power 等成员变量时，前面加了一个 this 关键字。this 关键字指向该实例自身。也就是说，this.power 表示实例自身拥有的 power 变量（即 Player 类实例拥有的 power 变量）。

其实即便不加 this 也能访问到自身的成员变量。但是，在 List 2-29 的 Attack 方法中，像下面这样声明了与成员变量同名的局部变量(power)时，将优先使用局部变量。因此，为了预防出现 bug，最好在调用成员变量时明确加上 this 关键字。

```
public void Attack (){
    int power = 9999;
    Debug.Log(power + " 点攻击发起 ");
    // 优先使用局部变量，即打印 9999 点攻击发起
}
```

本节讲解的内容，在编程业内被称为面向对象编程。面向对象的 3 大要素是"继承""封装"与"多态"。我们介绍了如何通过 public 和 private 来进行封装。当然这里只是进行了简单讲解，有兴趣的读者可以参考 C# 入门参考书。

> ⌒Tips⌒ **继承**
>
> Test 类的声明部分之后紧跟"MonoBehaviour"的写法被称为继承（List 2-29 中的第 19 行），它表示 Test 类继承于 Unity 提供的 MonoBehaviour 类。
> MonoBehaviour 类包含了构成游戏对象最基本的一些成员变量和成员方法。挂载到游戏对象上的脚本都必须继承于 MonoBehaviour 类（或它的子类）。

> ⌒Tips⌒ **Debug.Log 不需要通过实例调用？**
>
> 本节创建了 Player 类的实例，并且通过"变量名 . 成员方法名"的形式进行调用。然而一直频繁使用的 Debug.Log 方法，却是通过"类名 . 成员方法名"的形式进行调用。这是因为，Debug.Log 被声明为 static 方法（即不需要创建实例即可调用的方法）。这部分知识可能有些复杂，读者只要暂时记住"这是一种特殊的方法"就可以了。

2.9 使用 Vector 类

在本章的最后，我们要介绍游戏开发中常用的 Vector 类。Vector 类在处理游戏角色运动时常会用到。

2.9.1 什么是 Vector 类

开发 3D 游戏时，物体被放置于空间中的何处、往哪个方向移动、受到来自什么方向的力，这类信息一般会用 **float 型的 x、y、z 这 3 个值**来记录，如图 2-43 所示。

图 2-43　Vector 类的使用方法

位于坐标 P

沿着向量 P 的大小和方向移动

为了将这些值集中起来管理，于是产生了 Vector3 类（正确地说，应该称为结构体[①]）。在 2D 游戏中，Unity 则相应地提供了包含 float 型的 x、y 这两个值的 Vector2 类。用伪代码编写的 Vector3 类大致如下。

```
class Vector3
{
    public float x;
    public float y;
    public float z;
    // 下面是Vector的成员方法
}
```

Vector3 类拥有 x、y、z 这 3 个成员变量，而 Vector2 类拥有 x 和 y 这两个成员变量，它们可以用来表示坐标或者向量。

假设 x=3,y=5，当作为坐标使用时，其表示将物体放置在 (3,5) 处；而作为向量使用时，则表示从现在的位置沿着 x 方向前进 3，沿 y 方向前进 5，如图 2-44 所示。

---

① 结构体和类相似，它也是由一系列变量和方法组成。不过它的功能比类更少，但性能也因此更高。

图2-44 作为坐标的Vector2类和作为向量的Vector2类

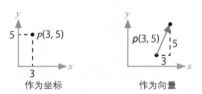

作为坐标　　　　　　　作为向量

2.9.2　Vector 类的使用

下面来看 Vector2 类的使用示例。首先是一个对 Vector2 类成员变量进行加法运算的例子，如 List 2-30 所示。

List 2-30 对Vector2类成员变量进行加法运算

```
1  using System.Collections;
2  using System.Collections.Generic;
3  using UnityEngine;
4
5  public class Test : MonoBehaviour {
6
7      void Start() {
8          Vector2 playerPos = new Vector2(3.0f, 4.0f);
9          playerPos.x += 8.0f;
10         playerPos.y += 5.0f;
11         Debug.Log(playerPos);
12     }
13 }
```

输出结果：

```
(11.0, 9.0)
```

第 8 行等号左边声明了 Vector2 类的变量 playerPos，这相当于只是创建了一个 Vector2 类的"箱子"，后续还需要生成实例并代入。等号右边的 new Vector2(3.0f, 4.0f) 生成了 Vector2 类的实例，用于代入。前面我们说过，"new 类名 ()"的写法可以生成类的实例。

通过 new 生成 Vector2 类的实例，可以传入参数并用于初始化成员变量。这里将 x 设为 3.0f，y 设为 4.0f（如前所述，Vector2 类中含有 float 型的成员变量 x 和 y），如图 2-45 所示。

图 2-45　生成 Vector2 类的实例

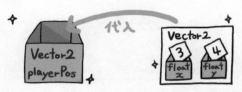

Vector2 playerPos ＝ new Vector2(3.0f,4.0f);

　　介绍"类"时我们说过，可以通过"变量名 .x""变量名 .y"的方式来访问成员变量 x 和 y。第 9~10 行便是使用这一语法对玩家对象的 x 坐标值加 8，对 y 坐标值加 5，如图 2-46 所示。

图 2-46　Vector2 类成员变量之间的加法运算

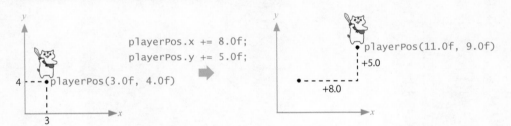

```
playerPos.x += 8.0f;
playerPos.y += 5.0f;
```

　　如果用 Vector2 类成员变量来表示游戏对象的坐标，增大该值，画面上的游戏对象将沿着正方向（右或上）移动；减小该值，游戏对象则会沿着负方向（左或下）移动。

　　上例中我们已经确认了 Vector2 类成员变量 (x 和 y) 可以进行加法运算。下面再通过一个例子来看看 Vector2 类成员变量间的减法运算，如 List 2-31 所示。

List 2-31　Vector2 类成员变量间的减法运算

```
1  using System.Collections;
2  using System.Collections.Generic;
3  using UnityEngine;
4
5  public class Test : MonoBehaviour {
6
7      void Start() {
8          Vector2 startPos = new Vector2(2.0f, 1.0f);
9          Vector2 endPos = new Vector2(8.0f, 5.0f);
10         Vector2 dir = endPos - startPos;
11         Debug.Log(dir);
12
13         float len = dir.magnitude;
14         Debug.Log(len);
15     }
```

```
16 }
```

输出结果：

```
(6.0, 4.0)
7.211102
```

该示例求出了从"startPos"指向"endPos"的向量 dir。为了根据两点坐标计算出该向量，第 10 行代码用 endPos 减去 startPos，这意味着 Vector2 类成员变量之间可以进行减法运算，如图 2-47 所示。

图 2-47　Vector2 类成员变量之间的减法运算

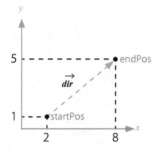

第 13 行代码求出了 startPos 到 endPos 之间的距离。该距离相当于图 2-47 中向量 **dir** 的长度。借助于 Vector2 类的 magnitude 成员变量，可以算出向量 **dir** 的长度。

Vector 类还提供了很多像这样方便计算向量的成员变量，详细内容读者可以参考 API 手册。

2.9.3　Vector 类的应用

之前的示例中我们用 Vector 类来表示了坐标和向量，其实它还可以用来表示加速度、力以及移动速度等物理方面的数值。例如，代码 Vector2 speed = new Vector2(2.0f, 0.0f); 就是用 Vector2 类来表示玩家角色的移动速度。每帧对玩家角色对象的坐标加上该 speed 值，就能让玩家角色一直沿着 x 轴正方向移动，如图 2-48 所示。具体示例我们将在第 3 章介绍。

从第 3 章开始，我们将编写各种脚本，就像电影的编剧一样，读者朋友可以根据自己的想法给游戏对象添加各种行为啦！

图2-48 用Vector2类来表示速度

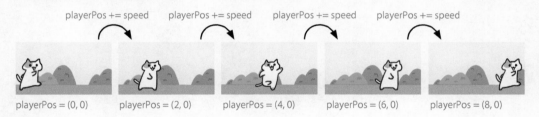

playerPos += speed   playerPos += speed   playerPos += speed   playerPos += speed

playerPos = (0, 0)   playerPos = (2, 0)   playerPos = (4, 0)   playerPos = (6, 0)   playerPos = (8, 0)

> **Tips**   Visual Studio
>
> 　有时候 Visual Studio 的自动补全功能会失效，使脚本中出现大量红色波浪线。遇到这种情况时，重启 Visual Studio 即可。

第 3 章

游戏对象的配置
与移动方法

学习如何使用脚本语言来开发游戏！

本章我们将开发一款"大转盘"游戏。从中可以了解游戏的制作方法，以及如何通过脚本让游戏对象"动"起来。

本章学习的内容

- 游戏设计的思路
- 脚本的编写
- 如何将游戏发布到移动设备平台上

3.1 思考游戏的设计

作为热身，本章先试着开发一个简单的游戏。如果我们一开始就想着开发规模庞大的游戏，中途往往容易受挫。所以我们先从简单的游戏开始，循序渐进。下面就从"如何让游戏对象动起来"开始吧！

3.1.1 对游戏进行策划

虽说看上去简单，但如果只是单纯地把一些图像显示在画面上肯定也不能称作游戏。对一款游戏来说，至少**画面要能够根据玩家的输入而发生变化**。因此本章将开发一款能够单击操作的大转盘游戏。

图 3-1 所示为将要制作的游戏的构想图。画面上显示了一个转盘，单击画面，它将开始旋转，并且随着时间的推移，旋转速度会越来越慢直至停止。

图3-1 将要制作的游戏画面

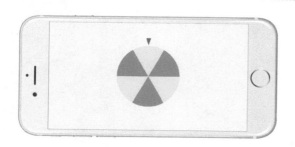

3.1.2 思考游戏的制作步骤

不妨根据图 3-1 所示的游戏画面来考虑一下游戏的制作步骤。本书在设计游戏时一般会遵循 5 个步骤，遵循这些步骤可以按照一定的标准设计出各种游戏。

本章的游戏相对简单，因此不需要 Step ❸ 和 Step ❹。这里我们先做个简要说明，后续再根据需要进行详细介绍。

Step ❶ 罗列出画面上所有的对象。

Step ❷ 确定游戏对象运行需要哪些控制器脚本。

Step ❸ 确定自动生成游戏对象需要哪些生成器脚本。

Step ❹　准备好用于更新 UI 的调度器脚本。

Step ❺　思考脚本的编写流程。

Step ❶ 罗列出画面上所有的对象

该步骤将罗列出画面上所有的对象。请对照图 3-1 所示的游戏画面，找出游戏中出现的所有对象。不难发现，游戏中出现了"转盘"和"指针"，如图 3-2 所示。这个游戏比较简单，只有两个对象。如果游戏比较复杂，列出的对象数量肯定会更多。

图 3-2　罗列出画面上所有的对象

转盘　　　　　指针

Step ❷ 确定游戏对象运行需要哪些控制器脚本

在 Step ❶列出的对象中找出"会动"的游戏对象。在该游戏中，转盘能够旋转，因此它属于这种对象；而指针静止不动，所以不在此类对象中，如图 3-3 所示。

图 3-3　罗列出"会动"的游戏对象

转盘（能够　　指针
旋转）

对于"会动"的游戏对象，需要用脚本来控制其行为。本书将这种脚本称为控制器脚本。在这个游戏中，转盘属于"会动"的对象，所以我们要准备"控制转盘的脚本（转盘控制器）"，如图 3-4 所示。

图 3-4　转盘控制器

Step❸ 确定自动生成游戏对象需要哪些生成器脚本

这个步骤需要找出游戏过程中被生成的对象。敌人角色和舞台场景等**根据玩家移动情况和时间变化将会出现的对象**都属于此类。在游戏过程中用来创建各个游戏对象的脚本，本书将其称为生成器脚本。生成器脚本相当于一个专门创建游戏对象的工厂。不过本章开发的游戏暂未涉及此类对象，到第 5 章出现时我们再进行详细说明。

Step❹ 准备好用于更新 UI 的调度器脚本

为了使玩家能**通过游戏 UI（用户界面）来操作游戏并能够及时了解游戏进度**，我们还需要一个能够"总览全局"的脚本，本书将其称为调度器脚本。由于本章的游戏中没有 UI，游戏流程也比较简单，所以可以不用准备调度器脚本。

Step❺ 思考脚本的编写流程

本步骤需要思考应当如何编写前面 4 个步骤中列出的各个脚本，以及游戏的具体玩法。大体上可以按照**"控制器脚本"→"生成器脚本"→"调度器脚本"**的顺序来编写脚本，如图 3-5 所示。

对本章的游戏来说，只需要编写转盘控制器脚本即可。也就是说，没有诸如游戏对象的配置等 Unity 基本操作，**编写好转盘控制器脚本后游戏就可以运行了**。读者是不是很有信心呢？

图3-5 脚本编写的流程

下面来简单讨论该转盘控制器该如何实现。

转盘控制器

单击转盘，它将开始旋转并逐渐减速至停止。这正是转盘控制器要实现的，具体如何实现我们在讲解程序时再讨论。

如果按照"一开始就必须详细地设计"这种心态进行，那么恐怕还没开始制作就已经产生厌烦心理了。**当前最重要的是先从整体上搞清楚"需要什么脚本""按什么步骤完成制作"这些问题**，后续再针对各个脚本思考具体的实现方式，这样开发起来会更轻松。

前面我们一直在介绍理论的东西，现在就来动手开发吧！游戏的制作流程如图 3-6 所示。

图3-6 游戏的制作流程

①创建工程　　　　②配置对象　　　　③编写脚本　　　　④挂载脚本

由于本章的游戏比较简单，可能按这些步骤操作稍微有些烦琐。不过当游戏规模变大后，按这些步骤设计出的游戏往往更加"健壮"。所以，不妨从小游戏就开始适应这种设计方法吧！

3.2 创建工程和场景

①创建工程　　②配置对象　　③编写脚本　　④挂载脚本

3.2.1 创建工程

首先来创建工程，用户可以单击 Unity 启动界面中的 New 按钮，或选择上方菜单栏中的 File → New Project 来创建工程，如图 3-7 所示。

图3-7 创建工程

单击 New 或选择 New Project 后，将进入工程设置界面，如图 3-8 所示。

将工程名设为 Roulette，这里我们要制作的是 2D 游戏，所以在 Template 中选择 2D。单击界面右下角蓝色的 Create project 按钮后，系统将会在指定的文件夹中创建工程，然后自动启动 Unity 编辑器。

图3-8 工程设置界面

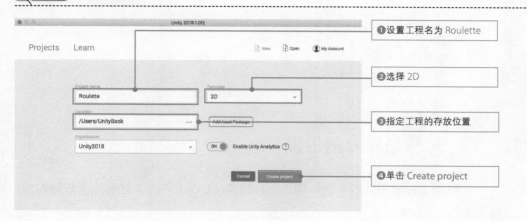

❶设置工程名为 Roulette

❷选择 2D

❸指定工程的存放位置

❹单击 Create project

将素材添加到工程中

Unity 编辑器启动后,将游戏要使用的素材添加到工程中。读者可以到本书的配套资源中下载相应素材,打开"Chapter3"文件夹,将其中的素材拖曳到工程窗口中(拖曳时请确认工程窗口左上方的"Project"标签已被选中),如图 3-9 所示。

图3-9 添加素材

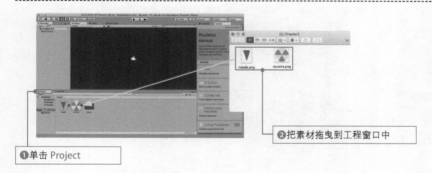

❶单击 Project

❷把素材拖曳到工程窗口中

各素材的类型与内容如表 3-1 所示。具体素材如图 3-10 所示。

表3-1 各素材的类型与内容

文件名	类型	内容
needle.png	png 文件	指针的图像
roulette.png	png 文件	转盘的图像

图 3-10　用到的素材

needle

roulette

 ## 3.2.2　移动平台的设置

本书的目标是**开发出移动平台（iPhone 和 Android 手机）上也能运行的游戏**，为此需要进行一些设置。

🐟 打包的相关设置

首先对移动平台的打包进行相关设置。选择菜单栏的 File → Build Settings，打开 Build Settings 界面，在 **Platform** 中选择"iOS（如果要打包到 Android 手机则选择 Android）"，然后单击 **Switch Platform** 按钮，如图 3-11 所示。

图 3-11　进行打包设置

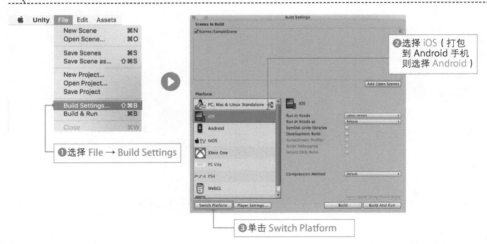

像这样将打包目标选定为"iOS"或"Android"后就可以打包到相应的平台。设置完成后关闭 Build Settings 界面。

🐟 设置画面尺寸

下面设置游戏画面的尺寸。单击 **Game** 标签，打开游戏视图左上方的画面尺寸设置（Free Aspect）下拉列表。**各手机的尺寸可能各不相同，选择合适的画面尺寸即可。** 这里选择的是 iPhone 5 Wide，如图 3-12 所示。

图3-12 设置画面尺寸

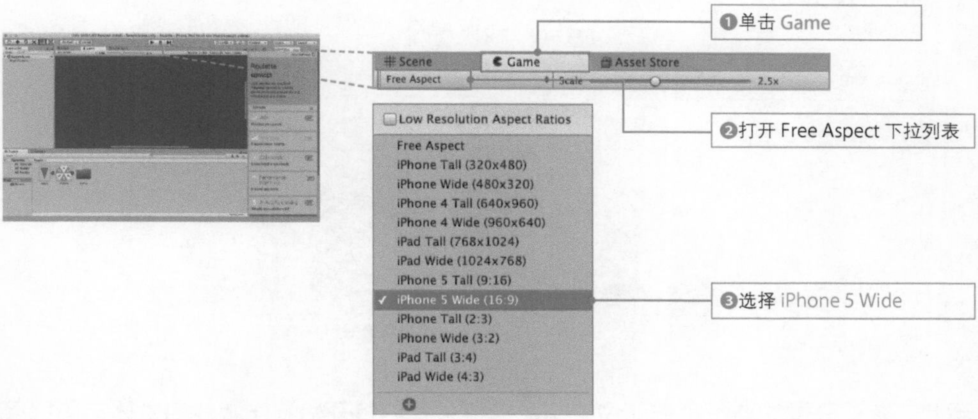

单击 Scene 标签回到场景视图，确认画面尺寸是否改变。场景视图中的白色四边形区域就是游戏画面的显示范围，如图 3-13 所示。

图3-13 确认画面尺寸

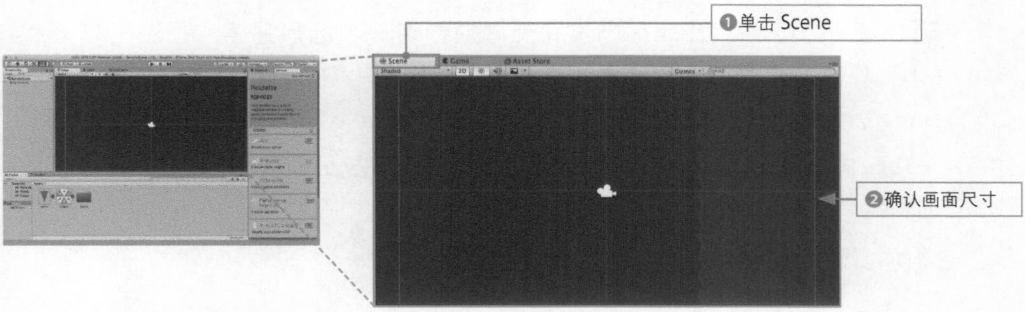

3.2.3 保存场景

场景制作完成后，在菜单栏中选择 File → Save Scene as，会弹出场景保存界面。在 Save As 中输入 GameScene 并单击 Save 按钮。此时，可以看到工程窗口中出现了一个 Unity 图标，这意味着场景 GameScene 已经保存完毕，如图 3-14 所示。

用户可以随时通过选择 File → Save Scenes 来保存制作中的场景。建议读者养成在开发过程中定期保存的习惯。

图3-14 保存场景

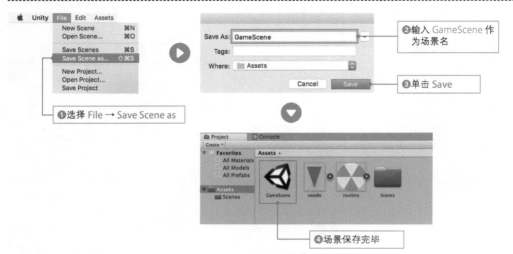

❶选择 File → Save Scene as

❷输入 GameScene 作
为场景名

❸单击 Save

❹场景保存完毕

至此，游戏开发的准备工作就做完了。接下来我们将开始制作游戏的主体，请拭目
以待吧！

> Tips < 关于 Unity 2018 的场景保存

到 Unity 2017 为止，保存场景时都必须指定一个场景名字。不过在 Unity
2018 中，创建工程时系统会自动生成 Scenes 文件夹和 SampleScene 文件。因
此，Unity 2018 也可以不通过选择 File → Save Scene as 来保存场景，直接选择
File → Save 即可覆盖 SampleScene 并保存场景。不过为了保证版本之间的兼容性，
本书仍使用 "Save Scene as" 的保存方式。

3.3 给场景配置游戏对象

①创建工程　　　②配置对象　　　③编写脚本　　　④挂载脚本

3.3.1　配置转盘

要将转盘图片配置到场景视图中，把刚才添加到工程窗口中的"roulette"文件拖曳到场景视图中即可。在 Unity 2D 工程中，我们将场景中的对象称为 sprite。

场景视图和层级窗口中的对象是一一对应的，因此层级窗口中也会显示"roulette"，如图 3-15 所示。

图 3-15　把转盘添加到场景视图中

❶把 roulette 拖曳到场景视图中

❷层级窗口中也会显示 roulette

调整对象的位置

接下来调整转盘的位置。第 1 章已经介绍了如何使用界面上方的操作工具来移动游戏对象。这里我们换用另一种方法，使用 Inspector（检视器）来指定对象的坐标，如图 3-16 所示。检视器是一种可用于编辑对象属性的工具。**当我们希望将对象放置到某个特定坐标位置时，使用检视器来指定坐标是非常方便的。**

图3-16　对象的移动方法

粗略移动时的操作工具

微调时使用检视器

使用检视器来设置转盘的坐标时，首先要在层级窗口中选择 roulette，然后单击 Inspector 标签。此时转盘的详细属性会显示在 Unity 编辑器右侧的检视器窗口中，将 Transform 项中 Position 的 X、Y、Z 全部设置为 0，如图 3-17 所示。

图3-17　设置转盘的坐标

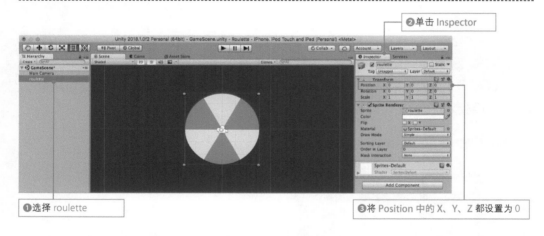

❷单击 Inspector

❶选择 roulette

❸将 Position 中的 X、Y、Z 都设置为 0

该操作是将转盘 sprite 放置到 x 和 y 坐标值都为 0 的位置（因为是 2D 游戏，所以 z 坐标的数值对其位置没有影响）。**将 x 和 y 的坐标值设置为 0 后，sprite 将显示在场景视图（游戏画面）的中央**。

>Tips< 坐标的方向和摄像机的位置

在 Unity 2D 工程的初始状态下，界面的左右方向是 x 轴，上下方向是 y 轴，纵深方向是 z 轴。2D 游戏中往往将 z 坐标值设置为 0，这是因为拍摄场景的摄像机一般被放置于 $z=-10$ 的位置。如果 sprite 的 z 坐标比 "-10" 还小，sprite 将无法被摄像机拍摄到，也就不会在游戏画面上显示出来。

3.3.2 配置指针

将指针图片配置到场景视图中，其操作步骤和配置转盘时相同。将指针图片拖曳到场景视图中，然后用检视器为其设置适当的坐标。

从工程窗口中拖曳指针图片 needle 到场景视图中。然后在层级窗口中选择 needle，将检视器中 Transform 项中 Position 设置为"0,3,0"。

这样，指针就被放置到转盘 sprite 上了，如图 3-18 所示。

图 3-18 设置指针的坐标

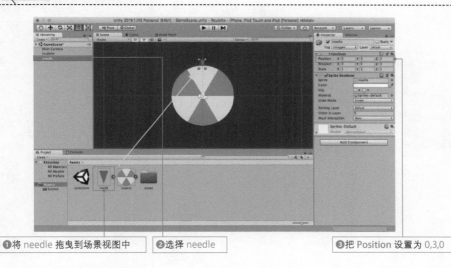

❶将 needle 拖曳到场景视图中　　❷选择 needle　　　　　　❸把 Position 设置为 0,3,0

现在不妨运行游戏看看效果。单击 Unity 编辑器上方的运行按钮，Unity 将切换到游戏视图，显示游戏画面。可以看到，转盘和指针都被显示出来了，如图 3-19 所示。如果想让转盘看起来更大一些，可以滑动游戏视图上方的 Scale 滑块进行调整。

至此，我们终于迈出了游戏开发的第一步！注意，要结束游戏运行只需再次单击运行按钮即可。

图 3-19 运行游戏查看初步效果

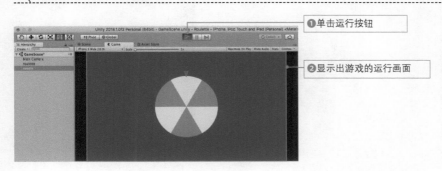

❶单击运行按钮

❷显示出游戏的运行画面

3.3.3 改变背景颜色

蓝色背景让人感觉比较突兀，我们可以试着将它换成稍微淡一些的颜色。**改变背景颜色需要调整摄像机对象的参数。**

在层级窗口中选择 Main Camera，单击检视器窗口中 Camera 项的 Background 颜色条，将会弹出 Color 界面。为了与转盘的颜色相搭配，我们将 Hexadecimal 设置为 FBFBF2，如图 3-20 所示。

这里 "Hexadecimal" 的值 "FBFBF2" 是用 16 进制表示的颜色代码。"000000" 是黑色，"FFFFFF" 表示白色，其他颜色的值都介于这两个值之间。更多详细信息可自行查阅。

图3-20　改变背景颜色

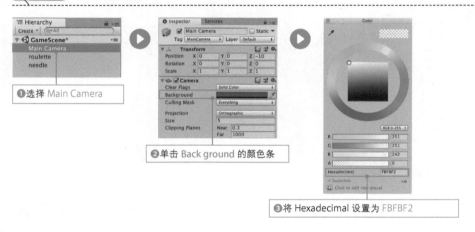

再次运行游戏，可以看到背景色已经改变了，如图 3-21 所示。

图3-21　确认背景色是否改变

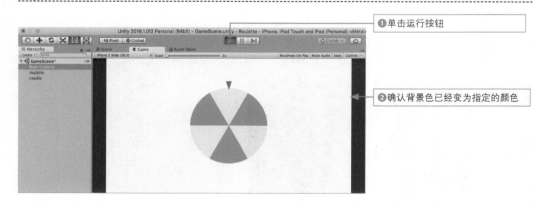

只要在检视器窗口中选择颜色就可以改变背景色。这正是 Unity 的强大之处——无须编写脚本就能够在编辑器中可视化地完成各种设置。

在游戏中显示图片是不是比想象的还要简单呢? 过去往往需要编写数百行的脚本才有可能显示出图片, 而现在使用 Unity 竟然不用编写一行代码就能在游戏中显示图片了。多么神奇的工具啊! 熟悉了 Unity 的使用方法, 就可以不断地开发有趣的游戏了!

本节已经将游戏中要使用的部件都配置好了, 3.4 节中我们将编写使转盘旋转的控制器脚本。

>Tips< **设计背后暗藏的逻辑**

听到"设计"这个词, 可能很多人觉得设计是依靠"感性"与"直觉"的。其实并非如此。设计固然离不开这两者, 但更偏向于工程学领域。对好的设计来说, "为什么是这个颜色?""为什么是这样的构图?", 每个细节都有它存在的理由。

就拿背景色来说, 做决定之前先问问"为什么使用这个颜色", 往往会得到不一样的效果。

3.4 学习编写脚本

①创建工程　　②配置对象　　③编写脚本　　④挂载脚本

3.4.1 脚本的功能

本节我们将编写**能够根据鼠标单击使转盘旋转，然后逐渐减速至停止的脚本**。要让游戏对象"动"起来，需要提供一个描述了该对象行为的"剧本"。在第 2 章曾介绍过，在 Unity 中这个剧本也叫作"脚本"。本节就来编写一个控制器脚本，如图 3-22 所示。

图3-22　编写控制器脚本

编写脚本时，我们应该首先考虑"单击后以一定的速度旋转"这一功能，把"逐渐减速直到停止"的部分放到下一步考虑。这样，问题乍一看好像很难，**一旦将其分解为简单的动作，实现起来就容易多了**。

3.4.2 创建转盘脚本

在工程窗口中单击鼠标右键，从弹出的菜单栏中选择 Create → C# Script。创建的新文件其文件名处于可编辑状态，将它命名为 RouletteController，如图 3-23 所示。

图3-23　创建脚本

❶在工程窗口内单击鼠标右键，
然后选择 Create → C# Script

❷将新创建的文件命名为 RouletteController

双击新创建的文件启动 Visual Studio，按 List 3-1 所示输入代码并保存。

List 3-1　单击后按一定速度旋转的脚本

```
1  using System.Collections;
2  using System.Collections.Generic;
3  using UnityEngine;
4
5  public class RouletteController : MonoBehaviour {
6
7      float rotSpeed = 0; // 旋转速度
8
9      void Start() {
10     }
11
12     void Update() {
13         //设置单击鼠标左键后的旋转速度
14         if(Input.GetMouseButtonDown(0)) {
15             this.rotSpeed = 10;
16         }
17
18         // 按照旋转速度的值来改变转盘的角度
19         transform.Rotate(0, 0, this.rotSpeed);
20     }
21 }
```

在转盘控制器中，每帧都会调用 Update 方法使转盘旋转一定角度，从而实现旋转转盘的效果。

为了使转盘旋转一定角度，需要用到 Rotate 方法（第 19 行）。注意，代码中的 Rotate 前面有一个 transform，这一点我们会在第 4 章进行说明，暂时只要记住"**通过 Rotate 方法能够让对象旋转**"就可以了。

Rotate 方法能够使对象**在当前状态下再按参数值旋转一定角度**。传入 Rotate 方法的参数依次是绕 x 轴方向、y 轴方向、z 轴方向的旋转量，如图 3-24 所示。为了使对象能够绕 z 轴（画面朝内的方向）旋转，将第 3 个参数指定为非零值。

参数为正，对象将按逆时针方向旋转，反之按顺时针方向旋转。

图3-24 沿各轴旋转的方向

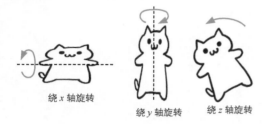

绕 x 轴旋转　　绕 y 轴旋转　绕 z 轴旋转

在 List 3-1 中，转盘的旋转速度通过成员变量 rotSpeed 定义。Update 方法中调用了 Rotate(0, 0, this.rotSpeed); 使转盘每帧再旋转 rotSpeed 角度，如图 3-25 所示。

图3-25 Rotate 的旋转量

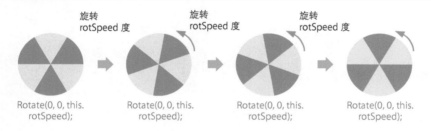

旋转　　　　　　旋转　　　　　旋转
rotSpeed 度　　rotSpeed 度　　rotSpeed 度

Rotate(0, 0, this.　　Rotate(0, 0, this.　　Rotate(0, 0, this.　　Rotate(0, 0, this.
rotSpeed);　　　　rotSpeed);　　　　rotSpeed);　　　　rotSpeed);

为了使转盘在单击后开始旋转，**可以先将变量 rotSpeed 的值设置成 0**（第 7 行），**单击鼠标左键后，再将 rotSpeed 的值设置为 10**（第 14 行~16 行），如图 3-26 所示。

图3-26 通过 rotSpeed 来调整旋转速度

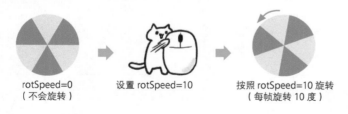

rotSpeed=0　　　　设置 rotSpeed=10　　　　按照 rotSpeed=10 旋转
（不会旋转）　　　　　　　　　　　　　　　（每帧旋转 10 度）

可以使用 Input.GetMouseButtonDown 方法（第 14 行）来检测鼠标单击。该方法在鼠标被单击的瞬间将返回 true。如果传入的参数为 0 则检测出是左键单击，参数为 1 检测出是右键，参数为 2 检测出是滚轮中键。

if 语句检测的是 Input.GetMouseButtonDown 方法的返回值，如果鼠标左键发生了单击，那么就把 rotSpeed 值设为 10。这样一旦单击了鼠标左键，转盘就会以每帧 10 度的大小持续旋转。

关于脚本的创建和编写就介绍到这里。读者一定也迫不及待地想看看自己的脚本能否让转盘旋转起来吧？不过为了让它能正常运行，还需将编写的脚本挂载到游戏对象上。接下来 3.5 节将对此进行说明。

> Tips <　如何检测鼠标的输入

这里介绍两个与鼠标相关的方法。GetMouseButtonDown 会在鼠标被单击的瞬间返回 true，而 GetMouseButtonUp 方法则会在鼠标被松开的瞬间返回 true。另外，在鼠标被按住的期间 GetMouseButton 方法将一直返回 true，如图 3-27 所示。

图3-27　GetMouseButton 的功能

3.5 挂载脚本

①创建工程　　　②配置对象　　　③编写脚本　　　④挂载脚本

　　本节将把在 3.4 节编写的转盘控制器脚本挂载到转盘 sprite 上。**挂载脚本后，转盘就可以按照脚本的指令来运行**。就好像把剧本交给演员，演员按照剧本演戏一样，如图 3-28 所示。

图3-28 　转盘按照脚本的指令运行

　　为了将脚本挂载到转盘上，可以如图 3-29 所示，把工程窗口中的脚本 RouletteController 拖曳到层级窗口中的 roulette 对象上，这样转盘就能够旋转了。

　　给转盘 sprite 挂载转盘控制器脚本后（相当于交给演员剧本），不妨运行看看效果，如图 3-30 所示。单击画面后转盘就能够转动起来了！

图 3-29 给转盘挂载脚本

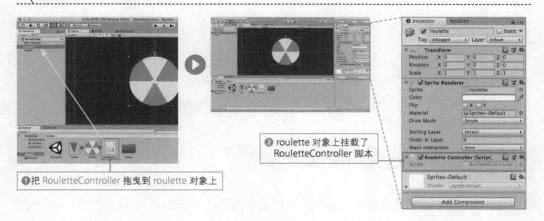

❷ roulette 对象上挂载了 RouletteController 脚本

❶ 把 RouletteController 拖曳到 roulette 对象上

图 3-30 确认转盘的旋转效果

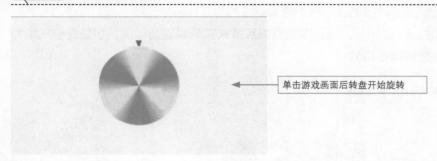

单击游戏画面后转盘开始旋转

不妨来回顾一下转盘旋转的实现过程。在 Unity 中，要让游戏对象动起来，一般都要按下列步骤，请读者熟记。

> 🐾 **移动对象的制作步骤** 重要！
>
> ❶ 在场景视图中配置对象。
>
> ❷ 编写控制对象移动的脚本。
>
> ❸ 将创建好的脚本挂载到对象上。

试一试！

如果将转盘控制器（List 3-1）代码中第 15 行的 this.rotSpeed 值由原来的 10 改成 5，可以看到，转盘的旋转速度变成了原来的一半。

3.6 让转盘停止转动

按照目前的操作，单击鼠标左键后转盘将一直保持旋转。这样并不符合游戏的要求，还需将脚本修改为"转盘旋转的速度会越来越小，最终停止"。

3.6.1 降低旋转速度的方法

转盘的旋转速度越来越小，似乎只要让表示速度的成员变量 rotSpeed 的值越来越小就能做到。但是，**如果每次让 rotSpeed 减去一个固定值，就意味着转盘是线性减速的，动作会很不自然。**因此，可以试着每帧为 rotSpeed 乘上一个衰减系数，如 0.96。

使用这个方法后，速度的减小就不再是线性的而是按指数函数衰减。减速过程看起来会很自然，如图 3-31 所示。**这种通过衰减系数来实现减速的做法，在处理空气阻力和弹簧震动等问题时常会用到。**

图3-31 使用衰减系数来实现减速

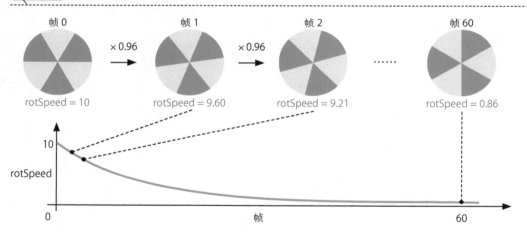

3.6.2 修改转盘的脚本

现在按这一思路来修改脚本。双击打开工程窗口中的"RouletteController"，按 List 3-2 所示修改代码。

List 3-2 添加转盘减速处理的脚本

```
1  using System.Collections;
2  using System.Collections.Generic;
3  using UnityEngine;
4
5  public class RouletteController : MonoBehaviour {
6
7      float rotSpeed = 0; // 旋转速度
8
9      void Start() {
10     }
11
12     void Update() {
13         // 设置单击鼠标左键后的旋转速度
14         if(Input.GetMouseButtonDown(0)) {
15             this.rotSpeed = 10;
16         }
17
18         // 按旋转速度改变转盘的角度
19         transform.Rotate(0, 0, this.rotSpeed);
20
21         // 使转盘减速（新添加部分）
22         this.rotSpeed *= 0.96f;
23     }
24 }
```

第 22 行添加了使转盘减速的处理。Update 方法中对 rotSpeed 乘上一个衰减系数（0.96），rotSpeed 的值就会如图 3-31 所示，每次处理后都将变为上一次的 0.96 倍。在这个脚本中，单击鼠标左键后，程序会将 rotSpeed 赋值为 10（第 15 行）。第 1 帧处理后其值乘以 0.96，结果为 9.6；第 2 帧处理后再乘以 0.96，结果为 9.216，这样就实现了旋转速度随时间衰减。最终 rotSpeed 的值将无限接近于 0。虽然 rotSpeed 最终不可能变成 0，但由于数值非常小，转盘看起来就像停止了一样。

如果在转盘正在旋转时再次单击画面，程序会重新把 rotSpeed 赋值为 10，于是旋转速度会恢复到最高。

保存脚本后再次运行游戏（之前已经挂载了脚本，所以不必再次挂载），可以看到，转盘旋转确实越来越慢并且最终停下来了，如图 3-32 所示。仅添加了 1 行代码，效果就变得特别逼真了。

图3-32　转盘减速并停止

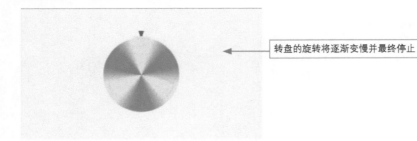

转盘的旋转将逐渐变慢并最终停止

试一试!

如果对减速幅度不满意，可以通过改变衰减系数进行调整。能够方便地修改并立刻运行检验正是 Unity 的强项，不妨动手试试吧。

>Tips< **无法挂载脚本?**

如果脚本中包含错误，那么在错误消除之前，脚本将无法被挂载到游戏对象上。所以发现脚本无法挂载时，请确认 Unity 编辑器的左下方是否显示了一些错误提示信息。

3.7 在手机上运行

电脑上确认无误后，我们试着让游戏在手机上运行起来吧。Unity 可以非常方便地切换运行环境，多数情况下，90% 的开发工作都在电脑上完成，最后才在手机上进行测试调整。这样不仅能够减少将游戏安装到手机上的次数，还能够简化开发流程并加快调试速度。

3.7.1 处理手机的操作

游戏在电脑上运行时，我们通过单击鼠标左键使转盘旋转。但是在手机上，应该**用触屏操作来代替鼠标单击使转盘旋转**。

其实，鼠标单击的检测方法 GetMouseButtonDown 同样可以用于检测触屏操作。因此无须修改代码，直接将其在手机上运行即可。

既然不必修改脚本，现在我们就可以把游戏安装到手机上。首先需要使用数据线连接电脑和手机。

3.7.2 打包到 iOS

要把游戏安装到 iOS 上，首先需要将 Unity 工程转换为 iOS 可用的工程，再用 iOS 专用编译器（Xcode）写入 iOS，如图 3-33 所示。注意，要想打包到 iOS，必须要有 Mac 环境。Xcode 的准备步骤我们之前已经介绍过了。

图3-33　写入 iPhone 的流程

Unity 工程　　　iOS 可用的工程　　　手机

导出工程时，在 Platform 中应选择 iOS。

在 iOS 上执行的文件总得有一个名字，所以我们先对文件名进行设置。在菜单栏中选择 **File→Build Settings**，然后单击 Build Settings 界面左下方的 **Player Settings** 按钮，如图 3-34 所示。

图3-34　设置文件

❶选择 File → Build Settings

❷单击 Player Settings

　　需要设置的项都已显示在检视器窗口中，最好将 Identification 项 Bundle Identifier 的值设为 "com. 自己名字的拼音 .Roulette"，因为必须确保这里设置的字符串不会与别人重复，如图 3-35 所示。

图3-35　设置Bundle Identifier

输入 com. 自己名字的拼音 .Roulette（不要和其他人设置的字符串重复）

　　输入后再回到 Build Settings 界面。在 Scenes In Build 中取消勾选 Scenes/Sample Scene 复选框，并将工程窗口中的 GameScene 拖曳到 Scenes In Build 上。这样，GameScene 才可以作为游戏安装到手机上。Scenes In Build 设置完成后，单击右下方的 Build 按钮，如图 3-36 所示。

图3-36　导出iOS工程

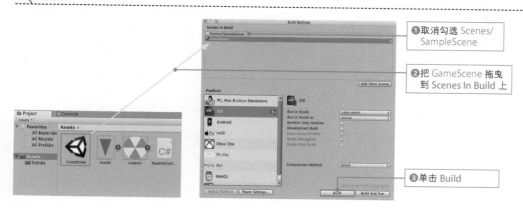

❶取消勾选 Scenes/SampleScene

❷把 GameScene 拖曳到 Scenes In Build 上

❸单击 Build

在弹出界面的 Save As 中输入 Roulette_iOS(该字符串将作为 iOS 的工程名),单击右下方的 Save 按钮,将会开始导出 iOS 工程,如图 3-37 所示。

图 3-37　指定文件的名称并保存

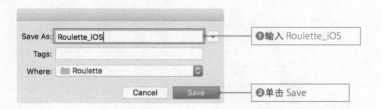

导出 iOS 工程后,系统将自动打开其所在的文件夹。双击 Roulette_iOS 文件夹下的 Unity-iPhone.xcodeproj 打开 Xcode,如图 3-38 所示。

图 3-38　打开 Xcode

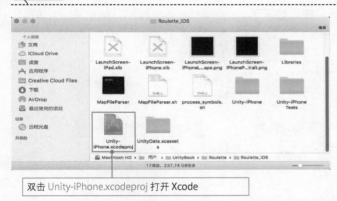

双击 Unity-iPhone.xcodeproj 打开 Xcode

在左边栏中选择工程名(这里是 Unity-iPhone),然后在界面中间单击 General标签。如果界面中间的"Signing"部分显示"No accounts found",那么单击 Add Account 按钮,如图 3-39 所示。如果 Team 中显示"None"且没有出现 Add Account 按钮,那么请参考图 3-41 所示进行设置。

图 3-39　登录账号

在弹出的 Accounts 界面中输入 Apple ID 和 Password 后，单击 Sign In 按钮，如图 3-40 所示。

图 3-40　用账号登录

登录后，Accounts 界面的左侧（Apple IDs）将显示账号。这意味着 Xcode 已经登录成功，此时可以关闭 Accounts 界面。

回到 Xcode，此时"Signing"的 Team 中显示的是"None"，从下拉列表中选择刚才登录的账号，如图 3-41 所示。如果显示了 Register Device 按钮，单击该按钮即可。

图 3-41　选择账号

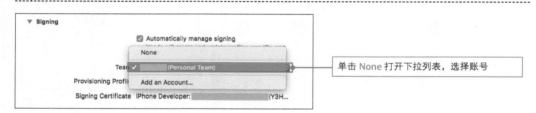

选择需要安装的手机。单击 Xcode 界面左上方的 Generic iOS Device，并选择相应的手机，如图 3-42 所示。

图 3-42　选择要安装游戏的手机

这样 iOS 的相关设置就完成了。单击运行按钮就可以把游戏安装到手机，如图 3-43 所示。如果图 3-35 中设置的 Bundle Identifier 发生了重复，此处将发生错误。出现这种情况时，重新设定 Bundle Identifier 即可。

图3-43 安装到手机

单击运行按钮

操作时如果弹出"The run destination xxx is not valid~"的提示，打开 iPhone 主界面，出现"要信任此电脑吗？"提示，单击"信任"即可。如果在操作中弹出图 3-44 所示的界面，输入密码并单击允许即可。

图3-44 允许访问

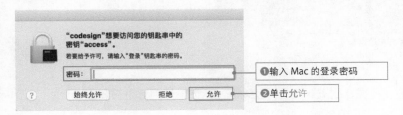

❶输入 Mac 的登录密码

❷单击允许

如果运行时出现了"Could not launch xxx"这样的提示，则需要在 iPhone 上对该应用进行授权。单击 iPhone 的设置→通用→设备管理即可进行授权。

当 iPhone 处于锁屏状态时，游戏将无法安装到手机，所以请确保 iPhone 已解锁并位于主界面。此外，如果 iPhone 屏幕方向被锁定为纵向，那么横向的内容将无法显示，所以还应当确保屏幕方向未被锁定。

不同的 Xcode 和 Unity 版本，某些操作细节可能会和上述方法有所出入。

> Tips < 在 Windows 上确认 iPhone 的运行状况

使用"Unity Remote 5"这个 iPhone App，可以把电脑上 Unity 的运行界面镜像投屏到 iPhone 上。

首先从 App Store 下载并安装"Unity Remote 5"。然后用数据线连接 iPhone 和 Windows。在 Unity 的菜单栏中选择 Edit → Project Settings → Editor，在检视器窗口 Unity Remote 项 Device 栏中选择已连接的设备，如图 3-45 所示。

此时启动游戏，就可以在 iPhone 上进行相关操控。

图 3-45　Unity Remote 5的相关设置

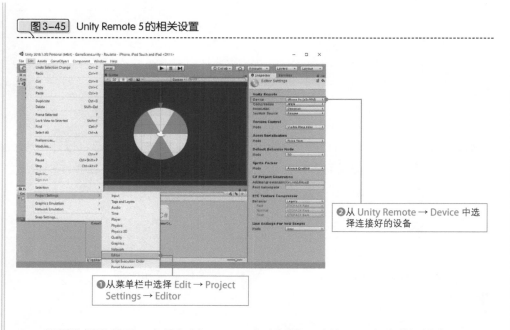

❷从 Unity Remote → Device 中选择连接好的设备

❶从菜单栏中选择 Edit → Project Settings → Editor

如果选择设备后，在操作时 iPhone 响应缓慢，请按下列方法进行排查。

① 在 Windows 上安装 iTunes，并更新 iPhone 的驱动。

② 请确认安装 Unity 时 iOS Build Setting（图 1-8 所示的步骤③）复选框被勾选了。

3.7.3　打包到 Android

Android 的打包步骤和 iOS 一样，先从 Unity 工程中生成可在 Android 上运行的"apk 文件"，然后将其装到手机。

Android 相关的准备之前已经介绍过。注意，在导出工程时，Platform 中必须选择"Android"，游戏画面的尺寸也应设置为符合手机屏幕的比例，如图 3-46 所示。

图 3-46　Android 打包的流程

Unity 工程　　导出　　apk 文件　　安装　　手机

首先需要设置 Android Studio 的路径。从菜单栏中选择 Unity → Preferences

（Windows 环境则是 Edit → Preferences），打开 Unity Preferences 界面。

选择 External Tools，在 Android/SDK 中输入"/Users/ 用户名 /Library/ Android/sdk"（默认的安装路径）。用户名部分可根据自身情况进行更改。如果是 Windows 环境则输入"C:\Users\ 用户名 \AppData\Local\Android\Sdk"，如图 3-47 所示。

图3-47   设置Android SDK的路径

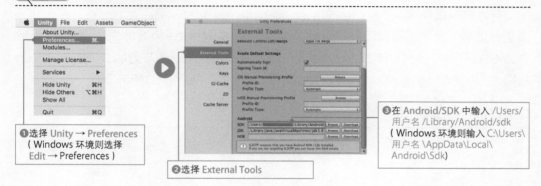

❶选择 Unity → Preferences（Windows 环境则选择 Edit → Preferences）

❷选择 External Tools

❸在 Android/SDK 中输入 /Users/ 用户名 /Library/Android/sdk（Windows 环境则输入 C:\Users\ 用户名 \AppData\Local\ Android\Sdk）

apk 文件需要有唯一的名称，下面来进行相关设置。从菜单栏中选择 File → Build Settings，单击 Build Settings 界面下方的 Player Settings 按钮，如图 3-48 所示。

图3-48   导出到Android 的设定

❶选择 File → Build Settings

❷单击 Player Settings

需要设置的内容都已显示在检视器窗口中，请在 Identification 项的 Package Name 处输入"com. 自己名字的拼音 .Roulette"（如 com.yamadahanako.Roulette），如图 3-49 所示。注意，这里设置的字符串必须是唯一的。

图3-49　设置Package Name

输入后回到 Build Settings 界面。在 Scenes In Build 中取消 Scenes/SampleScene 复选框的勾选，将工程窗口中的 GameScene 拖曳到 Scenes In Build 上。这样就能把 GameScene 打入包中。完成 Scenes In Build 的设定后，单击右下方的 Build And Run 按钮，这样就可以生成 apk 文件并将其安装到手机上了，如图 3-50 所示。

图3-50　导出Android包

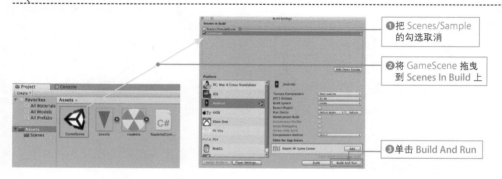

单击 "Build And Run" 按钮，在弹出界面的 Save As 中输入 "Roulette_android"（该字符串将作为 apk 文件名），在保存位置处选择 "Roulette" 工程所在的目录，这里必须保证保存位置位于 Assets 文件夹之外。单击右下方的 Save 按钮，系统将开始生成 apk 文件并将其安装到手机，如图 3-51 所示。

创建和安装都成功后，Android 程序将自动启动。只要在电脑上将游戏开发好，iOS 和 Android 的打包其实非常简单！

图3-51　安装到手机

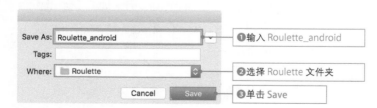

如果提示安装到手机失败，多半需要在 Android 手机上对开发者模式进行设置。单击设置→设备信息，然后连续单击"版本号"7 次即可打开开发者模式。看到"您已处于开发者模式"的提示后，回到设置界面进行下一个设置。

- 打开开发者模式
- 打开 USB 调试

Android 手机处于锁屏状态下是无法安装程序的，所以请确保屏幕已解锁并处于主页状态。

不同版本的 Android Studio 和 Unity，执行上述操作可能会有些许出入。

本章通过转盘游戏的制作，学习了 Unity 的用法、脚本的编写方法以及动态对象的制作方法等。在第 4 章我们将引入 UI 元素，试着开发一个游戏性更强的作品。请拭目以待吧！

> Tips < **手机不显示开发的内容**

如果手机显示的不是我们开发的内容，请确认是否忘记取消 Scenes In Build 中 Scenes/SampleScene 的勾选，以及 GameScene 是否被添加进来了。如果勾选了 Scenes/SampleScene，那么我们看到的将会是该场景，即 Unity 的默认画面。

> Tips < **适应组件化开发**

这方面内容会在第 4 章中进行详细说明，为了更好地理解 Unity，我们需要搞清楚"组件"这一概念。所谓组件，是指游戏对象中各个可以升级的部件。通过给游戏对象添加各种组件，游戏对象也就拥有了各种各样的功能。第 3 章编写的"脚本"也属于一种组件，如图 3-52 所示。正是因为把脚本挂载到转盘上，所以它才具备了转动的功能。

图 3-52 挂载脚本

同样，把"AudioSource 组件"挂载到转盘对象上，它就可以播放音乐；挂载"粒子组件"就可以看到闪闪发光的特效，如图 3-53 所示。

图3-53 通过组件来添加功能

请读者记住，使用 Unity 提供的组件可以方便地为游戏对象追加功能，此外，自己编写的脚本也属于一种组件。

第 4 章

UI 和调度器

学习如何表示游戏进度并显示信息!

本章我们将开发一款考验眼力的游戏,从中可以学到表示得分的 UI 以及音效的制作方法。

本章学习的内容

- UI 的制作方法
- 如何播放音效
- 组件的作用
- 滑屏操作处理

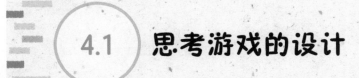

4.1 思考游戏的设计

第 3 章的游戏只是一个简单的样本，而本章为了让游戏更加生动，将尝试加入多种元素，如 UI、音效等。但是要一下就掌握它们恐怕并不容易，所以我们将一边开发游戏，一边循序渐进地学习 UI 的展示方法以及调度器的制作等内容。

4.1.1 对游戏进行策划

本章要开发的是一款使小车在终点附近停下来的"眼力游戏"，完成后的游戏界面如图 4-1 所示。游戏开始后，画面左下方将出现一辆小车，滑动屏幕后小车将开始行驶，然后逐渐减速最终停止。玩家可以通过调整滑屏距离的长短来改变小车的行走距离，画面右下方有一面旗帜，画面中央会显示小车与旗帜间的距离。

图4-1 最终的游戏画面

4.1.2 思考游戏的制作步骤

结合图 4-1 所示的游戏效果图，我们来思考游戏的制作步骤。和第 3 章一样，仍旧按以下 5 个步骤来思考。

Step ❶ 罗列出画面上所有的对象。

Step ❷ 确定游戏对象运行需要哪些控制器脚本。

Step ❸ 确定自动生成游戏对象需要哪些生成器脚本。

Step ❹ 准备好用于更新 UI 的调度器脚本。

Step ❺ 思考脚本的编写流程。

Step ❶ 罗列出画面上所有的对象

首先罗列出画面上的对象。参照图 4-1 看看都有哪些对象，显然，有"小车"和"旗帜"，还有容易被忽略的"地面"和"表示距离的 UI"，如图 4-2 所示。

图4-2 画面中的对象

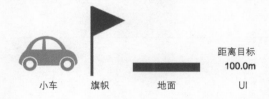

Step ❷ 确定游戏对象运行需要哪些控制器脚本

接下来，从 Step ❶ 罗列的对象中找出会"动"的对象，即找出动态对象。小车能够行驶，自然应当将其分到这类对象中，如图 4-3 所示。旗帜和地面是不动的。用于表示小车和旗帜之间的距离的 **UI 虽然内容会发生变化，但自身的位置并不会移动，所以不属于动态对象。**

图4-3 找出动态对象

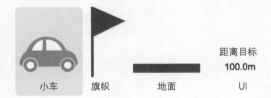

正如第 3 章所提到的，动态对象需要拥有能够控制它行为的脚本。为了控制小车的行为，我们需要制作"小车控制器"。

> 需要的控制器脚本
> 小车控制器

Step ❸ 确定自动生成游戏对象需要哪些生成器脚本

在这个步骤中，我们需要找出在游戏进行时被陆续创建出来的对象。不过，该游戏似乎没有此类对象。

Step ❹ 准备好用于更新UI的调度器脚本

　　拍电影时，导演会根据拍摄的进度给演员们下达指示。同样，为了确保游戏能顺利
进行，我们也需要一个调度器脚本。调度器脚本会**根据游戏的状况来切换 UI 或者结束
游戏**，如图 4-4 所示。本游戏中需要在 UI 上显示小车和旗帜之间的距离，所以需要制
作调度器脚本。

图4-4 调度器脚本的作用

> 改变UI的表示
>
> 显示游戏对象
>
> 切换到下一页
>
> ……

需要的调度器脚本
用于替换适当的 UI

Step ❺ 思考脚本的编写流程

　　和第 3 章类似，现在要考虑按何种顺序来编写脚本。大体上按照 "**控制器脚
本**" → "**生成器脚本**" → "**调度器脚本**" 的顺序进行即可，如图 4-5 所示。

图4-5 脚本的编写流程

控制器脚本　　　　　生成器脚本　　　　　调度器脚本

小车控制器　　（通过滑屏开始行驶，然后逐渐减速直至停止）　　不需要　　游戏场景的调度　　（用于更新表示小车与旗帜之间距离的 UI）

　　该游戏需要编写的脚本有 "小车控制器" 和 "游戏场景调度器" 这两个。**编写好这**

两个脚本，游戏就可以动起来了。

小车控制器的功能

通过滑屏操作触发小车行驶，然后小车逐渐减速直至停止。滑屏长度会影响行驶的距离。

游戏场景调度器的功能

检测"小车"和"旗帜"的坐标，并将两者间的距离显示在 UI 上。

和第 3 章的转盘相比，本章制作的"小车"虽然外观完全不同，但它们的制作流程基本是一样的。事实上，**动态对象的制作方法大体是相同的**。读者不妨多练几次，熟记这一流程。本章开发的游戏不仅包含了动态对象，还用到了 UI。同样，UI 的制作流程也不会因游戏不同而变化。整体流程总结如图 4-6 所示。

图4-6 开发游戏的流程

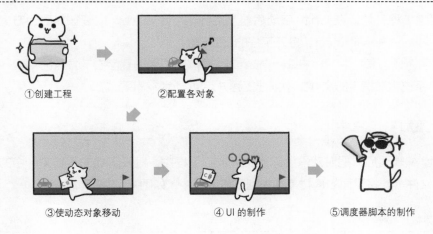

①创建工程　　②配置各对象

③使动态对象移动　　④UI 的制作　　⑤调度器脚本的制作

4.2 创建工程与场景

① 创建工程　　② 配置各对象　　③ 使动态对象移动　　④ UI 的制作　　⑤ 调度器脚本的制作

4.2.1 创建工程

首先从创建工程开始。在 Unity 启动后显示的界面中单击 New 或者在界面上方的菜单栏中选择 File → New Project，打开工程的设置界面。

设置工程名为"SwipeCar"，在 Template 中选择 2D，单击界面右下方蓝色 Create project 按钮，系统将在指定的文件夹中创建工程并启动 Unity 编辑器。

🐟 将素材添加到工程中

启动 Unity 编辑器后，把游戏需要的素材添加到工程中。打开下载的素材文件中的"Chapter4"文件夹，将里面的素材都拖曳到工程窗口中，如图 4-7 所示。

图4-7　添加素材

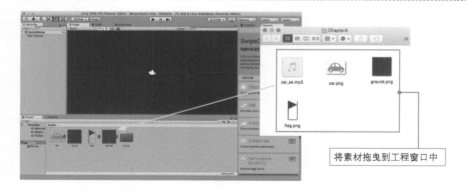

各素材文件如表 4-1 和图 4-8 所示。

表4-1　各素材的类型与内容

文件名	类型	内容
car.png	png文件	小车的图像
ground.png	png文件	地面的图像
flag.png	png文件	旗帜的图像
car_se.mp3	mp3文件	小车的音效

图4-8　用到的素材

car　　　　　　　　car_se　　　　　　　　flag　　　　　　　ground

4.2.2　移动平台的设置

为了能将游戏发布到移动平台，需要进行设置。选择菜单栏中的 File → Build Settings。打开 Build Settings 界面，在左下方的 Platform 中选择 iOS（如果要打包到 Android 手机则选 Android），单击 Switch Platform 按钮。具体步骤请参照第 3 章的内容。

🐟 设置画面尺寸

接下来设置游戏画面的尺寸。单击场景视图上的 Game 标签，再打开游戏视图左上方的画面尺寸下拉列表，选择与手机相符的画面尺寸（这里选择的是"iPhone 5 Wide"）。具体步骤请参照第 3 章的内容。

4.2.3　保存场景

在菜单栏选择 File → Save Scene as，将场景保存为"GameScene"。保存后可以在 Unity 编辑器的工程窗口中看到该场景图标，如图 4-9 所示。具体步骤可参照第 3 章的内容。

图4-9 场景保存后的状态

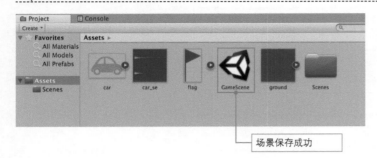

场景保存成功

4.3 给场景配置游戏对象

①创建工程　　②配置各对象　　③使动态对象移动　　④UI 的制作　　⑤调度器脚本的制作

4.3.1 配置地面

本节将把游戏需要的对象配置到场景中。需要配置的有"地面""小车""旗帜"这3 个对象。sprite 的配置流程与第 3 章相同,这里只做简要介绍(2D 游戏中使用的图片也被称为"sprite")。

首先在场景中配置地面。从工程窗口中将图片"ground"拖曳到场景视图中。此时可以看到场景视图中出现了该 sprite,并且层级窗口中也显示了"ground",如图 4-10 所示。

图4-10　把地面添加到场景视图中

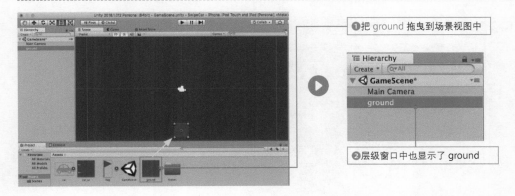

❶把 ground 拖曳到场景视图中

❷层级窗口中也显示了 ground

接下来**通过检视器调整地面的位置与大小**。在层级窗口中选择 ground,单击Inspector 标签,检视器窗口中将显示出详细信息,此时可调整其坐标与大小。将Transform 的 Position 中的 X、Y、Z 依次设为 0、-5、0,Scale 中的 X、Y、Z依次设为 14、1、1,如图 4-11 所示。

调整检视器窗口中的数值,场景视图中地面的位置和大小将随之发生变化。

图4-11 改变地面的坐标和大小

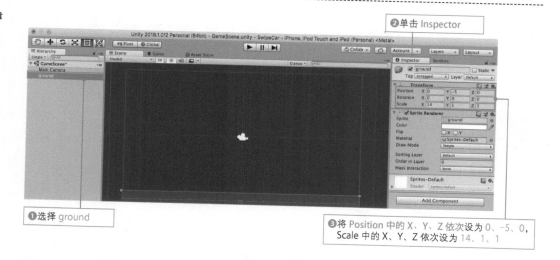

❷单击 Inspector

❶选择 ground

❸将 Position 中的 X、Y、Z 依次设为 0、-5、0，
Scale 中的 X、Y、Z 依次设为 14、1、1

4.3.2 配置·小·车

再来配置"小车"。把小车图片"car"拖曳到场景视图中。此时可以看到，场景视图中出现了对应的 sprite，层级窗口中也出现了一项"car"，如图 4-12 所示。

图4-12 将小车添加到场景视图中

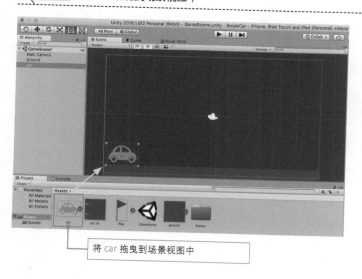

将 car 拖曳到场景视图中

通过检视器窗口调整小车的位置。和之前的操作相似，先在层级窗中选择 car，然后在检视器窗口中指定坐标。将 Transform 的 Position 中的 X、Y、Z 依次设为 -7、-3.7、0，如图 4-13 所示。

图 4-13 改变小车的坐标

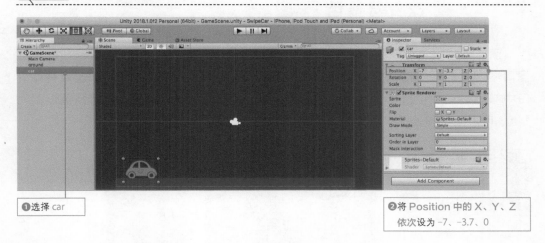

❶选择 car

❷将 Position 中的 X、Y、Z
依次设为 -7、-3.7、0

4.3.3 配置旗帜

最后来配置"旗帜"。将旗帜的图片"flag"拖曳到场景视图中。同样，层级窗口中
会出现一项对应于该 sprite 的"flag"。

接下来在检视器窗口中调整旗帜的位置。在层级窗口中选择 flag，然后在检视器窗
口中设置坐标。将 Transform 的 Position 中的 X、Y、Z 依次设为 7.5、-3.5、0，
如图 4-14 所示。

图 4-14 把旗帜添加到场景视图中并调整位置

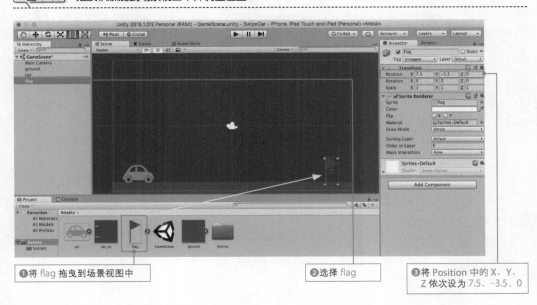

❶将 flag 拖曳到场景视图中

❷选择 flag

❸将 Position 中的 X、Y、
Z 依次设为 7.5、-3.5、0

4.3.4　改变背景色

蓝色的背景看起来并不是很美观，可以选择稍微淡一点的颜色。**可以在检视器窗口中调整摄像机对象的背景色**。在层级窗口中选择 Main Camera，单击检视器窗口中 Camera 项的 Background 的颜色条，会弹出 Color 界面。将背景色设置为"DEDBD2"，如图 4-15 所示。

图 4-15　修改背景色

❶选择 Main Camera

❷单击 Background 的颜色条

❸将 Hexadecimal 设为 DEDBD2

设置完成后，可以运行游戏并查看效果。单击 Unity 编辑器顶部的运行按钮，此时可以看到配置好的对象和背景色都正确地显示出来了，如图 4-16 所示。

图 4-16　运行游戏查看设置效果

❶单击运行按钮

❷确认游戏对象和背景颜色都正确地显示出来了

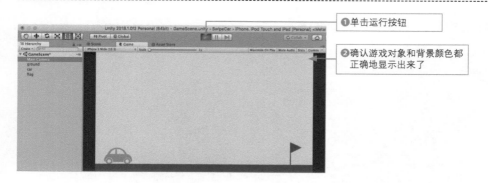

本节我们为游戏配置了一些图片，并修改了背景颜色。通过上面 3 次"配置图片"→"使用检视器设置坐标"的操作后，读者应该已经习惯了 Unity 的操作了吧？下面我们要让小车动起来。

4.4　通过滑屏使小车移动

①创建工程　②配置各对象　③使动态对象移动　④UI 的制作　⑤调度器脚本的制作

4.4.1　编写让小车移动的脚本

要让小车能够移动，必须编写描述小车该如何移动的控制脚本。按照下述"动态对象的制作方法"即可让小车移动起来。

> **动态对象的制作方法** 重要！
> ❶ 在场景视图中配置对象。
> ❷ 编写用于控制对象移动行为的脚本。
> ❸ 将做好的脚本挂载到对象上。

配置对象的步骤和之前的操作相同，所以这里直接从创建脚本开始介绍，如图4-17所示。

图4-17　创建小车的脚本

我们的目标是根据滑屏长度来控制小车的移动距离，但是如果一开始就瞄准这么复杂的操作，往往不知道该从哪下手了。为此，**我们可以先来实现"单击画面使小车开始行驶，然后逐渐减速，最后停下来"这个过程**。小车行驶然后停下来的处理过程，和第3章的转盘先旋转后停止的处理过程是类似的，对我们来说并不是难事。

下面来编写"单击后小车开始行驶然后慢慢停下"的脚本。

135

在工程窗口内单击鼠标右键，选择 Create → C# Script 创建脚本文件，并将脚本文件命名为"CarController"。

命后双击打开工程窗口中的"CarController"，按 List 4-1 所示输入代码并保存。

List 4-1　"单击后小车开始行驶然后慢慢停下"脚本

```
1  using System.Collections;
2  using System.Collections.Generic;
3  using UnityEngine;
4
5  public class CarController : MonoBehaviour {
6
7    float speed = 0;
8
9    void Start() {
10   }
11
12   void Update() {
13     if(Input.GetMouseButtonDown(0)) {     // 如果单击了鼠标
14       this.speed = 0.2f;             // 设置初始速度
15     }
16
17     transform.Translate(this.speed, 0, 0); // 移动
18     this.speed *= 0.98f;           // 减速
19   }
20 }
```

List 4-1 所示的脚本和第 3 章编写的转盘旋转控制脚本大致相同。小车的速度通过 speed 变量来管理。游戏开始时"speed"值为 0，小车静止不动；单击后，"speed"被赋值，于是小车开始移动，如图 4-18 所示。这里使用了 Translate 方法来移动小车，小车将按"speed"设置的速度进行移动。

Translate 方法可以让游戏对象将现有坐标值减去传入的参数值从而实现移动。**注意，不是直接移到参数所表示的位置，参数代表的是相对移动量**。也就是说，执行 Translate(0,3,0)，并不会移到坐标（0,3,0）处，而是从现在的位置开始沿"y 轴正方向"移动"3"，如图 4-19 所示。

图4-18　小车移动的过程

把 speed 设为"0.2"　　小车按 speed = 0.2 的速度开始行驶　　　渐渐变慢　　　　　停止

图4-19　Translate方法的原理

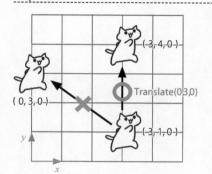

为了使小车逐渐减速，第 18 行执行了减速处理。将速度变量乘上 0.98，这样每经过一帧小车的速度就会变慢一些。该处理和第 3 章的转盘减速处理的原理相同。

试一试！

通过调整初始速度值 "0.2"（第 14 行）和衰减系数值 "0.98"（第 18 行），小车的移动行为将会发生很大改变。一般来说，在游戏开发的最后阶段，**为了进一步优化游戏的手感体验，往往需要对这些参数进行调整**。读者可以试着根据自己的偏好来调整参数。

4.4.2　把脚本挂载到小车对象上

如果要将编写好的小车控制器脚本挂载到小车 sprite 上（挂载相当于把剧本交给演员）。拖曳工程窗口中的 "CarController" 到层级窗口中的 "car" 上即可，如图 4-20 所示。

图4-20　给 "car" 挂载脚本

❶将 CarController 拖曳到 car 上　　　❷CarController 脚本被挂载到 car 上了

小车已经挂载了脚本（剧本已经交给了演员），现在就可以试着运行游戏了，如图 4-21 所示。运行游戏可以发现，单击画面后小车果然跑起来了！

图4-21 运行游戏查看移动效果

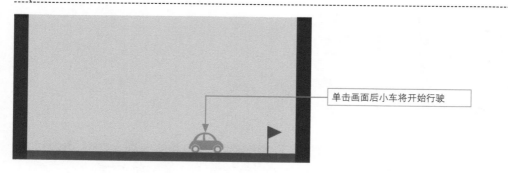

单击画面后小车将开始行驶

4.4.3　根据滑屏长度控制小车的移动距离

小车能够移动了，但每次移动的距离都一样，这样还不能称之为游戏，还需要根据滑屏长度来控制小车的移动距离。为了保证平台兼容性，**我们使用鼠标拖曳来替代滑屏。**

要根据滑屏的长度（即鼠标拖曳的长度）来决定小车的移动距离，只需**将小车初始速度（List 4-1 的第 14 行）设置为滑屏的长度**就可以了。

如果滑屏长度短，初始速度就小，小车只能行驶一定距离；反之，初始速度较大，小车则可以行驶较长距离，如图 4-22 所示。

图4-22 滑屏长度与行驶距离的关系

那么滑屏的长度该如何计算呢？**如果知道单击开始处的坐标和单击结束处的坐标，那么二者的差值就是滑屏的长度。**单击开始和结束的时机可以通过 GetMouseButton-Down 和 GetMouseButtonUp 方法获得。在这两个时机获取当时的鼠标指针所在的坐标（Input.MousePosition），再算出它们的差值，就能得出滑屏长度，如图 4-23 所示。

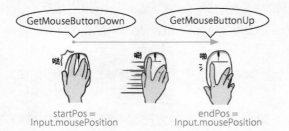

图 4-23 滑屏长度的计算

检测鼠标单击的 GetMouseButtonDown 和 GetMouseButtonUp 方法同样可以用于检测手机的触屏操作。因此，不用修改代码脚本在手机上也可正常运行。

下面来编写计算滑屏长度的脚本。双击打开工程窗口中的"CarController"，按 List 4-2 所示编写脚本。

List 4-2 "通过滑屏长度控制小车移动距离"的脚本

```
1  using System.Collections;
2  using System.Collections.Generic;
3  using UnityEngine;
4
5  public class CarController : MonoBehaviour {
6
7      float speed = 0;
8      Vector2 startPos;
9
10     void Start() {
11     }
12
13     void Update() {
14
15         // 求出滑屏长度（新添加）
16         if(Input.GetMouseButtonDown(0)) {
17             // 按下鼠标左键时的坐标
18             this.startPos = Input.mousePosition;
19         } else if(Input.GetMouseButtonUp(0)) {
20             // 松开鼠标左键时的坐标
21             Vector2 endPos = Input.mousePosition;
22             float swipeLength = endPos.x - this.startPos.x;
23
24             // 将滑屏长度转换为初始速度
25             this.speed = swipeLength / 500.0f;
26         }
27
28         transform.Translate(this.speed, 0, 0);
29         this.speed *= 0.98f;
30     }
31 }
```

Update 方法中检测了单击开始时（GetMouseButtonDown）和单击结束时位置（GetMouseButtonUp）的坐标，并将开始点坐标存入"startPos"，结束点坐标存入"endPos"。当 GetMouseButtonDown 或 GetMouseButtonUp 方法返回 true 时，坐标将被保存在 Input.mousePosition 中。

第 22 行将这两点间的 x 轴方向距离作为滑屏长度。第 25 行将滑屏长度转换为小车的初始速度。

单击画面上方的运行按钮启动游戏，可以看到小车的行驶距离随着滑屏长度的变化而变化，如图 4-24 所示。

图4-24 根据滑屏长度来改变行驶距离

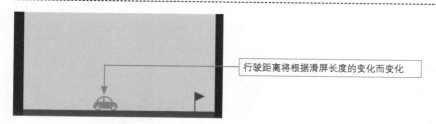

行驶距离将根据滑屏长度的变化而变化

挂载了控制器脚本的小车开始行驶了！编写脚本的诀窍在于"先从简单的行为开始，然后逐步增加功能"！那些功能复杂的脚本，采用"先编写简单的试验性脚本，再陆续添加功能"的方法能够大大简化整个编写过程。为了表示小车在旗帜前停止还是已经越过旗帜了，在接下来的 4.5 节中我们将制作用于表示旗帜与小车之间距离的 UI。

试一试！

第 25 行将滑屏长度转换为初始速度时用 500 作为除数。如果改变该值，小车的初始速度将发生变化，从而小车的行驶速度和移动距离也将发生变化。

>Tips< 世界坐标系与本地坐标系

世界坐标系是用来描述对象位于游戏世界中何处的坐标系。目前，通过检视器设定的坐标都属于世界坐标系，而本地坐标系指的是游戏中对象各自的坐标系，如图 4-25 所示。

Translate 方法的移动方向采用的是本地坐标系而非世界坐标系。因此，当对象旋转后再移动时，Translate 方法将使用旋转后的坐标系计算方向。在对象同时进行旋转和移动时要格外注意这一点。

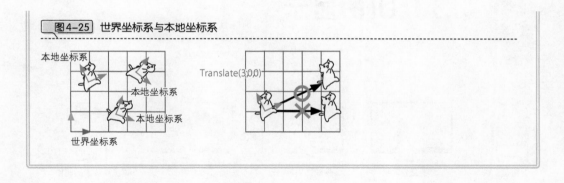

图4-25 世界坐标系与本地坐标系

本地坐标系

本地坐标系

本地坐标系

世界坐标系

Translate(3,0,0)

4.5　UI 的显示

①创建工程　②配置各对象　③使动态对象移动　④ UI 的制作　⑤调度器脚本的制作

4.5.1　UI 的制作方法

　　UI 用于**表示游戏的状态和进度**，对增强用户的游戏体验有非常重要的作用。使用 Unity 提供的 UI 库可以很容易地完成 UI 设计。本节将使用 UI 组件来表示**小车与旗帜之间的距离**。UI 的制作方法如下。

> 🐾 **UI 的制作方法** 重要！
> ❶ 把 UI 组件配置到场景视图中。
> ❷ 编写用于切换 UI 的调度器脚本。
> ❸ 创建调度器对象，为其挂载编写好的脚本。

　　首先将 UI 组件配置到画面上。我们可以使用**文本控件来显示小车与旗帜之间的距离**，即使用 Text 这个 UI 对象（Unity 提供的 UI 组件）。配置好 Text 后，再编写用于更新 Text 显示内容的调度器脚本，最后把它挂载到调度器对象上。

　　本节将介绍①中配置 UI 组件的步骤，4.6 节将对②和③进行说明。

4.5.2　使用 Text 表示距离

　　创建用来表示小车与旗帜间距离的 UI。在层级窗口中选择 Create → UI → Text，可以看到层级窗口中新增了一个叫作 Canvas 的对象，Canvas 下包含了 Text，如图 4-26 所示。

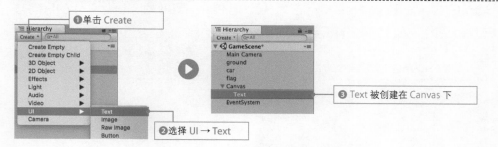

图4-26 创建UI文本控件Text

由于 UI 的设计画面比通常的游戏设计画面要大很多,所以有时可能无法在场景视图中看到新添加的 Text,如图 4-27 所示。此时可以试着在层级窗口中双击"Text",这样视点就会移到 Text 附近,文字"New Text"将显示在画面的中央。

虽然场景视图中的 UI 设计画面看起来非常大,但它的**实际大小和游戏画面是对应的**。实际运行后就会发现并不存在 UI 溢出画面的情况。

图4-27 游戏设计画面和UI设计画面的大小不同

把层级窗口中 Text 的名称改为"Distance"。在层级窗口中选择并单击 Text,此时名称将变为可编辑状态,改成"Distance",如图 4-28 所示。编辑完成后,按回车键确认即可。

图4-28 修改"Text"的名称

调整 Distance 的位置和尺寸。在层级窗口中选择 Distance,在检视器窗口中,把

Rect Transform 项的 PosX、PosY、PosZ 依次设为 0、0、0，Width 和 Height 设为 360、40；把 Character 的 Font Size 设为 32；把 Paragraph 的 Alignment 的纵向与横向都设置为居中，如图 4-29 所示。

图4-29　设置Distance的位置和尺寸

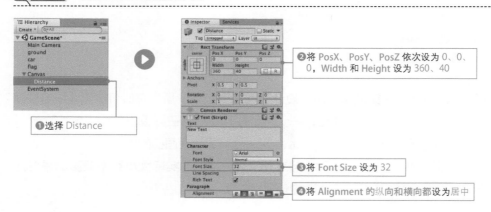

❶选择 Distance

❷将 PosX、PosY、PosZ 依次设为 0、0、0，Width 和 Height 设为 360、40

❸将 Font Size 设为 32

❹将 Alignment 的纵向和横向都设为居中

　　配置 Text 时请注意，如果 Rect Transform 项的"Width"和"Height"值小于要显示的文字字体尺寸，那么画面上的文本控件将无法正确显示，如图 4-30 所示。

图4-30　Text的大小和显示

原始尺寸　　　　　　　　横向缩小的情况　　　　　　　纵向缩小的情况

　　UI 组件已经配置到场景中，不妨运行游戏看看画面中央是否显示了"New Text"，如图 4-31 所示。接下来的 4.6 节将让"New Text"显示为小车和旗帜的距离。

图4-31　查看UI的配置结果

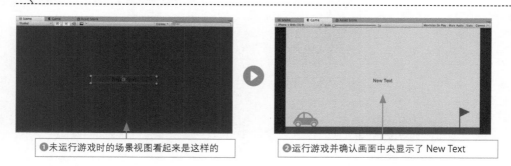

❶未运行游戏时的场景视图看起来是这样的

❷运行游戏并确认画面中央显示了 New Text

> **Tips** < **什么是 EventSystem？**

　　添加 UI 文本控件后，在层级窗口中和"Canvas"一起被添加的还有 "EventSystem"。EventSystem 是一个用于将用户的输入转发到各 UI 组件的中转对象，要正常使用 UI 组件必须要有一个这样的对象。EventSystem 还可以屏蔽输入，修改键盘和鼠标的设置等。

> **Tips** < **什么是 Rect Transform？**

　　为了表示组件的坐标，UI 系统中使用的不是"Transform"而是"Rect Transform"。二者的区别是：Transform 能调整"位置""旋转""尺寸"的值，Rect Transform 则在这个基础上还能调整"pivot（轴心点）"与"anchor（锚点）"的位置。轴心点指的是旋转和缩放时使用的中心点，锚点指的是放置 UI 组件时的位置基准点，具体会在第 5 章进行说明。

4.6 创建切换UI的调度器

①创建工程　②配置各对象　③使动态对象移动　④UI的制作　⑤调度器脚本的制作

4.6.1 创建切换UI的脚本

虽然配置好了 UI 文本控件，但一直显示"New Text"也没有意义。现在就来创建**将小车和旗帜之间距离显示在"New Text"**部分的调度器脚本。调度器脚本会根据场景视图中小车和旗帜的坐标算出二者的距离，并显示在刚才做好的 UI 文本控件上，如图 4-32 所示。

图4-32　调度器脚本的作用

创建调度器脚本。在工程窗口中单击鼠标右键，然后选择 Create → C# Script，并将脚本文件名改为"GameDirector"。

创建脚本→ GameDirector

双击打开创建的"GameDirector"，输入 List 4-3 所示的代码并保存。

List 4-3 "显示距离信息"的脚本

```
1  using System.Collections;
2  using System.Collections.Generic;
3  using UnityEngine;
4  using UnityEngine.UI; //使用 UI 组件必须引入它
5
6  public class GameDirector : MonoBehaviour {
7
8      GameObject car;
9      GameObject flag;
10     GameObject distance;
11
12     void Start() {
13         this.car = GameObject.Find("car");
14         this.flag = GameObject.Find("flag");
15         this.distance = GameObject.Find("Distance");
16     }
17
18     void Update() {
19         float length = this.flag.transform.position.x -this.car.transform.position.x;
20         this.distance.GetComponent<Text>().text = "距离目标" + length.ToString("F2") + "m";
21     }
22 }
```

为了能在脚本中使用 UI 组件，第 4 行添加了 UnityEngine.UI 来引入 UI 对象。用脚本处理 UI 组件时这句代码是必要的，请读者不要忘记。

调度器脚本会检测小车和旗帜的位置并计算出距离，然后将结果显示在"UI"上。因此，必须确保脚本能引用到小车、旗帜和 UI 这些对象。为此，第 8~10 行准备了对应于小车、旗帜和 UI 的 GameObject 类型变量。当然，目前还只是创建好了几个 GameObject 类型的"箱子"，它们的内部是空的，如图 4-33 所示。

图4-33 存放对象的变量

我们必须在场景中找到这些箱子对应的对象，然后将其存放进去。在场景中寻找对象时，可以使用 Unity 提供的 Find 方法，如图 4-34 所示。**Find 方法将对象名称作为参数，如果游戏场景中某对象的名称与该参数相同，那么就会返回该对象。**

147

图4-34 Find方法的原理

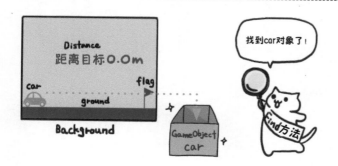

场景中小车和旗帜对象的 x 坐标，可通过 car.transform.position.x 和 flag.transform.position.x 得到（第 19 行）。该写法的具体含义我们将在本节最后的 Tips 中介绍，这里先记住**游戏对象的坐标可以通过"游戏对象名.transform.position"得到**即可。

第 20 行将第 19 行算出的距离传给 distance 对象持有的 Text 组件。现阶段第 19~20 行的处理可能有些令人不解。要搞清楚这两行代码的含义，必须理解 Unity 的组件概念。关于组件，我们会在本节最后的 Tips 中介绍。这里暂时只要知道将小车和旗帜之间的距离精确到小数点后两位，可以通过 ToString 方法来格式化即可。

ToString 方法用于将数值转换成字符串，可以通过参数指定转换的格式。参数代表的格式含义如表 4-2 所示。

表4-2 ToString方法使用的格式控制符

格式控制符	说明	示例
整数型 D[位数]	在表示整数时使用，如果位数不够，则会在左侧插入 0	(456).ToString("D5") → 00456
固定小数型 F[位数]	在表示小数时，指定小数点后的位数	(12.3456).ToString("F3") → 12.345

4.6.2 把脚本挂载到调度器对象上

就像剧本要交给演员才能发挥作用，脚本也必须挂载到对象上才能生效。不过，目前还没有可以用来挂载调度器脚本的对象，所以我们可以创建一个全新的"空对象"，然后将脚本挂载到它上面，如图 4-35 所示。**给全新的空对象挂载调度器脚本后，该对象就变成了调度器对象，从而可以执行调度任务。**

图4-35 挂载调度器脚本

挂载 C# 脚本

空对象　　　　　　　　　调度器对象

　　在层级窗口中选择 Create → Create Empty，创建出空对象。创建后层级窗口中将出现 "GameObject"，将其名称改成 "GameDirector"，如图 4-36 所示。

图4-36 创建空对象

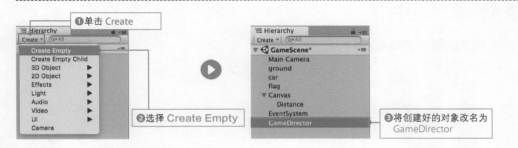

❶单击 Create

❷选择 Create Empty

❸将创建好的对象改名为 GameDirector

　　给创建好的 GameDirector 对象挂载 GameDirector 脚本。将工程窗口中的 "GameDirector" 脚本拖曳到层级窗口中的 "GameDirector" 对象上即可，如图 4-37 所示。虽然这里挂载的脚本和对象名称相同，但实际并不一定需要这样命名。

图4-37 给空对象挂载脚本

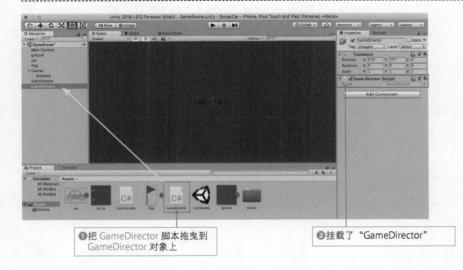

❶把 GameDirector 脚本拖曳到 GameDirector 对象上

❷挂载了 "GameDirector"

运行游戏可以看到，经过调度器处理，小车和旗帜之间的距离实时地显示在 UI 上了，如图 4-38 所示。

图4-38 小车和旗帜之间的距离显示在UI上了

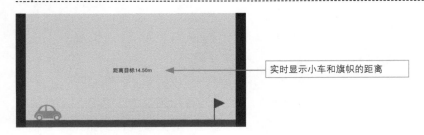

实时显示小车和旗帜的距离

大多数游戏中的 UI 是由调度器控制的，而调度器的制作方法也有如下固定的流程。请读者好好理解并灵活运用。

🐾 **调度器的制作方法** 重要！

❶ 编写调度器脚本。

❷ 创建空对象。

❸ 给空对象挂载调度器脚本。

试一试！

在游戏中，及时向玩家反馈关卡挑战成功或者失败是非常重要的。对这个游戏而言，我们希望当小车越过旗帜时，画面上显示"游戏结束"。为此，我们来稍微改动一下"GameDirector"脚本中的 Update 方法（这里只显示这部分代码）。

```
void Update() {
    float length = this.flag.transform.position.x -
        this.car.transform.position.x;
    if(length >= 0) {
        this.distance.GetComponent<Text> ().text =
            "距离目标" + length.ToString ("F2") + "m";
    } else {
        this.distance.GetComponent<Text> ().text = "游戏结束";
    }
}
```

和之前的处理不同，观察小车和旗帜之间的距离 length，如果该值大于 0 则显示该距离，若该值小于 0 则显示游戏结束。这样调度器不仅能够实现 UI 的更新，还会根据游戏情况判断游戏是否结束。

> Tips < 组件是什么?

　　这里再对之前提到的"组件"进行说明。4.6.1 小节中小车对象的坐标是通过访问 car.transform.position.x 获得的。虽然小车的坐标也可以通过 car.position 来访问,但实际上该值是保存在变量 transform 中的。这个 "trasform" 是什么? 又是从何而来? 下面对此进行详细解释。

　　Unity 的对象就像一个叫作 GameObject 的"空箱子",用户可以通过往里面添加各种设置(相当于挂载各种组件)来丰富它的功能。例如,要让对象具有物理特性,可以为它挂载 Rigidbody 组件;要让它发出声音,可以为它挂载 4.7 节介绍的 AudioSource 组件。如果想添加其他特殊的功能,还可以挂载脚本组件(控制器脚本和调度器脚本都是脚本组件的一种),如图 4-39 所示。

图4-39 组件的概念

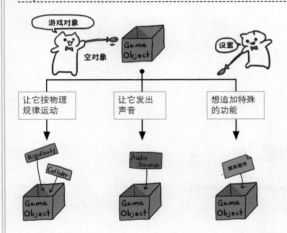

　　此外,还有一个用于管理对象坐标与旋转的组件,即 Transform 组件。如果说 AudioSource 组件相当于 CD 播放器,那么 Transform 组件就相当于方向盘,负责提供坐标数据以及旋转和移动等功能。

　　再来回顾之前的 car.transform.position.x。显然,这是在访问被挂载到小车对象(car)上的 Transform 组件所持有的坐标(position)信息,如图 4-40 所示。这样 transform 变量的谜团就解开了!

图4-40 Transform 组件的功能

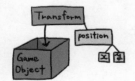

脚本中 Transform 组件被写成了"transform"。那么是不是能够把 AudioSource 组件写成"audioSource",把 Rigidbody 组件写成"rigidbody"呢？很遗憾，除了 Transform，其他组件几乎都不支持这种写法，如图 4-41 所示。

图4-41 访问组件的方法

应当如何访问组件呢？要解决这个问题，需要用到 4.6 节中出现的 GetComponent 方法。GetComponent 方法会向游戏对象发起"请给我某某组件"的请求，然后返回相应的组件。例如，需要 AudioSource 组件，就调用 GetComponent<Audio Source>()；如果需要 Text 组件，则调用 GetComponent<Text>()，如图 4-42 所示。

图4-42 通过 GetComponen 方法访问组件

不过，如果只是为了获取坐标，每次都编写"GetComponent<Transform>()"语句未免太烦琐了。因此，对于常用的 Transform 组件，我们可以直接用 transform 来替代"GetComponent<Transform>()"。也就是说，transform 相当于 GetComponent<Transform>()。

此外，自行编写的脚本也属于一种组件，它也能够通过 GetComponent 方法调用。例如，在 CarController 脚本中编写了 Run 方法，那么通过 car.GetComponent<CarController>().Run() 语句，就可以调用小车对象上挂载的 CarController 脚本中的 Run 方法，如图 4-43 所示。

图4-43 通过 GetComponent 方法调用组件

Car.GetComponent<CarController>().Run();

通过 GetComponent 方法调用自行编写的脚本的这种方法，今后会频繁出现。请读者务必理解对象和组件之间的关系。

> 🐾 **访问非自身所在对象的组件的方法** 重要！
>
> ❶ 用 Find 方法找到该对象。
>
> ❷ 用 GetComponent 方法获取该对象挂载的组件。
>
> ❸ 访问该组件持有的数据。

4.7 学习添加音效的方法

最后要给小车添加音效。音效是提升游戏体验的重要因素。开发游戏时一般会把音效放到最后制作，制作精良的音效会在很大程度上提升游戏的体验感。

4.7.1 AudioSource 组件的使用方法

Unity 中的 AudioSource 组件可以用来添加音效。我们可以使用该组件，在滑屏时添加"piu~"的音效。添加音效的方法如下。

> 🐾 **添加音效的方法** 重要！
> ❶ 将 AudioSource 组件挂载到需要播放音效的对象上。
> ❷ 给 AudioSource 组件设置音效。
> ❸ 找准播放音效的时机，并在脚本中调用 Play 方法。

4.7.2 挂载 AudioSource 组件

AudioSource 组件可以理解为 CD 播放器。给 AudioSource 组件设置好作为音源的光碟（音效文件）后，它就能播放出音乐。既然我们想让小车播放音效，那么就给小车对象挂载上 AudioSource 组件（CD 播放器）吧，如图 4-44 所示。

图4-44 AudioSource 组件

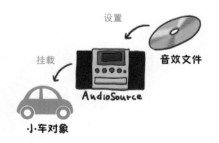

要挂载 AudioSource 组件，首先要在层级窗口中选择 car，然后在检视器窗口中单击 Add Component 按钮，在弹出的菜单中选择 Audio → Audio Source，如图 4-45 所示。

图4-45 ｜ 挂载AudioSource组件

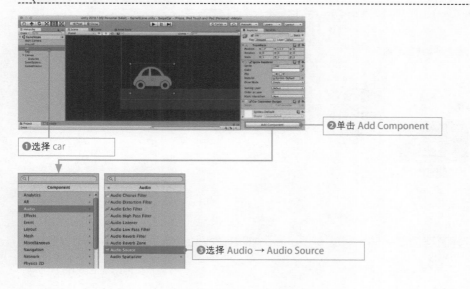

4.7.3 设置音效

挂载"CD播放器"（AudioSource组件）后，接下来应当给CD播放器设置光碟（指定音效文件）。将"car_se"从工程窗口拖曳到"car"检视器窗口中Audio Source项的AudioClip上。这里先取消Play On Awake复选框的勾选。如果保持勾选，则意味着音效会在游戏一开始就自动播放，如图4-46所示。

图4-46 ｜ 给AudioSource组件指定音效文件

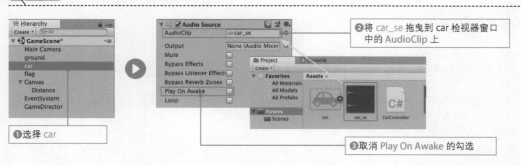

4.7.4 通过脚本播放音效

脚本通过调用AudioSource组件中的Play方法即可完成音效的播放。由于

AudioSource 组件已经被挂载到 car 对象上，因此同样被挂载到 car 对象上的脚本
（CarController）可以直接调用 Play 方法，如图 4-47 所示。

图4-47   通过脚本播放音效

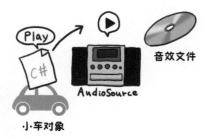

双击打开工程窗口中的"CarController"脚本，按 List 4-4 所示添加播放音效的
处理代码。

List 4-4   添加播放音效处理的脚本

```
1  using System.Collections;
2  using System.Collections.Generic;
3  using UnityEngine;
4
5  public class CarController : MonoBehaviour {
6
7      float speed = 0;
8      Vector2 startPos;
9
10     void Start() {
11     }
12
13     void Update() {
14
15         // 计算滑屏长度
16         if(Input.GetMouseButtonDown(0)) {
17           // 按下鼠标左键时的坐标
18           this.startPos = Input.mousePosition;
19         } else if(Input.GetMouseButtonUp(0)) {
20           // 松开鼠标左键时的坐标
21           Vector2 endPos = Input.mousePosition;
22           float swipeLength = endPos.x - this.startPos.x;
23
24           // 将滑屏长度转换成初始速度
25           this.speed = swipeLength/500.0f;
26
27           // 播放音效（新添加部分）
28           GetComponent<AudioSource>().Play();
29       }
```

```
30
31        transform.Translate(this.speed, 0, 0);
32        this.speed *= 0.98f;
33    }
34 }
```

为了在手指滑动结束的离屏瞬间播放音效，第 28 行添加了播放音效的处理代码。GetComponent<AudioSource>() 可以获取 AudioSource 组件，然后调用 AudioSource 组件的 Play 方法。

启动游戏并滑动屏幕，可以发现，离屏的瞬间果然播放音效了！用 Unity 添加音效就是这么简单！

4.7 节介绍了添加音效的方法。音效会直接影响游戏体验。仔细研究一下市场上发行的游戏，看看它们在什么地方使用了什么样的音效，可以从中学习到不少东西。

> Tips ＜　**可用的音效素材文件格式**

Unity 支持多种音效素材文件格式。表 4-3 中列出了一些具有代表性的文件格式。其他文件格式可参考 Unity 的官方网站。

表4-3　Unity 支持的音效素材文件格式

文件格式	文件后缀
MPEG Layer3	.mp3
Ogg Vorbis	.ogg
WAV	.wav
AIFF	.aiff/.aif

4.8 在手机上运行

在手机上运行该游戏时，是通过手指触屏来模拟鼠标单击的。因为手指触屏操作可以被 GetMouseButtonDown 和 GetMouseButtonUp 方法所检测到，所以直接编译打包即可，运行效果和在电脑上是一样的。

4.8.1 打包到iOS

用 USB 数据线连接电脑和手机，在 **Bundle Identifier** 中输入"com. 自己名字的拼音 .swipeCar"（注意设置的字符串不要和他人重复）。在 Build Settings 界面的 **Scenes In Build** 中取消 Scenes/SampleScene 复选框的勾选。将工程窗口中的 GameScene 拖曳进来。设置完成后单击 **Build** 按钮，输入"SwipeCar_iOS"作为工程名称，确认后系统就开始导出工程了。

成功导出后，系统将自动打开 Xcode 工程文件夹。双击"Unity-iPhone.xcodeproj"打开 Xcode，选择 **Signing** 中的 Team 之后，即可打包到手机中。用手机测试时请注意关闭手机的静音状态，以防止运行游戏时无法听到音效。

打包到 iOS 更详细的内容见第 3.7.2 小节。

4.8.2 打包到 Android

用 USB 数据线连接电脑和手机，在 **Package Name** 中输入"com. 自己名字的拼音 .swipeCar"（注意设置的字符串不要和他人重复）。在 Build Settings 界面的 **Scenes In Build** 中取消 Scenes/SampleScene 复选框的勾选。将工程窗口中的 GameScene 拖曳进来。设置完成后单击 **Build And Run** 按钮，输入"SwipeCar_Android"作为工程名称，指定"SwipeCar"作为工程保存的文件夹，确认后系统就会开始生成 apk 文件并将其安装到手机。

打包到 Android 更详细的内容见第 3.7.3 小节。

本章介绍了 UI 的配置方法以及用于操作 UI 的调度器脚本的制作流程。示例游戏只用到了 Text 组件，常用的还有 Image 和 Button 等 UI 组件。制作游戏时需要灵活运用各种组件，第 5 章我们会继续进行详细介绍。

第 5 章

Prefab 与碰撞检测

学习如何制作用于创建游戏对象的"工厂"！

本章我们将开发一款"能够控制角色移动以避开上方落下的箭头"的游戏。开发过程中会介绍如何使用 Prefab 来生成游戏对象。

本章学习的内容

- 什么是 Prefab
- Prefab 和工厂对象的创建方法
- 碰撞检测方法

5.1 思考游戏的设计

我们的游戏 demo 越来越像正式的游戏了。对游戏开发者来说，出现"想象起来觉得很有趣的游戏，实际开发后却发现并非如此"的情况很常见，所以确保游戏的趣味性才是最需要真"功夫"的，如图 5-1 所示。我们将在第 8 章讨论如何提升游戏的趣味性，本章仍侧重于介绍 Prefab、工厂对象以及碰撞检测等游戏开发的基础知识。

图5-1 开发游戏遇到的问题

5.1.1 对游戏进行策划

本章要开发的游戏需要实现"控制角色移动以避开上方落下的箭头"。游戏画面如图 5-2 所示。

图5-2 将要开发的游戏画面

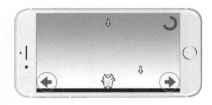

游戏中的角色显示在画面中央，右上方有一个 HP 血量条。箭头从上方落下，玩家需控制左右箭头按钮让角色躲避箭头。如果角色碰到箭头，HP 血量条将会减少。

5.1.2　思考游戏的制作步骤

下面我们就从游戏的概念出发，考虑该如何设计。和之前一样，可以按照以下 5 个步骤进行。

Step ❶　罗列出画面上所有的对象。

Step ❷　确定游戏对象运行需要哪些控制器脚本。

Step ❸　确定自动生成游戏对象需要哪些生成器脚本。

Step ❹　准备好用于更新 UI 的调度器脚本。

Step ❺　思考脚本的编写流程。

Step❶ 罗列出画面上所有的对象

首先把**画面上所有的对象**都罗列出来。从图 5-2 中不难看出，该游戏包括角色、箭头、HP 血量条、移动按钮以及背景图片，共 5 个对象，如图 5-3 所示。

图5-3　画面上所有的游戏对象

角色　　　箭头　　　背景图片　　　移动按钮　　　HP 血量条

Step❷ 确定游戏对象运行需要哪些控制器脚本

接下来，从 Step ❶罗列出的对象中找出**会"动"的对象**。

角色受玩家的操控而移动，自然可以将其纳入这一类对象。此外，箭头从上方落下，肯定也属于这类对象。HP 血量条属于 UI，不应被包括进来。图 5-4 所示为列出的会"动"的对象。

对会"动"的对象来说，需要提供**用于控制它们行为的控制器脚本**。因此，需要创建"角色控制器"和"箭头控制器"两个脚本。

> 需要的控制器脚本
>
> 角色控制器
>
> 箭头控制器

图5-4 会"动"的对象

角色　　　　　箭头　　　　　　背景图片　　　　　　移动按钮　　　　　HP 血量条

🐟 Step ❸ 确定自动生成游戏对象需要哪些生成器脚本

本步骤需要列出**在游戏过程中会自动生成的对象**。敌人角色和场景地面等随着玩家移动和时间流逝而出现的对象都属于此类。在该游戏中，箭头陆续从画面上方落下，因此箭头是游戏中自动生成的对象，如图 5-5 所示。

图5-5 游戏中自动生成的对象

角色　　　　　箭头　　　　　　背景图片　　　　　　移动按钮　　　　　HP 血量条

要在游戏中**自动生成游戏对象**，需要准备一个"工厂"。"工厂"运作需要**生成器脚本**，因此，必须为箭头"工厂"创建一个"箭头生成器脚本"，如图 5-6 所示。

图5-6 什么是生成器脚本

> 需要的生成器脚本
> 箭头生成器

🐟 Step❹ 准备好用于更新UI的调度器脚本

游戏中如果用到了 UI，就需要提供**能够根据游戏进度来切换 UI 的调度器**。该游戏用到了 HP 血量条 UI，所以要准备调度器脚本来更新它，如图 5-7 所示。

图5-7 需要调度器脚本的对象

| 角色 | 箭头 | 背景图片 | 移动按钮 | HP 血量条 |

> 需要的调度器脚本
> 用于更新 UI 的调度器

🐟 Step❺ 思考脚本的编写流程

仍旧按照**"控制器脚本"→"生成器脚本"→"调度器脚本"**的顺序来编写，如图 5-8 所示。

图5-8 脚本的编写流程

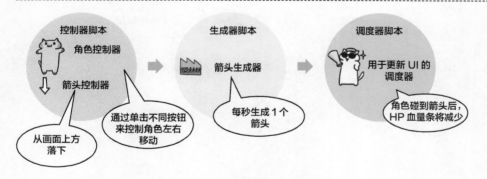

该游戏中，控制器、生成器以及调度器这些脚本都是不可缺少的。需要创建的脚本数量很多，此时对游戏的开发流程有整体把握是非常重要的。有了整体印象，就不太容易出现"好像不管怎么做都做不完"的情况了。

角色控制器
创建脚本实现通过单击不同的按钮来控制角色的左右移动。

箭头控制器

创建脚本使箭头从上到下移动。

箭头生成器

创建能够按每秒 1 个的频率在画面中随机位置生成箭头的脚本。

用于更新 UI 的调度器

当角色碰到箭头时，画面右上方的 HP 血量条将减少。因此，需要创建脚本检测二者是否发生了碰撞并更新 UI。

　　本章首次出现了生成器，且相比移动对象，"工厂"的制作方法更加复杂，而且还涉及一个叫作 Prefab 的新概念。不必担心，我们仍会像之前一样详细介绍每个概念，建议读者理解透彻后再阅读后面的内容。该游戏的开发流程如图 5-9 所示。

图 5-9　游戏开发的流程

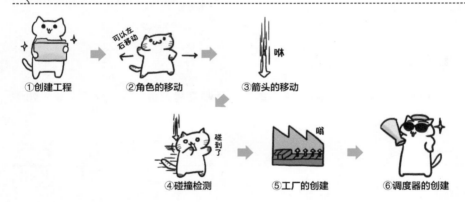

5.2 创建工程和场景

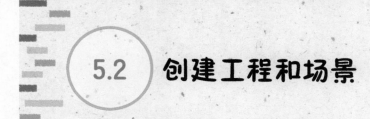

①创建工程　②角色的移动　③箭头的移动　④碰撞检测　⑤工厂的创建　⑥调度器的创建

5.2.1 创建工程

先从创建工程开始。在 Unity 启动后显示的界面上单击 New，或者从界面顶部菜单栏中选择 File → New Project。

单击 New 以后，将弹出工程设置界面，输入"CatEscape"作为工程名，在 Template 中选择 2D。单击右下角蓝色的 Create project 按钮后，系统将在指定的文件夹内生成工程，并启动 Unity 编辑器。

创建工程→ CatEscape

选择 Template → 2D

🐟 将素材添加到工程中

启动 Unity 编辑器后，我们需要将游戏中用的素材添加到工程中。打开配套资源的素材"Chapter5"文件夹，将其中的素材拖曳到工程窗口中，如图 5-10 所示。

图 5-10　添加素材

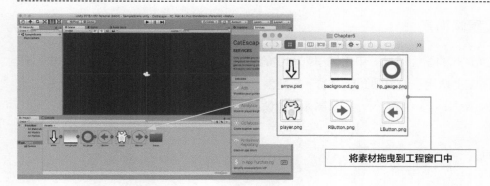

将素材拖曳到工程窗口中

本游戏用到的素材文件如表 5-1 所示。使用的素材缩略图如图 5-11 所示。

表5-1 各素材的类型与内容

文件名	类型	内容
player.png	png文件	角色图片
arrow.png	png文件	箭头图片
background.png	png文件	背景图片
hp_gauge.png	png文件	HP血量条图片
RButton.png	png文件	右按钮图片
LButton.png	png文件	左按钮图片

图5-11 使用的素材

arrow　　background　　hp_gauge　　LButton　　player　　RButton

5.2.2 移动平台的设置

下面对打包到手机做相关设置。从菜单栏中选择 File → Build Settings。打开 Build Settings 界面，在 Platform 中选择"iOS（如果要打包到 Android 手机则选择 Android）"，单击 Swith Platform 按钮。具体步骤请参考第 3 章的内容。

🐟 设置画面尺寸

设置游戏的画面尺寸。单击场景视图中的 Game 标签切换到游戏视图。单击打开游戏视图左上角用于设置画面尺寸的下拉列表，选择**与目标手机相对应的画面尺寸**。这里选择的是"iPhone 5 Wide"。具体步骤请参考第 3 章的内容。

5.2.3 保存场景

在菜单栏中选择 File → Save Scene as，将场景保存为"GameScene"。保存后，Unity 编辑器的工程窗口中将出现一个场景图标，如图 5-12 所示。具体步骤请参考第 3 章的内容。

图5-12 场景保存后的状态

场景被保存了

>Tips< 素材创作的工具

游戏开发过程中难免要用到各种素材，如角色形象、背景图、UI 素材、3D 模型以及用于表现模型质感的纹理图片等。如果要自己创作这些素材，需要使用哪些软件呢？

图片的创作一般可以使用 Adobe 的"Photoshop"和"Illustrator"，以及 CELSYS 的"CLIP STUDIO PAINT"等软件。创作 3D 模型可以使用"Blender"这款免费软件。另外，Blender 不仅能够用于 3D 建模，还能够用于动画的制作。

5.3 在场景中配置游戏对象

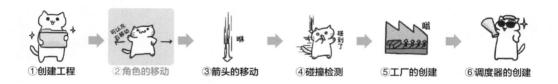

①创建工程 　②角色的移动 　③箭头的移动 　④碰撞检测 　⑤工厂的创建 　⑥调度器的创建

5.3.1 配置角色

在场景中配置角色。将工程窗口中的角色图片"player"拖曳到场景视图中。此时，层级窗口中也将出现"player"，如图5-13所示。

图5-13　将角色添加到场景中

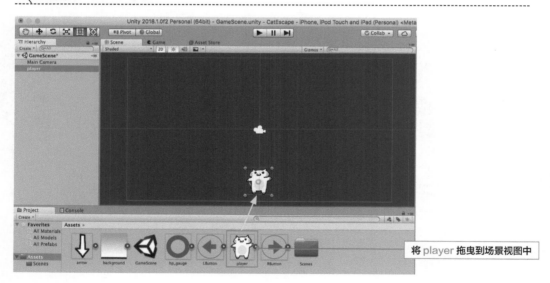

将player拖曳到场景视图中

在检视器窗口中设置角色的初始位置。在层级窗口中选择player，单击Inspector标签，将检视器窗口中Transform项的Position中的X、Y、Z依次设置为0、−3.6、0，如图5-14所示。

❷单击 Inspector

❶选择 player

❸将 Position 中的 X、Y、Z 设置为 0、
－3.6、0

5.3.2　配置背景图片

之前我们改变了游戏的背景颜色，现在来尝试配置**背景图片**。将背景图片
"background"从工程窗口拖曳到场景视图中。配置到场景视图后，层级窗口中将新增
一个"background"项，如图 5-15 所示。

图 5-15   添加背景图片到场景中

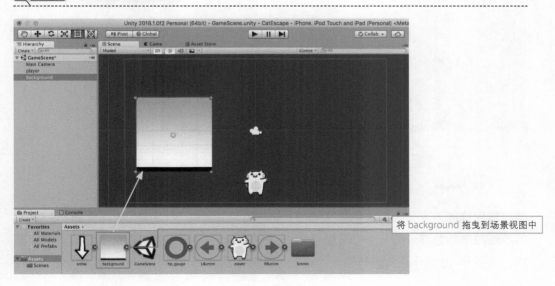

将 background 拖曳到场景视图中

如果我们希望将配置到场景视图中的图片放大，并覆盖整个背景，可以在层级窗口中选择 background，在检视器窗口中将 Transform 项的 Position 中的 X、Y、Z 依次设置为 0、0、0，Scale 中的 X、Y、Z 依次设置为 3.5、2、1，如图 5-16 所示。

图5-16　调整背景图片的大小

❶选择 background

❷将 Position 中的 X、Y、Z 依次设置为 0、0、0，Scale 中的 X、Y、Z 依次设置为 3.5、2、1

为确认背景图片是否覆盖整个画面范围，可以启动游戏以查看效果。单击画面上方的运行按钮启动游戏后，会发现画面上只有背景图片，看不到角色了，如图 5-17 所示。

图5-17　调整背景图片以后的效果

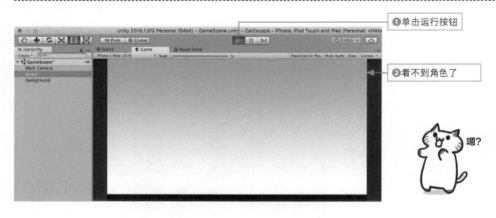

❶单击运行按钮

❷看不到角色了

嗯?

🐟 层的设置

出现这种情况是因为角色和背景图片的前后关系未被正确设置。Unity 2D 游戏中，**各游戏对象都会被分配一个"层编号"，该编号决定了游戏对象在画面上显示的前后顺序**，如图 5-18 所示。层编号越大，对象就越靠前显示；层编号越小，则越靠后显示。

目前角色图片和背景图片的层编号都被设置为 0, 于是后添加的背景图片就显示在角色图片的前面。为确保背景图片永远在角色图片后方显示，需要设置它的层编号。这里将背景图片的层编号设置为 0, 角色图片的层编号设置为 1。

图5-18　层编号和画面显示的关系

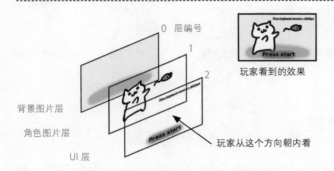

在层级窗口中选择 player, 将检视器窗口中 Sprite Renderer 项的 Order in Layer 设置为 1, 如图 5-19 所示。背景图片的层编号保持原值 0, 不用再设置。

图5-19　调整层编号

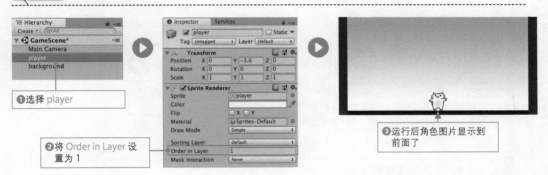

现在背景图片和角色图片都能够正确显示了。下一节我们将使用脚本使角色动起来，又轮到我们熟悉的"对象移动方法"出场了。

5.4 通过按键使角色移动

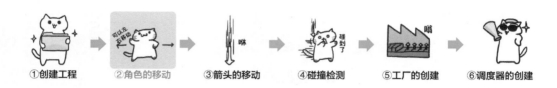

①创建工程　②角色的移动　③箭头的移动　④碰撞检测　⑤工厂的创建　⑥调度器的创建

5.4.1 创建角色脚本

为了使角色动起来，需创建一个描述角色应如何移动的控制器脚本。我们的目标是**通过单击画面上的移动按钮来控制角色移动**。不过，一上来就把 UI 按钮和移动脚本放在一起处理可能会使读者感到混乱。因此，本节我们先专注于如何通过**键盘上的方向键**来控制角色移动。移动对象的脚本的创建步骤大致如图 5-20 所示。

图5-20　创建脚本

控制器脚本

> 🐾 **移动对象的制作步骤** 重要！
> ❶ 在场景视图中配置游戏对象。
> ❷ 编写用于描述对象如何移动的脚本。
> ❸ 将创建的脚本挂载到游戏对象上。

在工程窗口内单击鼠标右键，选择 Create → C# Script，将脚本文件命名为"PlayerController"。

创建脚本→ PlayerController

改名后双击打开"PlayerController"，按 List 5-1 所示输入代码并保存。

List 5-1 "通过方向键控制角色移动"的脚本

```
1   using System.Collections;
2   using System.Collections.Generic;
3   using UnityEngine;
4
5   public class PlayerController : MonoBehaviour {
6     void Start() {
7     }
8
9     void Update() {
10      // 按下左方向键时
11      if(Input.GetKeyDown(KeyCode.LeftArrow)) {
12        transform.Translate(-3, 0, 0);    // 向左移动3
13      }
14
15      // 按下右方向键时
16      if(Input.GetKeyDown(KeyCode.RightArrow)) {
17        transform.Translate(3, 0, 0);     // 向右移动3
18      }
19    }
20  }
```

脚本通过 Input 类的 **GetKeyDown** 方法（第 11 行和第 16 行）来检测按键是否被按下。**参数代表的按键被按下的瞬间，该方法将返回一次 true**。GetKeyDown 方法和之前使用过的 GetMouseButtonDown 方法非常相似，用法也几乎相同，GetKey 方法的功能如图 5-21 所示。

图5-21 GetKey方法的功能

按下左方向键时，第 11 行 if 语句的判断结果为 true，将执行第 12 行的 **transform.Translate(-3,0,0);** 语句使角色向左移动。同样，按下右方向键时，第 16 行 if 语句的判断结果为 true，将执行第 17 行的 **transform.Translate(3,0,0);** 语句使角色向右移动。

5.4.2 挂载角色脚本

把创建好的"PlayerController"脚本挂载到角色对象上。将工程窗口中的"PlayerController"拖曳到层级窗口中的"player"上即可挂载脚本，如图5-22所示。

图5-22 将脚本挂载到player上

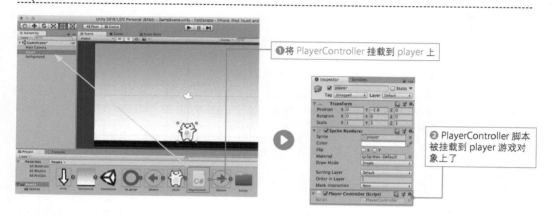

❶将 PlayerController 挂载到 player 上

❷ PlayerController 脚本被挂载到 player 游戏对象上了

现在脚本已经被挂载到了角色对象上（相当于把剧本递给了演员），不妨启动游戏体验看看。依次按下左、右方向键，可以发现角色能够左右移动了，如图5-23所示。

图5-23 按照脚本逻辑使角色移动

可以看到按下左、右方向键后，角色能左右移动

5.5 不使用 Physics 来实现移动

①创建工程　②角色的移动　③箭头的移动　④碰撞检测　⑤工厂的创建　⑥调度器的创建

5.5.1 使箭头落下

在本节中，我们要在场景中配置 1 个箭头并使它向下移动。如果使用 Unity 提供的 **Physics** 类库，重力计算的过程将由 Unity 自动完成，无须编写脚本也能实现箭头的向下移动。不过，**使用 Physics 时，一些特殊功能（如变形）的整合可能会比较麻烦。** 所以，这里我们放弃使用 Physics，运用之前介绍过的"移动对象的制作步骤"使箭头动起来。流程大致如下。

🐾 移动对象的制作步骤 [重要！]

❶ 在场景视图中配置游戏对象。

❷ 编写用于描述对象应如何移动的脚本。

❸ 将创建的脚本挂载到游戏对象上。

5.5.2 配置箭头

从工程窗口中将箭头图片 arrow 拖曳到场景视图中。为了使箭头位于角色头顶位置，在层级窗口中选择 arrow，然后在检视器窗口中将 Transform 项的 Position 中的 X、Y、Z 依次设置为 0、3.2、0，如图 5-24 所示。

接下来，为了保证箭头显示在背景图片之上，还必须调整箭头的层编号。多个游戏对象可以使用相同的层编号。在层级窗口中选择 arrow，在检视器窗口中将 Sprite Renderer 项的 Order in Layer 设置为 1，如图 5-25 所示。

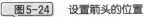
图5-24 设置箭头的位置

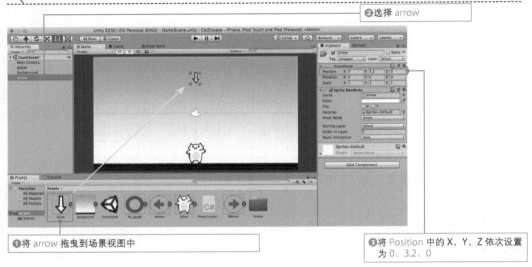

❷选择 arrow

❶将 arrow 拖曳到场景视图中

❸将 Position 中的 X、Y、Z 依次设置为 0、3.2、0

图5-25 设置箭头的层编号

❶选择 arrow

❷将 Order in Layer 设置为 1

5.5.3 为箭头创建脚本

创建脚本使箭头向下移动。在工程窗口中单击右键并选择 Create → C# Script，将文件命名为"ArrowController"。

双击打开 ArrowController，按 List 5-2 所示输入代码并保存。

"使箭头向下移动" 的脚本

```
1   using System.Collections;
2   using System.Collections.Generic;
3   using UnityEngine;
4
5   public class ArrowController : MonoBehaviour {
6       void Start() {
7       }
8
9       void Update() {
10          // 逐帧匀速下落
11          transform.Translate(0, -0.1f, 0);
12
13          // 超出画面范围则销毁对象
14          if(transform.position.y < -5.0f) {
15              Destroy(gameObject);
16          }
17      }
18  }
```

第 11 行使用 Update 方法调用 Translate(0, -0.1f, 0) 使箭头匀速向下移动，指定 Translate 方法的 y 坐标参数值为 -0.1，这样箭头就会每帧向下移动少量距离。第 4 章移动小车时也使用过 Translate 方法。

销毁超出画面范围的箭头

如果不进行处理，那么箭头移到画面之外以后仍将持续下落。**已经看不到了却还让它持续下落（电脑在持续处理）是对电脑性能的浪费**。为了避免这一点，脚本第 14~16 行负责在箭头移到画面之外后销毁它们。

当箭头的 y 坐标值比画面的底部值（y=-5.0）更小时，将调用 Destroy 方法销毁自身（箭头对象）。Destroy 方法可以销毁其参数传入的对象。这里，我们将指向它自身（箭头对象）的 "gameObject 变量" 传给函数，这样一旦它超出画面范围就会销毁自身，如图 5-26 所示。

图5-26 销毁超出画面范围的箭头

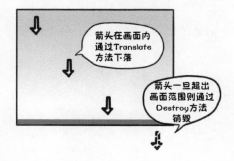

5.5.4 为箭头挂载脚本

为箭头对象挂载脚本。将工程窗口中的 ArrowController 拖曳到层级窗口中的 arrow 上，如图 5-27 所示。

图 5-27 将控制器脚本挂载到箭头上

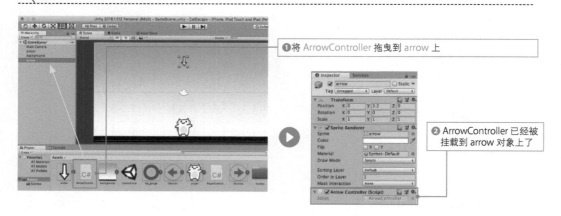

❶ 将 ArrowController 拖曳到 arrow 上

❷ ArrowController 已经被挂载到 arrow 对象上了

启动游戏后，可以看到当箭头移到画面外后，arrow 从层级窗口中消失了，如图 5-28 所示。

图 5-28 确认箭头移出画面外后被销毁

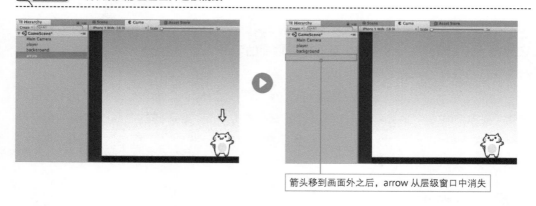

箭头移到画面外之后，arrow 从层级窗口中消失

本节创建了控制箭头落下的脚本。为了检测箭头和角色是否发生了碰撞，我们将在第 5.6 节为游戏添加碰撞检测脚本。

5.6 学习碰撞检测

①创建工程　②角色的移动　③箭头的移动　④碰撞检测　⑤工厂的创建　⑥调度器的创建

5.6.1 什么是碰撞检测

角色已经能够动起来了，箭头也可以下落，越来越像一个正式的游戏了。但是，如果无法检测到角色和箭头是否发生了碰撞，就还不算是一个合格的游戏。因此，本节将介绍如何实现箭头与角色的碰撞检测。

所谓碰撞检测，指的是检测游戏对象之间是否发生了碰撞的处理。如果没有做任何处理，对象之间即便发生了碰撞也会彼此穿透。为了避免这一点，**需要一直监控对象之间是否发生了碰撞，一旦发生碰撞就要执行某种处理**。严格来说，检测碰撞是否发生的过程叫**碰撞检测**，而决定碰撞发生后的行为则叫作**碰撞处理**，如图 5-29 所示。本书将二者统称为"碰撞检测"。

图5-29　碰撞检测和碰撞处理

检测是否发生了碰撞　　　决定碰撞发生后的行为

碰撞检测　　　　　　　碰撞处理

本游戏中，必须执行碰撞检测的对象组只有"箭头和角色"。"箭头和箭头"的碰撞不需要检测。同时出现的箭头数量并不多，下面来实现"箭头和角色"的简单碰撞检测。

5.6.2 简单的碰撞检测算法

这里介绍一种**简单的碰撞检测算法**。一般来说，要严格检测两个对象是否发生了碰撞，必须判断**两个对象的轮廓线是否相交**。但是这样计算量太大了，脚本的编写也非常复杂，如图 5-30 所示。

图 5-30 严格的碰撞检测

因此，我们来考虑更简单的方法——**把对象的形状简单地看作圆形**。对圆形来说，不必再检测对象的轮廓，只要知道圆心坐标和圆的半径就可以对碰撞进行检测，如图 5-31 所示。

图 5-31 利用圆形来做碰撞检测

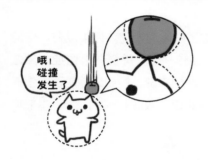

下面讨论**利用圆的圆心坐标和半径来完成碰撞检测**的方法。假设包围苹果的圆的半径为 r，圆心坐标为 p_1；包围猫的圆的半径为 r_2，圆心坐标为 p_2。可以根据下列公式算出包围苹果的圆的圆心（p_1）到包围猫的圆的圆心（p_2）的距离 d，如图 5-32 所示。

$$d = \sqrt{(p_1x - p_2x)^2 + (p_1y - p_2y)^2}$$

图 5-32 对象之间距离的计算方法

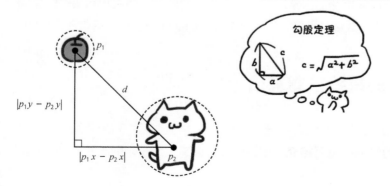

如果圆心距离 d 比 r_1+r_2 还大，说明两个圆没有相交；相反，若 d 小于 r_1+r_2，则说明两个圆相交了。对照图 5-33 所示的内容就很容易理解了。

图5-33　两个圆碰撞的条件

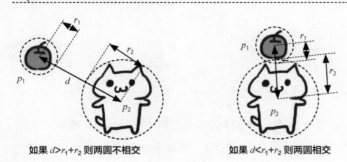

如果 $d>r_1+r_2$ 则两圆不相交　　　　如果 $d<r_1+r_2$ 则两圆相交

在 5.6.3 小节中，我们将使用该算法来实现箭头与角色间的碰撞检测。

5.6.3　编写碰撞检测处理的脚本

本小节将基于 5.6.2 小节提出的算法来改进箭头的控制脚本 ArrowController。
双击打开工程窗口中的 ArrowController，按 List 5-3 所示修改脚本内容。

List 5-3　添加碰撞检测处理的脚本

```
1  using System.Collections;
2  using System.Collections.Generic;
3  using UnityEngine;
4
5  public class ArrowController : MonoBehaviour {
6
7      GameObject player;
8
9      void Start() {
10         this.player = GameObject.Find("player"); // 追加
11     }
12
13     void Update() {
14         transform.Translate(0, -0.1f, 0);
15         if(transform.position.y < -5.0f) {
16             Destroy(gameObject);
17         }
18
19         // 碰撞检测（新添加）
20         Vector2 p1 = transform.position;          // 箭头圆心坐标
21         Vector2 p2 = this.player.transform.position; // 角色圆心坐标
22         Vector2 dir = p1 - p2;
```

```
23      float d = dir.magnitude;
24      float r1 = 0.5f; // 箭头圆半径
25      float r2 = 1.0f; // 角色圆半径
26
27      if(d < r1 + r2) {
28          // 碰撞后箭头消失
29          Destroy(gameObject);
30      }
31    }
32 }
```

新添加的第 20~30 行用于碰撞的处理。脚本中箭头的圆心坐标为 p1，角色的圆心坐标为 p2（二者都是 Vector2 类型），箭头圆的半径为 r，角色圆的半径为 r2（二者都是 float 型）。为了获取玩家角色的坐标，可以使用 Start 方法对其进行查找。图 5-34 所示标注了脚本内用于碰撞检测的各个变量。

第 20 行将箭头的坐标（transform.position）代入 p1 中。第 21 行将角色的坐标代入 p2。紧接着第 22 行用 p1-p2 算出从 p2 指向 p1 的向量 *dir*。*dir* 的长度 d 可以通过 magnitude 计算得出。

当两个对象间的距离 d 小于它们的半径之和（r1+r2）时，就会被判定为发生了碰撞，此时将通过 **Destroy** 方法销毁该箭头对象。

图5-34 　用于碰撞检测的各变量的标注

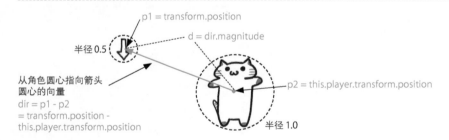

这样，碰撞检测功能就完成了。单击启动按钮查看游戏效果，可以看到，箭头碰到角色后就消失了，如图 5-35 所示。这样，只用了不到 10 行的代码就实现了碰撞检测！

图5-35 　确认碰撞检测功能

箭头碰到角色后就会消失

改变碰撞检测时使用的圆的半径,"碰撞"的范围也会发生变化。**ArrowController** 中,包围角色的圆的半径用变量 **r2** 表示（第 **25** 行）。试将 **r2** 的值从 **1.0f** 改为 **1.5f**,增大碰撞圆的半径,可以看到箭头在和角色发生碰撞前就消失了,如图 5-36 所示。

图5-36 改变检测范围的大小

r2=1.0 的时候

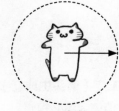

r2=1.5的时候

5.7 Prefab和工厂的制作方法

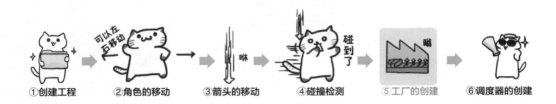

①创建工程　②角色的移动　③箭头的移动　④碰撞检测　⑤工厂的创建　⑥调度器的创建

5.7.1　工厂的结构

本节将创建一个**能够每秒生成1个箭头对象的工厂（箭头生成器）**。虽然和之前讨论的控制器脚本不同，但是下面将会进行详细讲解，请读者不必担心。

箭头工厂相当于一台能够按照"设计图"生产相应"产品"的"加工机器"，其流程示意图如图 5-37 所示。

图5-37　工厂的结构

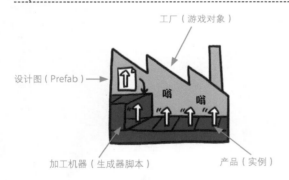

工厂（游戏对象）

设计图（Prefab）

嗡　嗡

加工机器（生成器脚本）　产品（实例）

设计图相当于一份描述了"产品规格"的说明书。Unity 中将这个设计图称为 Prefab。将设计图（Prefab）传给加工机器（生成器脚本）后，就可以按照设计图生成相应的产品（游戏对象实例）。

5.7.2　什么是Prefab

上一小节提到，Prefab 就相当于设计图。一般来说，设计图中应包含外形和尺寸等生产产品时需要的信息。正因为有了设计图，才能确保生产出同样的产品。和设计图类似，Prefab 也记录了创建游戏对象时必需的信息，有了 Prefab 就能确保创建出同样的游戏对象，如图 5-38 所示。

图5-38　Prefab的作用

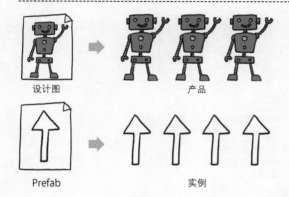

设计图　　　　　　　　产品

Prefab　　　　　　　　实例

有了这个特性，当**需要创建大量相同对象时，一般都会使用 Prefab**。如游戏中出现的大量敌人，从上方落下的道具，以及地面上放置的各个砖块等，如图 5-39 所示。

图5-39　Prefab 例子

道具 Prefab

砖块 Prefab　　　　　　敌人 Prefab

5.7.3　Prefab 的优点

有些读者可能会好奇："不使用 Prefab 而采用普通的复制方法不也可以吗？"其实，相比简单的复制，Prefab 有 1 个明显的优点。

试考虑生成 10 个白色的箭头实例后，突然想把箭头的颜色从白色变成红色的情况。如果箭头都是通过复制创建的，那就必须对 10 个箭头逐个处理。而如果箭头是使用 Prefab 生成的，就只需要改变 Prefab 的颜色，10 个箭头对象会自动改变颜色。也就是说，如果**使用了 Prefab，那么在改变游戏对象时只要修改 Prefab 文件就可以了**，非常轻松，如图 5-40 所示。

图5-40 使用Prefab的好处

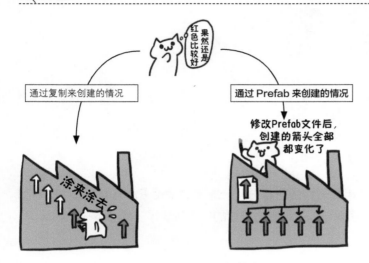

理解了 Prefab 的优点后，不妨开始创建工厂。创建工厂的顺序是，先创建"Prefab"（5.7.4 小节），然后创建"生成器脚本"（5.7.5 小节），接着"在空对象上挂载生成器脚本"（5.7.6 小节），最后"把 Prefab 传给生成器脚本"（5.7.7 小节），这样工厂就创建完成了。

> ❀ 工厂的创建方法 [重要！]
> ❶ 通过已经存在的对象来生成 Prefab。
> ❷ 创建生成器脚本。
> ❸ 在空对象上挂载生成器脚本。
> ❹ 将 Prefab 传给生成器脚本。

5.7.4 创建 Prefab

现在来创建箭头的 **Prefab**。Prefab 的创建方法非常简单，**只需要将作为 Prefab 的对象从层级窗口拖曳到工程窗口中即可。**

要创建箭头的 Prefab，需从层级窗口中把 arrow 拖曳到工程窗口中。这样 arrow 的 Prefab 就创建好了。为便于区分，将创建的 Prefab 改名为 arrowPrefab，如图 5-41 所示。

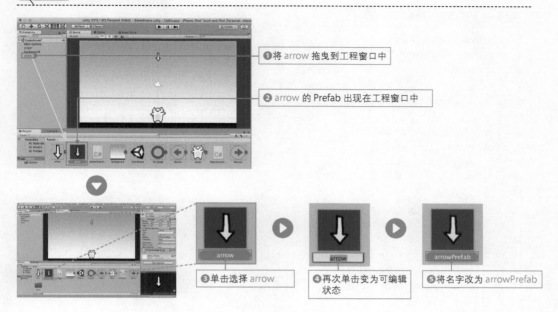

图5-41　创建arrow的Prefab

❶将 arrow 拖曳到工程窗口中

❷arrow 的 Prefab 出现在工程窗口中

❸单击选择 arrow

❹再次单击变为可编辑状态

❺将名字改为 arrowPrefab

　　有了 Prefab，之前配置在场景中的箭头对象就没有必要存在了（毕竟有了 Prefab 就可以随时生成相应的产品）。在层级窗口中选择 **arrowPrefab**，单击鼠标右键，在弹出的菜单中选择 **Delete** 执行删除（注意，箭头对象的名字也随着 Prefab 的名字被修改了），如图 5-42 所示。

图5-42　删除不要的对象

❶选择 arrowPrefab，单击鼠标右键

❷选择 Delete

5.7.5　创建生成器脚本

　　Prefab 已经有了，现在要创建能够以 Prefab 为蓝本量产实例的生成器脚本。在工程窗口内单击鼠标右键，在弹出的菜单中选择 **Create → C# Script**，将文件名改为 **ArrowGenerator**。

　　双击打开 ArrowGenerator，按 List 5-4 所示输入代码并保存。

| List 5-4 | 生成箭头的生成器脚本 |

```
1  using System.Collections;
2  using System.Collections.Generic;
3  using UnityEngine;
4
5  public class ArrowGenerator : MonoBehaviour {
6
7      public GameObject arrowPrefab;
8      float span = 1.0f;
9      float delta = 0;
10
11     void Update() {
12        this.delta += Time.deltaTime;
13        if(this.delta > this.span) {
14           this.delta = 0;
15           GameObject go = Instantiate(arrowPrefab) as GameObject;
16           int px = Random.Range(-6, 7);
17           go.transform.position = new Vector3(px, 7, 0);
18        }
19     }
20  }
```

上述生成器脚本以之前创建的 Prefab 为蓝本，每秒生成 1 个箭头对象实例。

第 7 行声明了用于表示箭头 Prefab 的变量。注意这里只是声明了变量（创建了一个"箱子"而已），5.7.4 小节创建的 arrowPrefab 就是 Prefab 的实体。我们需要通过某种方法把该实体代入这个变量中，下一小节将介绍这种方法。

第 12~17 行的代码用于每秒生成 1 个箭头。在 Update 方法中如何才能确保判断出"过了 1 秒"呢？

可以借鉴"醒竹"的原理来实现。Update 方法每帧都会被调用，当前帧与上一帧的时间差会被存放在 Time.deltaTime 中。将这个帧时间差存放（累加）到竹筒（delta 变量）中，达到 1 秒再清空。在清空时生成箭头，这样就实现了每秒生成 1 个对象，如图 5-43 所示。

| 图5-43 | deltaTime的示意图 |

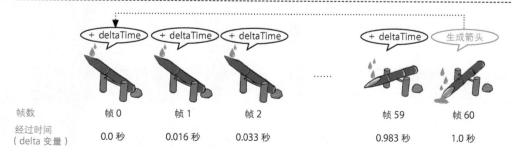

第15行通过 Instantiate 方法来生成箭头实例。将 Prefab 作为参数传入 Instantiate 方法，它将返回一个 Prefab 实例。

为了使箭头的 x 坐标落在 -6 到 6 之间的随机位置，脚本使用了 Random 类的 Range 方法。Range 方法返回大于第 1 个参数且小于第 2 个参数的随机整数。

5.7.6 将生成器脚本挂载到空对象上

和之前介绍的调度器脚本类似，为一个空对象挂载生成器脚本后，它就变成了"工厂对象"，如图 5-44 所示。

图5-44 工厂对象的创建方法

挂载 C# 脚本

空对象　　　　工厂对象

首先在层级窗口中选择 Create → Create Empty 生成空对象。此时，可以在层级窗口中看到生成了 GameObject，将其改名为 ArrowGenerator，如图 5-45 所示。

图5-45 创建空对象

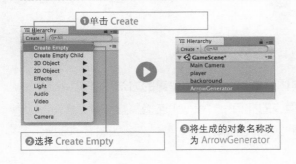

❶单击 Create

❷选择 Create Empty

❸将生成的对象名称改为 ArrowGenerator

将工程窗口中的 ArrowGenerator 脚本拖曳到层级窗口中的 ArrowGenerator 对象上，空对象就成为工厂对象了，如图 5-46 所示。

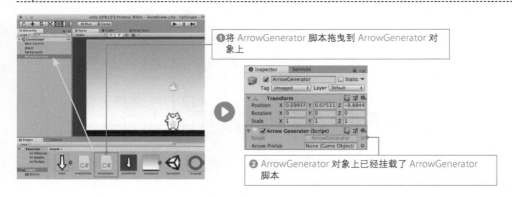

图5-46　挂载ArrowGenerator脚本

❶将 ArrowGenerator 脚本拖曳到 ArrowGenerator 对象上

❷ArrowGenerator 对象上已经挂载了 ArrowGenerator 脚本

5.7.7　将Prefab传给生成器脚本

来看看如何将 Prefab 实体和前面创建的生成器脚本中的 Prefab 变量关联起来。将工程窗口中 Prefab 实体对象赋值给脚本中的变量的过程如图 5-47 所示。

图5-47　将实体代入变量

箭头的Prefab　指定　箭头的生成器脚本

脚本声明的Prefab变量……　必须指定实体

我们将**使用一种能够非常方便地将实体对象代入脚本内变量的方法**。本书将该方法称为 outlet 连接。outlet 的英文原意为"插座的插口"。"outlet 连接"方法会在脚本中准备若干个"插口"，然后在检视器窗口中通过这些"插口"将对象代入，如图 5-48 所示。

图5-48　outlet连接方法的原理

通过检视器窗口来设置　检视器窗口　箭头生成器脚本

> ❖ outlet 连接 重要!
>
> ❶ 要在脚本中创建"插口",就必须在变量前添加 public 关键字。
>
> ❷ 添加了 public 关键字的变量都会显示在检视器窗口中。
>
> ❸ 通过检视器窗口中的"插口"将希望代入的对象"插入"(拖曳操作)。

🐟 创建"插口"

下面就来通过 outlet 连接将 Prefab 实体代入 arrowPrefab 变量中。

要 创 建 " 插 口 ", 只 需 在 List 5-4 中 **ArrowGenerator** 的 第 7 行 表 示 Prefab 的 变量 **arrowPrefab** 前 添 加 public 关 键 字, 即 **public GameObject arrowPrefab**。

这样步骤①就完成了,接下来完成步骤②,即通过检视器窗口来完成代入。

🐟 通过检视器窗口"插入"对象

在 层 级 窗 口 中 选 择 **ArrowGenerator**,然 后 在 检 视 器 窗 口 中 确 认 能 否 看 到 arrowPrefab 变量(这相当于插座的插口)。果然,在 ArrowGenerator(Script) 组件中出现了 Arrow Prefab。

将 **arrowPrefab** 从工程窗口中拖曳到 **Arrow Prefab** 上,就完成了代入 Prefab 实体的设置,如图 5-49 所示。

通过该操作,Prefab 实体就被代入脚本中的 arrowPrefab 变量中了。

图5-49 使用检视器窗口来代入public变量

❶选择 ArrowGenerator

❷能够看见脚本中声明为 public 的 arrowPrefab 变量

❸将 arrowPrefab 拖曳到 Arrow Prefab 上完成代入

启动游戏确认效果，如图 5-50 所示。可以看到，游戏中每秒生成 1 个箭头。至此，生成器就做好了。

图5-50　确认箭头落下

箭头按照固定时间间隔落下

现在的箭头都是通过工厂来创建的。动作游戏中也可以用工厂来量产敌人。如果用工厂创建地面砖块，那么可以动态地生成舞台。一旦掌握了工厂的创建方法，则可运用的范围就非常广。

试一试！

修改 List 5-4 中 ArrowGenerator 第 8 行 span 的初始值，可以改变箭头的生成时间间隔。例如，将初始值改成 span = 0.5f，这意味着 delta 变量值超过 0.5 就会生成箭头，因此箭头的生成速度将变为原来的 2 倍。

>Tips<　什么是 "as GameObject"

List 5-4 的第 15 行中 Instantiate(ArrowPrefab) 后紧跟着的 as GameObject 的作用是什么呢？

一般情况下，Instantiate 方法返回的是最基本的 "Object 类型"，而我们希望得到的是 "GameObject 类型"。因此，这里使用了一种叫作 cast 的强制转换方法，将 Object 类型转换为 GameObject 类型。

5.8 显示UI

① 创建工程　② 角色的移动　③ 箭头的移动　④ 碰撞检测　⑤ 工厂的创建　⑥ 调度器的创建

5.8.1　创建用于显示与更新 UI 的调度器

就快大功告成了。为了让游戏进度一目了然，可以配置 UI 使它根据游戏进度显示相应的信息。和第 4 章类似，UI 的显示与更新按以下 3 个步骤进行。

> 🐾 **UI 的创建步骤** 重要！
> ❶ 配置 UI 组件。
> ❷ 创建用于切换 UI 的调度器脚本。
> ❸ 创建空对象，为其挂载创建好的脚本。

5.8.2　配置 HP 血量条

可以使用 UI 组件中的 **Image** 来创建 HP 血量条。Image 组件用于显示图像。这里，我们要让 Image 显示事先准备好的图片。

在层级窗口中选择 Create → UI → Image。层级窗口中将新增 Canvas 项，且生成的 Image 位于该项中。将生成的 Image 重命名为"**hpGauge**"（如果无法在场景视图中看见新添加的 Image 对象，请双击层级窗口中的 hpGauge），如图 5-51 所示。

为生成的 hpGauge 对象设置图片。在层级窗口中选择 **hpGauge**，将 **hp_gauge** 从工程窗口中拖曳到检视器窗口中 Image(Script) 项的 Source Image 上，如图 5-52 所示。

图5-51　创建HP血量条

❶单击 Create

❷选择
UI→Image

❸在 Canvas 下拉列表中选择 Image

❹将 Image 重命名为
hpGauge

图5-52　配置HP血量条

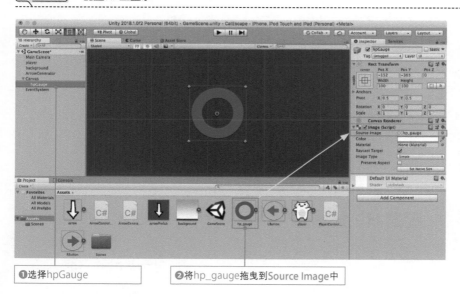

❶选择hpGauge

❷将hp_gauge拖曳到Source Image中

设置锚点

　　为确保即使画面的尺寸发生了改变，HP 血量条也会一直显示在画面的右上方，我们需要改变组件的**锚点**。顾名思义，锚点就是"放下船锚的位置"。具体来说，它表示**"当画面尺寸改变时，应当以何处为起点重新计算 UI 组件的坐标"**。

　　UI 对象的位置以锚点为原点 (0,0)。如果将锚点设置在画面中央，那么当画面尺寸变小时，位于右上方的 HP 血量条就有可能显示到画面外，如图 5-53 所示。

　　若将锚点设置在画面的右上角，HP 血量条将永远位于界面的右上角，不可能"溢出"画面，如图 5-54 所示。**设置合适的锚点可以创建出兼容多种设备屏幕尺寸的 UI。**

图 5-53 锚点设置在画面中央的情况

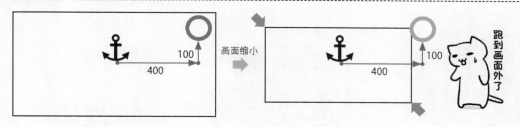

图 5-54 锚点设置在画面右上角的情况

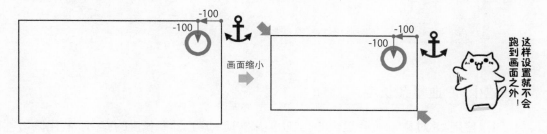

为了确保当画面尺寸发生变化时，HP 血量条也能一直显示在右上方，我们将它的锚点设置在画面右上角。在层级窗口中选择 hpGauge，在检视器窗口中单击锚点图标。在出现的 Anchor Presets 界面中，单击 "固定在右上角" 图标。然后在 Rect Transform 项中将 Pos X、Pos Y、Pos Z 依次设置为 –50、–50、0，将 Width 和 Height 均设置为 80，如图 5-55 所示。

图 5-55 将锚点设置在右上角

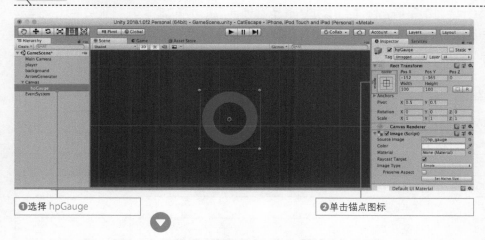

❶选择 hpGauge　　　　　　　　　　❷单击锚点图标

图 5-55   将锚点设置在右上角（续）

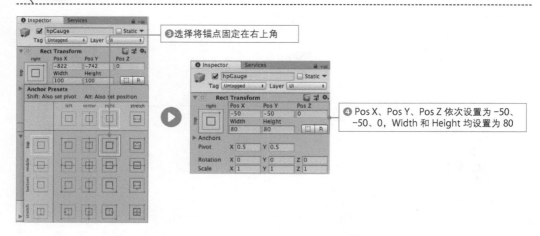

❸选择将锚点固定在右上角

❹ Pos X、Pos Y、Pos Z 依次设置为 –50、–50、0，Width 和 Height 均设置为 80

减少 HP 血量条长度

可以使用 UI 对象 Image 提供的 Fill 功能来实现 HP 血量条长度的变化。利用该功能改变“Fill Amount”的值就可以调整图像的显示区域，如图 5-56 所示。

图 5-56   不同的 Fill Amount 值对应的显示情况

Fill
Amount

1.0   0.8   0.6   0.4   0.2

显示 HP 血量条时，除了可以让图像按圆形渐进的形式显示外，Fill 功能还支持按横向（Horizontal）、纵向（Vertical）、扇形（Radial）等形式来展现。可以改变“Fill Method”的种类来逐一体验各形式的展现效果，如表 5-2 所示。

表 5-2   Fill Method 的种类及其功能

Fill Method	功能
Horizontal	沿横向切割图片显示
Vertical	沿纵向切割图片显示
Radial 90	按90度扇形切割图片显示
Radial 180	按半圆形切割图片显示
Radial 360	按圆形切割图片显示

我们希望创建一个圆形的血量条，因此选择"Radial 360"。在层级窗口中选择 hpGauge，将检视器窗口中 Image(Script) 项的 Image Type 设置为 Filled，将 Fill Method 设置为 Radial 360。Fill Origin 可以指定切割的起始位置，而我们希望从上开始切割因此将其设置为 Top。

调节 Fill Amount 滑动条，可以在场景视图中实时查看 HP 血量条的变化情况。开始时 HP 血量条为满血状态，因此将 Fill Amount 设置为 1，如图 5-57 所示。

图5-57   Fill Amount的设置

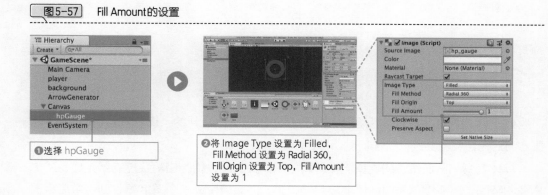

设置完成后启动游戏进行确认。可以看到 HP 血量条显示在右上角了，如图 5-58 所示。

图5-58   UI配置后的游戏运行画面

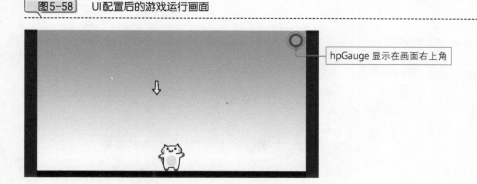

hpGauge 显示在画面右上角

设置锚点后，UI 就不再依赖于显示的设备了。移动设备上的画面尺寸往往各不相同，因此锚点功能非常有用。读者如果想开发手机游戏，请务必理解锚点的原理和用法。

5.9 创建切换 UI 的调度器

① 创建工程　② 角色的移动　③ 箭头的移动　④ 碰撞检测　⑤ 工厂的创建　⑥ 调度器的创建

5.9.1 思考 UI 更新的流程

终于到了游戏开发的最后阶段！本节将创建**用于更新 UI 的"调度器对象"**。调度器脚本将对角色和箭头进行碰撞检测，并更新 HP 血量条。

具体看看 HP 血量条的更新流程。角色和箭头的碰撞检测由箭头控制器完成。发生碰撞的瞬间，箭头控制器向调度器发起"减少 HP 血量"请求。调度器收到请求后将更新 HP 血量条的显示。整个过程如图 5-59 所示。

Step ❶ 箭头控制器向调度器发起"减少 HP 血量"的请求。

Step ❷ 调度器更新 HP 血量条的 UI。

图5-59 HP血量条的更新流程

箭头控制器脚本　　　　　调度器脚本　　　　　　HP 血量条

① HP 更新　　　　　　　② UI 更新

5.9.2 创建用于更新 UI 的调度器

现在来创建调度器，编写用于处理 HP 血量条变化的脚本。调度器可以按"**创建调度器脚本**"→"**创建空对象**"→"**给空对象挂载调度器脚本**"的顺序完成创建。

创建调度器脚本

在工程窗口中单击鼠标右键并选择 **Create → C# Script**，将文件名改为 **GameDirector**。

双击打开创建的 GameDirector，按 List 5-5 所示输入代码并保存。

> List 5-5　UI调度器脚本

```
1  using System.Collections;
2  using System.Collections.Generic;
3  using UnityEngine;
4  using UnityEngine.UI; // 因为要使用UI，所以不要忘记添加此行
5
6  public class GameDirector : MonoBehaviour {
7
8    GameObject hpGauge;
9
10     void Start() {
11       this.hpGauge = GameObject.Find("hpGauge");
12     }
13
14     public void DecreaseHp() {
15       this.hpGauge.GetComponent<Image> ().fillAmount -= 0.1f;
16     }
17  }
```

通过脚本来操作 UI 对象时，请记住必须添加第 4 行的 **using UnityEngine.UI;**。

要用调度器脚本改变 HP 血量条，必须确保调度器脚本能够访问 HP 血量条实体。因此，需要先在 Start 方法中使用 **Find** 方法从场景中查找到 HP 血量条对象，然后将它代入 hpGauge 变量。

考虑到箭头控制器必须调用某方法来缩短 HP 血量条，我们创建了一个用来处理 HP 血量条变化的 public 方法（第 14~16 行）。当箭头和角色发生碰撞时，箭头控制器将调用该方法减少 Image 对象（hpGauge）的 fillAmount 值，从而减少 HP 血量条的显示比例。

创建空对象

将写好的调度器脚本挂载到空对象上，该空对象就能充当调度器对象了，如图 5-60 所示。

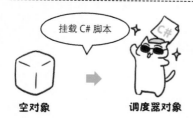

图5-60 调度器对象的创建方法

挂载 C# 脚本

空对象 → 调度器对象

在层级窗口中选择 Create → Create Empty 创建空对象。之后在层级窗口中可以看到多出了一个 GameObject，将它改名为 GameDirector，如图 5-61 所示。

图5-61 创建空对象

❶单击 Create

❷选择 Create Empty

❸将创建的空对象名称改为 GameDirector

给空对象挂载调度器脚本

将工程视图窗口中的 GameDirector 脚本拖曳到层级窗口中的 Game Director 对象上，如图 5-62 所示。

图5-62 挂载调度器脚本

❶将 GameDirector 脚本拖曳到 GameDirector 对象上

❷GameDirector 对象已经挂载了 GameDirector 脚本

5.9.3 通知调度器减少 HP

现在要做的是，当箭头和角色发生碰撞时，通过箭头控制器调用调度器脚本中的
DecreaseHp 方法，如图 5-63 所示。

图5-63　HP 血量条的更新流程

① HP 更新　　　　② UI 更新

箭头控制器中已经实现了箭头和角色的碰撞检测。要在发生碰撞时减少 HP 血量条，
必须在箭头控制器脚本的碰撞检测处理中调用 DecreaseHp 方法。

在工程窗口中双击 **ArrowController**，按 List 5-6 所示添加脚本内容。

List 5-6　添加调用 DecreaseHp 方法的脚本

```
1  using System.Collections;
2  using System.Collections.Generic;
3  using UnityEngine;
4
5  public class ArrowController : MonoBehaviour {
6
7    GameObject player;
8
9    void Start() {
10       this.player = GameObject.Find("player");
11   }
12
13   void Update() {
14       transform.Translate(0, -0.1f, 0);
15       if(transform.position.y < -5.0f) {
16          Destroy(gameObject);
17       }
18
19       // 碰撞检测
20       Vector2 p1 = transform.position;          // 箭头中心坐标
21       Vector2 p2 = this.player.transform.position; // 角色中心坐标
22       Vector2 dir = p1 - p2;
23       float d = dir.magnitude;
24       float r1 = 0.5f; // 箭头圆的半径
25       float r2 = 1.0f; // 角色圆的半径
26
```

```
27        if(d < r1 + r2) {
28            // 通知调度器脚本发生碰撞了
29            GameObject director = GameObject.Find("GameDirector");
30            director.GetComponent<GameDirector>().DecreaseHp();
31
32            // 碰撞时销毁箭头
33            Destroy(gameObject);
34        }
35    }
36 }
```

为了能在 ArrowController 中调用 GameDirector 对象持有的 DecreaseHp 方法，需要先通过 Find 方法找到 GameDirector 对象（第 29 行）然后再通过 GetComponent 方法获取 GameDirector 对象持有的 GameDirector 脚本，最后调用它的 DecreaseHp 方法（第 30 行），如图 5-64 所示。

图5-64　调用 DecreaseHp 方法

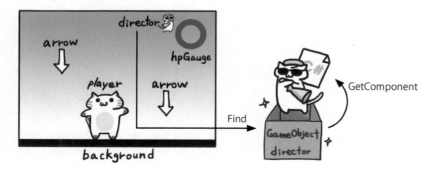

UI 更新的处理如图 5-63 所示，先通过"箭头控制器脚本"访问"调度器脚本"，再通过"调度器脚本"访问"HP 血量条"。访问自身之外的对象的组件时需要使用 Find 方法和 GetComponent 方法。再次总结如下。

> 🐾 **访问自身之外的对象所持有的组件的方法** 重要！
> ❶ 使用 Find 方法找出对象。
> ❷ 使用 GetComponent 方法找出该对象持有的组件。
> ❸ 访问组件所持有的数据。

启动游戏确认效果，可以看到，当箭头碰到角色时，HP 血量条减少了，如图 5-65 所示。

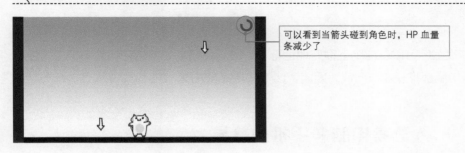

图5-65 查看HP血量条减少的效果

可以看到当箭头碰到角色时，HP 血量条减少了

下一节将介绍如何把游戏打包到手机平台。打包到手机平台之前，我们需要用两个按钮替代目前使用的左右方向键，让玩家按下按钮即可控制角色移动。

另外，本章的示例游戏中，HP 血量条的值即便为 0 也仍然可以继续游戏。游戏失败或通关时的画面跳转方法将在下一章进行讲解。

5.10 在手机上运行

现在游戏已经可以在电脑上很好地运行了，最后我们来尝试将它移到手机上。由于手机无法像电脑那样操作方向键，因此，这里需要做些修改。

5.10.1 思考电脑和手机的差异

游戏目前通过电脑键盘的左右方向键来控制角色左右移动。但是，手机上并没有左右方向键，因此直接在手机上运行该游戏的话，角色是无法移动的。为了**在手机上也可以正常运行该游戏，我们需要在画面上设置左右按钮**。

Unity 的 UI 库提供了按钮组件。因此，很容易就可以把按钮加到画面上。添加按钮的步骤如下。

Step ❶ 使用 UI 组件创建右按钮（5.10.2 小节）。

Step ❷ 复制右按钮生成左按钮（5.10.3 小节）。

Step ❸ 修改脚本使角色根据按钮的按下情况移动（5.10.4 小节）。

5.10.2 创建右按钮

可以通过 UI 组件 Button 来创建用于控制角色移动的按钮。两个按钮分别配置在画面的左下角和右下角。首先来创建右按钮。

在层级窗口中选择 Create → UI → Button（如果场景视图中无法看到按钮，请在层级窗口中双击 Button），将创建好的 Button 改名为 **RButton**，如图 5-66 所示。

图5-66 创建右按钮

改名后，在检视器窗口中设置右按钮的图像和坐标。在层级窗口中选择 RButton，在检视器窗口中把锚点设置为右下。将 Rect Transform 项的 Pos X、Pos Y、Pos Z

依次设置为 –100、100、0，Width 和 Height 均设置为 150，并且把右按钮的图片 RButton 从工程窗口拖曳到 Image(Script) 项的 Source Image 上，如图 5-67 所示。

图5-67　右按钮的图像和坐标设置

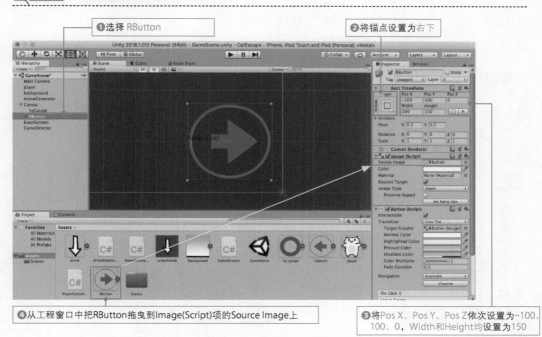

❶选择 RButton

❷将锚点设置为右下

❹从工程窗口中把RButton拖曳到Image(Script)项的Source Image上

❸将Pos X、Pos Y、Pos Z 依次设置为–100、100、0，Width和Height均设置为150

删除按钮上的文本

按钮图像上显示了"Button"文本。该文本是由 Button 下的 Text 管理的，但这里并不需要，所以将 Text 删除。

在层级窗口中单击 RButton 左侧的▶，在下方找到 Text，选中后单击鼠标右键并选择 Delete 将其删除，如图 5-68 所示。

图5-68　删除按钮图像上的文本

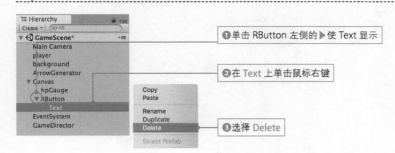

❶单击 RButton 左侧的▶使 Text 显示

❷在 Text 上单击鼠标右键

❸选择 Delete

5.10.3 复制右按钮生成左按钮

可以复制右按钮来生成左按钮。在层级窗口中选择 RButton，单击鼠标右键并选择 Duplicate 完成复制。可以看到，在层级窗口中生成了一项"RButton(1)"，将其改名为"LButton"，如图 5-69 所示。

图5-69　复制右按钮来生成左按钮

❶在RButton上单击鼠标右键并选择Duplicate

❷生成了一个复制的按钮

❸将其名字改为LButton

修改左按钮的位置与图片。在层级窗口中选择 LButton，在检视器窗口中将锚点设置为左下，将 Rect Transform 项的 Pos X、Pos Y、Pos Z 依次设置为 100、100、0 (Width 和 Height 保持原值 150)。按钮图片应当是左箭头，所以将 LButton 从工程视图中拖曳到 Image(Script) 项的 Source Image 上，如图 5-70 所示。

图5-70　修改左按钮的位置与图片

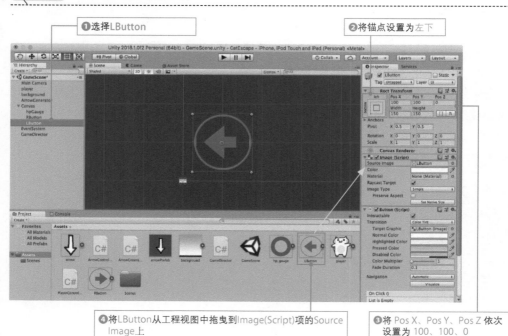

❶选择LButton

❷将锚点设置为左下

❹将LButton从工程视图中拖曳到Image(Script)项的Source Image上

❸将 Pos X、Pos Y、Pos Z 依次设置为 100、100、0

5.10.4 按下·按钮时使角色移动

在为场景中配置好的按钮指定单击时的回调方法时，可以在检视器窗口中指定。为了实现按钮在被按下的同时角色能够移动，可以按下列步骤操作，如图 5-71 所示。

Step ❶ 创建使角色向左移动的方法（LButtonDown）和向右移动的方法（RButtonDown）。

Step ❷ 为各个按钮指派相应的方法。

图 5-71 按下按钮时调用指定的方法

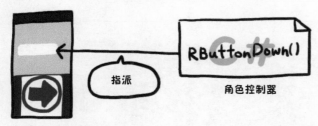

UI 按钮的检视器

编写使角色左右移动的方法

在 PlayerController 中编写按下左按钮时角色向左移动的方法 LButtonDown，以及按下右按钮时角色向右移动的方法 RButtonDown。

双击打开工程窗口中的 PlayerController，按 List 5-7 所示修改脚本。

List 5-7 修改为单击按钮时移动角色

```
1  using System.Collections;
2  using System.Collections.Generic;
3  using UnityEngine;
4
5  public class PlayerController : MonoBehaviour {
6
7    void Start() {
8    }
9
10   public void LButtonDown() {
11     transform.Translate(-3, 0, 0);
12   }
13   public void RButtonDown() {
14     transform.Translate(3, 0, 0);
15   }
16 }
```

LButtonDown 方法使用了 Translate 方法使角色向左（x 负方向）移动"3"。RButtonDown 方法则使角色向右（x 正方向）移动"3"。

 指派按下按钮时调用的方法

按钮按下时的回调方法都已经编写好了，现在将它们指派给各个按钮。

在层级窗口中选择 RButton，在检视器窗口中 的 Button(Script) 项中单击 OnClick 中的 + 按钮。将 player 从层级窗口中拖曳到写有 None(Object) 的那一栏。这样就可以将 player 上挂载的脚本中包含的方法指派给右按钮。单击打开写有 No Function 的下拉列表，选择 PlayerController → RButtonDown()，如图 5-72 所示。**如果列表中找不到 RButtonDown()，请确认是否像 List 5-7 所示那样在 RButtonDown 方法（第 13 行）前加了 public 关键字。**

图5-72　设置单击右按钮时调用的方法

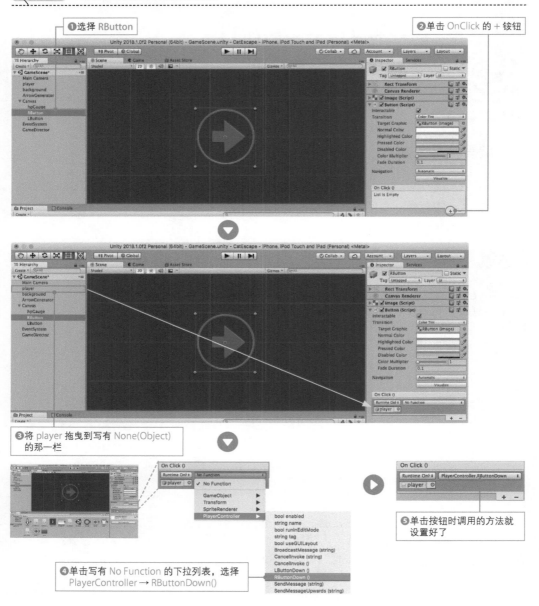

❶选择 RButton

❷单击 OnClick 的 + 铵钮

❸将 player 拖曳到写有 None(Object) 的那一栏

❹单击写有 No Function 的下拉列表，选择 PlayerController → RButtonDown()

❺单击按钮时调用的方法就 设置好了

用同样的步骤对左按钮进行设置，具体可以参考图 5-73 所示的操作。这样为移到手机所做的修改就完成了。接下来试着将游戏安装到手机上。

图 5-73　设置单击左按钮时调用的方法

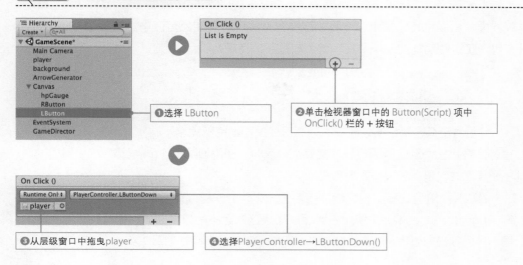

5.10.5　打包到 iOS

为了能在手机上测试，需要先用 USB 数据线连接电脑和手机。此外，编译打包的相关设置之前已经介绍过了。

在 Bundle Identifier 项中填入 "com. 自己名字的拼音 .catEscape"（注意确保字符串的唯一性）。在 Build Settings 界面的 Scenes In Build 中取消勾选Scenes/SampleScene，把工程窗口中的 GameScene 拖曳进来。完成后单击Build 按钮，输入 CatEscape_iOS 作为工程名，然后开始导出。

导出成功后，系统将自动打开 Xcode 工程的文件夹。双击 Unity-iPhone.xcodeproj 打开 Xcode，在 Signing 项中选择 Team 后，安装游戏到手机上。

打包到 iOS 的具体流程可以参考第 3 章的内容。

5.10.6　打包到 Android

先用 USB 数据线连接手机和电脑。编译打包的相关设置在之前已经介绍过了。

在 Package Name 项中填入 "com. 自己名字的拼音 .catEscape"（注意确保字符串的唯一性）。在 Build Settings 界面的 Scenes In Build 中取消勾选

Scenes/SampleScene，把工程窗口中的 GameScene 拖曳进来。完成后单击 Build And Run 按钮，将工程命名为 CatEscape_Android，指定 CatEscape 作为工程的保存目录，确认后即可开始生成 apk 文件并将其安装到手机。

打包到 Android 的具体流程可以参考第 3 章的内容。

到此，第 5 章游戏的开发就结束了。角色和箭头发生碰撞后重新开始游戏、音效、菜单界面、画面跳转、关卡设计等，这些有待实现的功能还有许多。第 6 章我们将开发一个包含了这些功能的动作游戏，请大家拭目以待吧！

>Tips< 调试利器 Debug.Log

"虽然没有显示错误信息但实际运行效果和期待的完全不同"，这种情况是很常见的。要找出问题的原因往往非常麻烦。这时，使用 Debug.Log 把相应的变量值输出来查看往往是一个很有效的方法。

例如，"角色的移动和想象的完全不一样"时，可以用 Debug.Log 把角色的坐标（transform.position）输出来看看。如果这样还不能找到原因，那么可以再尝试输出角色的受力值等。一步步地尝试，最终一定能找到问题的源头。

第 6 章

Physics 和动画

学习角色动画以及物理引擎的用法！

本章将开发一款"控制角色在云朵上跳跃移动"的游戏。读者可以在制作此游戏的过程中学习 Unity 中 Physics 和 Mecanim 的用法。

本章学习的内容

- Physics 的使用方法
- 如何使用 Mecanim 制作动画
- 场景的跳转方法

6.1 思考游戏的设计

通过第 5 章游戏的开发，我们学习了 Prefab 的使用方法、工厂的创建方法以及如何实现碰撞检测。本章我们将学习如何通过 Physics 使对象运动、动画的制作方法以及场景跳转等知识。

6.1.1 对游戏进行策划

在该游戏中，角色小猫会在云朵之间来回跳跃，最终到达旗帜所在的目的地。角色跳上云朵的同时，画面会往上滚动。角色会根据手机的倾斜程度左右移动，并在单击画面时跳跃。另外，游戏中还添加了角色行走的动画。到达目的地之后画面将跳转到通关场景，而在通关场景上单击屏幕将再次回到游戏场景，如图 6-1 所示。

图6-1 要开发的游戏的示意图

游戏场景　　　　　　　　　　通关场景

6.1.2 思考游戏的制作步骤

和前几章类似，我们先根据游戏的示意图来思考游戏的制作步骤。

Step ❶ 罗列出画面上所有的对象。

Step ❷   确定游戏对象运行需要哪些控制器脚本。

Step ❸   确定自动生成游戏对象需要哪些生成器脚本。

Step ❹   准备好用于更新 UI 的调度器脚本。

Step ❺   思考脚本的编写流程。

🐟 Step ❶ 罗列出画面上所有的对象

首先列出**画面上所有的游戏对象**，可以结合图 6-1 进行分析。

游戏场景中包含代表玩家角色的小猫、云朵、背景图片、通关图片以及目标旗帜，如图 6-2 所示。通关场景中包含了文本以及背景图片，但我们可以总体用一张带文字的图片来处理。因此，通关场景中只有一张背景图片。

图6-2　画面上所有的对象

角色　　　旗帜　　　云朵　　背景图片　　通关图片

🐟 Step ❷ 确定游戏对象运行需要哪些控制器脚本

接下来在 Step ❶列出的对象中，找出那些**会动的对象**。其中，角色会随着玩家操作而移动，因此可以归入此类。这个游戏中，会动的对象只有角色，如图 6-3 所示。

图6-3　会动的对象

角色　　　旗帜　　　云朵　　背景图片　　通关图片

对于会动的对象，需要为其提供**控制器脚本**。本游戏中只有角色对象会动，因此只需准备角色控制器。

> 需要的控制器脚本
> 角色控制器

🐟 Step ❸ 确定自动生成游戏对象需要哪些生成器脚本

这一步需要把**游戏过程中生成的对象**都列出来。云朵是否属于这类对象不太容易界定，但是在这个游戏中我们会在场景中提前将其配置好。因此，该游戏没有此类对象。

Step ❹ 准备好用于更新UI的调度器脚本

游戏需要一个**能够根据游戏状态更新 UI 和控制场景跳转的调度器**。本游戏涉及场景跳转，因此有必要准备调度器脚本。

> 需要的调度器脚本
> 控制场景跳转的调度器

Step ❺ 思考脚本的编写流程

现在梳理一下各个脚本的编写流程。大体可以按照"**控制器脚本**"→"**生成器脚本**"→"**调度器脚本**"的顺序来编写，如图 6-4 所示。当然，严格地按照这个顺序进行只是一种理想状态，游戏规模增大后难免会不时发现一些遗漏点，遇到这种情况就必须回到相应的步骤进行完善。

"一开始就要做出完美的设计！"这种想法的难度太高了，笔者推荐按照"**发现设计上存在不足时，再回到之前的步骤进行修复**"的方式来开发游戏。

图6-4 脚本的编写流程

本游戏要编写的脚本只有角色控制器和控制场景跳转的调度器这两个。虽然数量比第 5 章少，但本章出现了 Physics 和 Mecanim 这些新功能。引入这些功能后，脚本编写的工作量会少很多，但游戏开发的方法仍旧是不变的。

角色控制器
该脚本控制角色随着手机的倾斜而左右移动，并且在单击屏幕时起跳。

控制场景跳转的调度器
角色到达目的地后，游戏场景将跳转到通关场景。而在通关场景中单击界面后，将跳转回游戏场景。调度器脚本的职责就是检测这些触发条件，然后跳转到相应的场景。

介绍 Physics 和动画的内容比较多，因此我们将本游戏的开发过程分为前半部分和后半部分。前半部分主要涉及 Physics 的使用和动画的制作，后半部分主要是游戏玩法的实现，如图 6-5 所示。

图6-5 游戏制作的流程

①创建项目　　②使用 Physics　　③用脚本控制移动　　④动画　　前半部分

⑤创建舞台　　⑥移动摄像机　　⑦碰撞检测　　⑧场景跳转　　后半部分

虽然游戏的表现和类型变化了，但设计思路在本质上是一样的。相信通过本章游戏的制作，读者一定会对此有更深的认识。

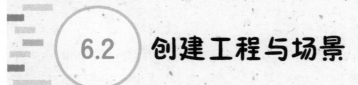

6.2 创建工程与场景

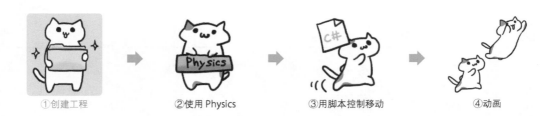

①创建工程　　　②使用 Physics　　　③用脚本控制移动　　　④动画

6.2.1 创建工程

首先从创建工程开始。在 Unity 启动后显示的界面中单击 **New**，或者在界面顶部的菜单栏中选择 **File → New Project**。

单击 **New** 以后，会出现工程的设置界面。将工程命名为 **ClimbCloud**，在 **Template** 中选择 **2D**。单击界面右下的蓝色 **Create project** 按钮，系统会自动在指定的文件夹创建工程然后启动 Unity 编辑器。

🐟 将素材添加到工程中

启动 Unity 编辑器后，将游戏需要的素材添加到工程窗口中。打开下载的素材文件中的"Chapter6"文件夹，把其中的素材都拖曳到工程窗口中，如图 6-6 所示。

游戏中各个素材文件的类型与内容如表 6-1 所示。注意，游戏包含角色行走的动画，所以需要添加用于制作行走动画的图片素材（cat_walk1~3）。

此外，游戏中还添加了跳跃动画，因此还需要添加用于制作跳跃动画的图片素材（cat_jump1~3）。虽说是动画素材，但它们并不是动画格式的文件，而是一张张单独的图片。具体使用的素材如图 6-7 所示。

图6-6 添加素材

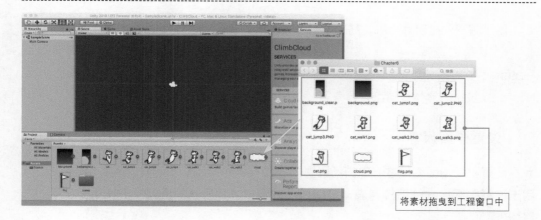

将素材拖曳到工程窗口中

表6-1 各素材的类型与内容

文件名	类型	内容
background.png	png 文件	游戏场景的背景图
background_clear.png	png 文件	通关场景的背景图
cat_jump1~3.png	png 文件	跳跃动画的图片素材
cat_walk1~3.png	png 文件	行走动画的图片素材
cat.png	png 文件	角色图像
cloud.png	png 文件	云朵图像
flag.png	png 文件	旗帜图像

图6-7 使用的素材

6.2.2　移动平台的设置

为了将游戏打包到手机，需要进行一些设置。

在菜单栏选择 File → Build Settings。在打开的 Build Settings 界面左下角的 Platform 中选择"iOS（如果是打包到 Android 手机则选择 Android）"，单击 Switch Platform 按钮。具体步骤可以参考第 3 章的内容。

设置画面尺寸

设置游戏画面的尺寸。单击场景视图中的 Game 标签，打开位于游戏场景左上方用于设置画面尺寸的下拉列表，**选择适当的尺寸**。这里选择的是"iPhone 5 Tall"。具体步骤请参考第 3 章的内容。

6.2.3　保存场景

在菜单栏选择 File → Save Scene as，将场景保存为 GameScene。保存成功后，可以在 Unity 编辑器工程窗口中看到出现了一个新的场景图标，如图 6-8 所示。具体步骤请参考第 3 章的内容。

图6-8　保存好场景后的状态

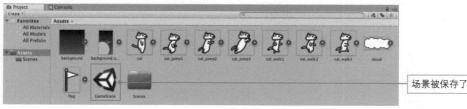

场景被保存了

6.3 学习 Physics

①创建工程　　②使用 Physics　　③用脚本控制移动　　④动画

6.3.1 什么是Physics

第5章我们实现了通过脚本来控制箭头运动，本章我们将使用Physics让角色移动。Physics是Unity提供的物理引擎[①]，使用它可以很容易地实现让游戏对象模拟物理规律运动，如图6-9所示。

图6-9　Physics的功能

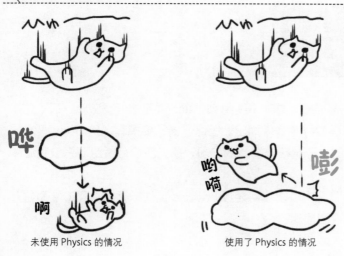

未使用 Physics 的情况　　　　使用了 Physics 的情况

Physics 需要 Rigidbody 组件和 Collider 组件的配合才能发挥它的功能。

Rigidbody 组件负责"受力计算（作用于对象上的重力和摩擦力等力的计算）"，Collider 组件则负责"对象的碰撞检测"，如图6-10所示。**要使用 Physics 来让对象**

---

① 物理引擎是用来使游戏对象模拟物理规律运动（落下或者碰撞等）的类库。使用物理引擎时，程序将会结合游戏对象的质量、摩擦系数以及重力等因素进行综合计算，从而使其实现仿真物理运动。

按物理规律运动，必须在对象上挂载 Rigidbody 和 Collider 这两个组件。

图6-10 Rigidbody 组件和Collider 组件的功能

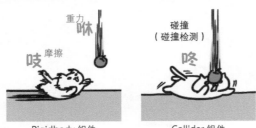

Rigidbody 组件   Collider 组件

>Tips< 要不要使用 Physics？

使用 Physics 能很简单地实现让对象按照物理规律运动，而且碰撞检测也会自动完成。因此，它非常适合用于本章这种控制角色在舞台上自由移动的动作游戏或者需要进行复杂碰撞检测的射击游戏，如图 6-11 所示。

图6-11 适合使用 Physics 的游戏

通过之前的游戏示例不难得知，并非不使用 Physics 就无法开发游戏，只不过使用了 Physics 会让开发过程变得更简单而已。因此，请不要抱有"用 Unity 开发游戏就必须使用 Physics"的想法。在开发游戏之前，首先应该分析游戏有没有必要使用 Physics。

在第 6.3 到 6.5 节中，我们将讲解如何通过 Physics 使对象运动，第 6.9 节会对如何使用 Physics 来实现碰撞检测进行说明。

6.3.2 使用 Physics 让对象运动

实践往往能够帮助理解。下面我们就来尝试用使 Physics 让角色动起来。在场景中配置好角色后，给它挂载 Rigidbody 2D 组件和 Collider 2D 组件。

Rigidbody 组件和 Collider 组件都提供了 2D 和 3D 的版本。因为这是 2D 游戏，所以这里使用名字中带有 2D 的组件。

配置角色

将角色添加到场景视图中。在工程窗口中将 cat 拖曳到场景视图中，然后在层级窗口中选择 cat，单击 Inspector，在检视器窗口中将 Transform 项的 Position 中的 X、Y、Z 都设置为 0，如图 6-12 所示。

图6-12 在场景中配置角色

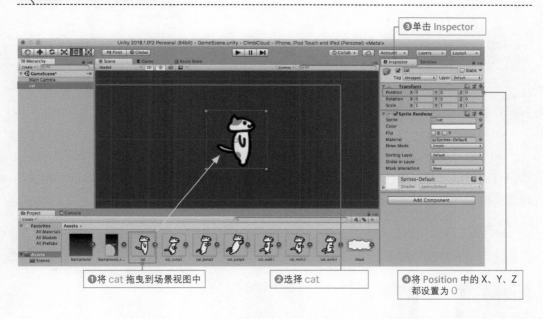

❸单击 Inspector

❶将 cat 拖曳到场景视图中

❷选择 cat

❹将 Position 中的 X、Y、Z 都设置为 0

挂载 Rigidbody 2D 组件

为了使配置好的角色能够受重力影响落下，还必须为其挂载 Rigidbody 2D 组件。在层级窗口中选择 cat，单击检视器窗口下方的 Add Component，在弹出的组件选择界面中选择 Physics 2D → Rigidbody 2D，这样就把 Rigidbody 2D 组件挂载到角色上了，如图 6-13 所示。

图6-13　为角色挂载 Rigidbody 2D 组件

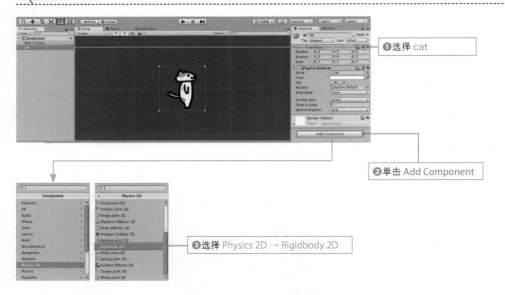

❶选择 cat

❷单击 Add Component

❸选择 Physics 2D → Rigidbody 2D

　　为角色挂载 Rigidbody 2D 组件后，运行游戏看看角色是否受到了重力的影响。启动游戏后可以发现，角色果然往画面下方坠落了！1 行脚本都没加，就实现了让角色按物理规律运动，如图 6-14 所示。这正是 Physics 的强大之处。

图6-14　确认角色下落的效果

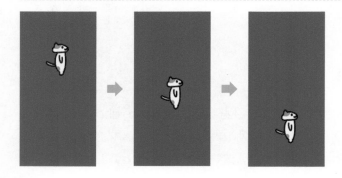

挂载 Collider 2D 组件

　　为了处理**角色和其他对象的碰撞检测**，还需要为其挂载 Collider 2D 组件。在层级窗口中选择 cat，在检视器窗口中单击 Add Component，并选择 Physics 2D → Circle Collider 2D，如图 6-15 所示。

图6-15 为角色挂载Collider组件

❶选择 cat

❷单击 Add Component

❸选择 Physics 2D → Circle Collider 2D

　　为角色挂载 Circle Collider 2D 组件后，角色的四周会显示一个绿色的圆。它是一个用于碰撞检测的圆形碰撞器，如图 6-16 所示。这和第 5 章介绍的碰撞检测时使用的圆类似，当其他对象与该圆形碰撞器发生接触时，程序将判定碰撞发生了。

图6-16 挂载了圆形碰撞器

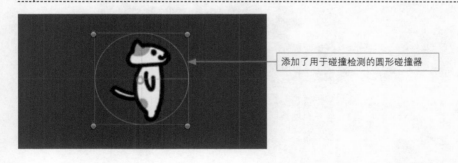

添加了用于碰撞检测的圆形碰撞器

　　表 6-2 中还列出了除 Circle Collider 2D（圆形碰撞器）外其他形状的碰撞器，开发游戏时可以根据对象的形状选择合适的碰撞器。除了圆形和矩形的碰撞器，Unity 还提供了能够根据对象形状编辑的 Polygon Collider 2D（多边形碰撞器）。

表6-2 碰撞器的种类

碰撞器名称	碰撞器形状
Circle Collider 2D	圆形碰撞器
Box Collider 2D	矩形碰撞器
Edge Collider 2D	线形碰撞器，适用于只希望让对象的某一部分参与碰撞检测时的情况
Polygon Collider 2D	多边形碰撞器，适用于需要完全贴合对象形状进行碰撞检测时的情况

角色挂载了碰撞器后，就可以和其他对象进行碰撞检测了。为测试这一效果，可以在角色脚下配置一些云朵，看看当角色落下时是否会被云朵挡住。

6.3.3 配置云朵

在工程窗口中选择 cloud，把它拖曳到场景视图中，然后在层级窗口中选择 cloud。为了将云朵配置在角色的脚下位置，可以在检视器窗口中将 Transform 项的 Position 中的 X、Y、Z 依次设置为 0、-2、0，如图 6-17 所示。

图6-17 在场景中配置云朵

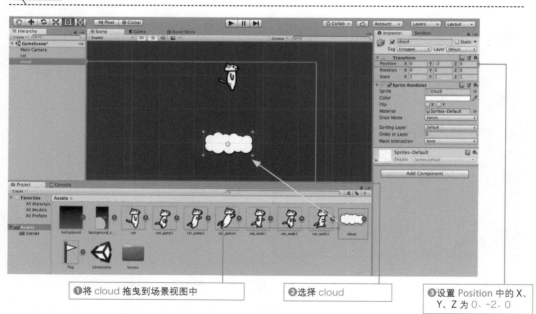

❶将 cloud 拖曳到场景视图中
❷选择 cloud
❸设置 Position 中的 X、Y、Z 为 0、-2、0

6.3.4　让 Physics 作用于云朵

要使两个对象在发生碰撞时能够按物理规律运动，那么参与碰撞的双方都必须挂载 Rigidbody 组件和 Collider 组件。现在将这两种组件也挂载到云朵上。在层级窗口中选择 cloud，在检视器窗口中单击 Add Component，并选择 Physics 2D → Rigidbody 2D，如图 6-18 所示。这样 Rigidbody 2D 组件就挂载完成了。

图 6-18　为云朵挂载 Rigidbody 2D 组件

接着再为云朵挂载碰撞器。在层级窗口中选择 cloud，在检视器窗口中单击 Add Component，并选择 Physics 2D → Box Collider 2D，如图 6-19 所示。由于选择的 Box Collider 2D 组件和云朵形状大致相符，所以可以看到画面中多了一个与云朵重叠的矩形碰撞器。

启动游戏确认效果是否符合我们的期待，如图 6-20 所示。单击画面上方的开始按钮，可以发现角色和云朵竟然一同往下掉落了。这是因为云朵也挂载了 Rigidbody 2D 组件，所以它也会受到重力的影响而下落。

图6-19　为云朵挂载 Box Collider 2D 组件

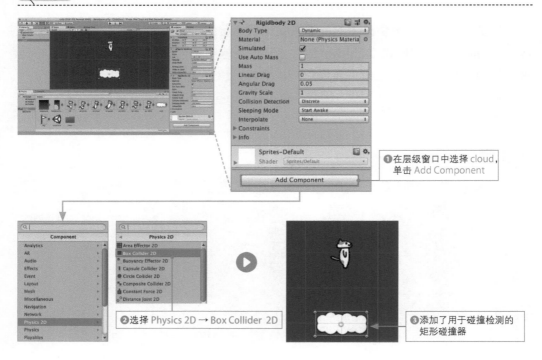

❶在层级窗口中选择 cloud，单击 Add Component

❷选择 Physics 2D → Box Collider 2D

❸添加了用于碰撞检测的矩形碰撞器

图6-20　查看挂载组件后的运行效果

云朵也下落了

6.3.5　设置云朵使其不受重力影响

为避免云朵下落，应该进行相关设置让它不受重力的影响。**要忽略重力和物理模拟的影响，可以修改 Rigidbody 2D 组件的** Body Type。

在层级窗口中选择 cloud，在检视器窗口中找到 Rigidbody 2D 组件，将 Body

Type 改为 Kinematic，如图 6-21 所示。

设置为 Kinematic 后，该对象将不再受到重力和其他外力的影响，这样就可以避免掉落。

图6-21 设置云朵使其不受重力影响

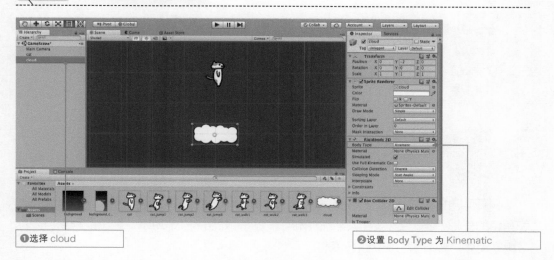

❶选择 cloud

❷设置 Body Type 为 Kinematic

再次运行游戏查看效果。此时可以看到云朵不再往下掉落，角色也可以"站"在云朵上了。不过可以看到，角色和云朵之间存在一些间隙，如图 6-22 所示。这是因为碰撞器的尺寸比角色稍大，下一节我们将调整碰撞器使其大小与角色保持一致。

图6-22 确认角色可以"站"在云朵上

角色和云朵之间存在一些间隙

6.4 修改碰撞器的形状

①创建工程　　②使用 Physics　　③用脚本控制移动　　④动画

6.4.1 符合对象形状的碰撞器

目前，角色碰撞器使用的是 Circle Collider 2D（圆形碰撞器）。不过，圆形碰撞器和角色的外形并不一致，碰撞检测的精度比较低，如图 6-23 所示。为了能得到更好的效果，需要对碰撞器的形状进行调整。

图6-23 无法精确地进行碰撞检测

碰撞器 ——

虽然没有碰到障碍物但是却无法前进了

如果采用矩形碰撞器，虽然它比圆形碰撞器更贴合对象的形状，但一小段台阶就能绊住它，角色很难通过狭窄的缝隙。

对移动的对象而言，如果使用的是胶囊形的碰撞器，且接地部分是圆形，那么就不太容易出现被台阶绊住的情况，移动时的体验会更好，如图 6-24 所示。

因此，可以尝试使用"半胶囊形"的碰撞器。当然，Unity 并没有提供这种所谓的"半胶囊形"碰撞器，但是我们可以自己按照图 6-25 所示的方法用圆形碰撞器和矩形碰撞器进行组合创建。

图6-24　矩形碰撞器和胶囊形碰撞器的区别

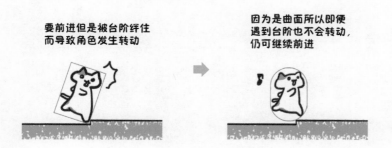

图6-25　用圆形碰撞器和矩形碰撞器创建半胶囊形的碰撞器

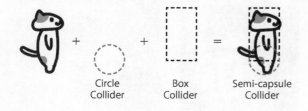

6.4.2 调整角色的碰撞器形状

现在来制作半胶囊形的碰撞器。由于前面已经配置了圆形碰撞器，现在直接将它移到角色脚下，然后在角色躯干周边配置矩形碰撞器。**可以在检视器窗口中修改碰撞器的位置和尺寸。**

首先，移动圆形碰撞器的位置并将其缩小。在层级窗口中选择 cat，在检视器窗口中将 Circle Collider 2D 项的 Offset 中的 X、Y 设置为 0、−0.3，将 Radius 设置为 0.15，如图 6-26 所示。

Offset 表示圆心的偏移距离，Radius 表示圆形碰撞器的半径。

图6-26　调整图形碰撞器

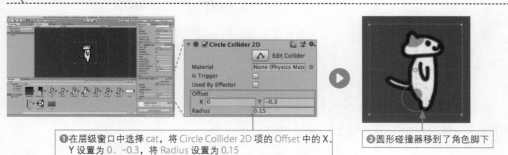

❶在层级窗口中选择 cat，将 Circle Collider 2D 项的 Offset 中的 X、Y 设置为 0、−0.3，将 Radius 设置为 0.15

❷圆形碰撞器移到了角色脚下

接下来给角色的躯干部分添加矩形碰撞器，在层级窗口中选择 cat，然后在检视器窗口中单击 Add Component，并选择 Physics 2D → Box Collider 2D，如图 6-27 所示。

图6-27　为角色添加矩形碰撞器

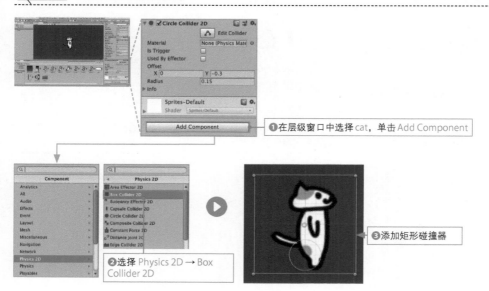

要将矩形碰撞器配置在角色的躯干位置，需先在层级窗口中选择 **cat**，然后在检视器窗口中将 Box Collider 2D 项的 Size 中的 X、Y 设置为 **0.3、0.6**，如图 6-28 所示。这里的 Size 用于指定矩形的宽度和高度。

图6-28　调整矩形碰撞器

防止角色发生旋转

半胶囊形碰撞器的底部是圆形，所以外部只要施加一个很小的力，角色就会跌倒。为避免这一情况发生，需设置 Freeze Rotation 项。

Freeze Rotation 可以**设置阻止对象绕某个轴旋转**。要避免角色跌倒，应当阻止它绕 z 轴（指向画面深处方向）旋转。

在层级窗口中选择 cat，在检视器窗口中找到 Rigidbody 2D 项的 Constraints，单击其左侧的三角形按钮，并勾选 Freeze Rotation 的 Z 复选框，如图 6-29 所示。

图6-29 设置参数使角色无法转动

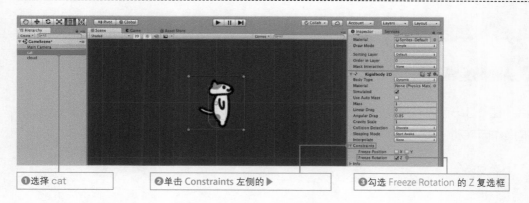

❶选择 cat

❷单击 Constraints 左侧的 ▶

❸勾选 Freeze Rotation 的 Z 复选框

6.4.3 调整云朵的碰撞器形状

目前，云朵的碰撞器形状和云朵的形状大小不太一致，因此角色"着陆"时看起来好像悬在空中。我们可以将云朵碰撞器的尺寸稍微调小一些。在层级窗口中选择 cloud，在检视器窗口中将 Box Collider 2D 项的 Size 中的 X、Y 设置为 1.4、0.5，如图 6-30 所示。

图6-30 调整云朵碰撞器的尺寸

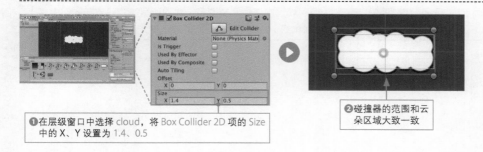

❶在层级窗口中选择 cloud，将 Box Collider 2D 项的 Size 中的 X、Y 设置为 1.4、0.5

❷碰撞器的范围和云朵区域大致一致

启动游戏，确认 Physics 的效果，如图 6-31 所示。此时可以看到，角色和云朵终于连接在一起了！**对于形状不同的各个对象，其最适合的碰撞器形状可能各不相同。**为了使碰撞器形状符合游戏对象外观，往往需要对其进行一些调整。

图6-31　查看碰撞器最终调整效果

角色很完美地站在云朵
上了

在 6.3 节和 6.4 节中，我们学习了 Physics 的使用方法。为了让角色能够根据玩家的操作而移动，我们还需要提供控制器脚本。下一节我们将编写角色控制器脚本。

>Tips< **各种 Find 方法**

之前的章节中我们介绍过用于在游戏场景中查找游戏对象的 Find 方法。Find 方法有多个变体可供选择（标签的概念会在第 8 章进行介绍），如表 6-3 所示。

表6-3　Find 方法的变体

方法	用途
Find（对象名）	返回1个场景中与指定对象名一致的游戏对象
FindWithTag（标签名）	返回1个场景中与指定标签名一致的游戏对象
FindGameObjectsWithTag（标签名）	返回场景中与指定标签名一致的所有游戏对象，返回值是 GameObject 数组
FindObjectOfType（类型名）	返回1个场景中与指定类型名一致的游戏对象
FindObjectsOfType（类型名）	返回场景中与指定类型名一致的所有游戏对象，返回值是 GameObject 数组

6.5 使角色根据操作移动

①创建工程　　　②使用 Physics　　　③用脚本控制移动　　　④动画

6.5.1　编写脚本使角色跳跃

本节要实现角色能够根据玩家的操作进行左右移动或者跳跃。**仅挂载了 Physics 还不能将玩家的操作反映到对象的移动上，要实现这一功能必须编写脚本。**

虽然最终角色应当能够根据手机的倾斜程度左右移动，但我们不妨先在电脑上实现这种效果。**创建一个控制器脚本，让玩家可以通过左、右方向键控制角色的移动，并通过空格键使其跳跃。**我们并不打算一下就实现所有功能，先从按空格键使角色跳跃开始吧，如图 6-32 所示。

图6-32　创建角色的脚本

通过 Physics 移动对象时，**不能直接修改对象的坐标值，必须采用"给对象施加外力"的方式让它移动**（如果直接修改其坐标值，将无法正确执行碰撞检测，对象可能会直接穿过障碍物）。给对象施加一个外力，后续的行为则交由 Physics 计算处理，如图 6-33 所示。

图6-33 通过 Physics 移动对象的方法

修改坐标值使对象移动

施加外力使对象移动

创建移动对象的方法如下。当前角色已经配置完成，下面就从②创建控制器脚本开始。

> 🐾 **移动对象的创建方法** 重要！
> ❶ 在场景视图中配置对象。
> ❷ 创建描述对象应当如何移动的脚本。
> ❸ 将创建好的脚本挂载到游戏对象上。

在工程窗口内单击鼠标右键并选择 Create → C# Script，将文件改名为 Player Controller。

双击打开工程窗口中的 PlayerController，按 List 6-1 所示的内容编写脚本并保存。

List 6-1 通过按钮控制角色跳跃的脚本

```
1  using System.Collections;
2  using System.Collections.Generic;
3  using UnityEngine;
4
5  public class PlayerController : MonoBehaviour {
6      Rigidbody2D rigid2D;
7      float jumpForce = 780.0f;
8
9      void Start() {
10         this.rigid2D = GetComponent<Rigidbody2D>();
11     }
12
13     void Update() {
14         // 跳跃
15         if(Input.GetKeyDown(KeyCode.Space)) {
16             this.rigid2D.AddForce(transform.up * this.jumpForce);
17         }
18     }
19 }
```

可以调用 Rigidbody 2D 组件中的 **AddForce** 方法给角色施加外力，如图 6-34 所示。要调用 Rigidbody 2D 组件中的方法时，可以先在 Start 方法中通过 **GetComponent** 方法获得 Rigidbody 2D 组件，再把它存入成员变量中。组件的获取方法可以参考第 4 章的 Tips。

图6-34   调用 AddForce 方法

为了能在按下空格键时让角色起跳，首先需要在第 15 行通过 **GetKeyDown** 方法检测空格键是否被按下。如果空格键被按下了，再通过 AddForce 方法对角色施加一个向上的力（第 16 行）即可。向上的力可以用长度为 1、方向朝上的向量（transform. up）与 jumpForce 值相乘后算出，如图 6-35 所示。

图6-35   给角色施加向上的力

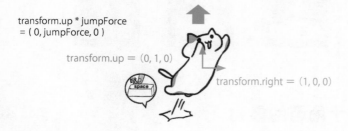

6.5.2   给角色挂载脚本

要让角色按照脚本编写的逻辑运动，就需要将脚本挂载到角色上。在工程窗口中选择 **PlayerController**，将其拖曳到层级窗口中的 cat 上，如图 6-36 所示。

图6-36   给角色挂载脚本

将工程窗口中的 PlayerController 拖曳到层级窗口中的 cat 上

单击画面上方的运行按钮启动游戏。此时可以看到，按下空格键时，角色果然跳起来了，如图 6-37 所示。按下空格键时，程序只是对角色施加了一个向上的力，之后落下的过程则是由 Physics 自动计算处理的。这样，通过非常简单的代码就能实现让对象按物理规律运动。

试一试！

将 PlayerController 脚本第 7 行的 jumpForce 值改为原值的一半，即 390.0f，向上的力将变为原来的一半，每次跳跃的高度也比原来低了。体验了这种变化后请将它恢复到原值 780.0f，如图 6-37 所示。

图6-37　确认角色的跳跃行为

6.5.3　调节作用于角色的重力

角色虽然可以起跳了，但看起来感觉轻飘飘的。**这就需要增加角色受到的重力，使它更有"重量感"**。我们可以通过 Gravity Scale 来调整角色受到的重力大小。

不妨将角色的重力值增大到 3。在层级窗口中选择 cat，然后在检视器窗口中将 Rigidbody 2D 项的 Gravity Scale 设置为 3，如图 6-38 所示。

图6-38　调整角色受到的重力

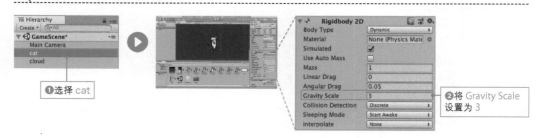

再次启动游戏，以确认运行效果，可以发现这次角色显得比较有"重量"了。**游戏开发中像这样为增强玩家体验而对 Physics 相关数值进行调整是非常重要的一环。**

6.5.4 使角色左右移动

跳跃动作已经实现，下面创建用于控制角色左右移动的脚本。在工程窗口中双击打开 **PlayerController**，按照 List 6-2 所示添加脚本。

List 6-2 添加让角色左右移动的处理

```
1  using System.Collections;
2  using System.Collections.Generic;
3  using UnityEngine;
4
5  public class PlayerController : MonoBehaviour {
6
7    Rigidbody2D rigid2D;
8    float jumpForce = 780.0f;
9    float walkForce = 30.0f;
10   float maxWalkSpeed = 2.0f;
11
12   void Start() {
13     this.rigid2D = GetComponent<Rigidbody2D>();
14   }
15
16   void Update() {
17     // 跳跃
18     if(Input.GetKeyDown(KeyCode.Space)) {
19       this.rigid2D.AddForce(transform.up * this.jumpForce);
20     }
21
22     // 左右移动
23     int key = 0;
24     if(Input.GetKey(KeyCode.RightArrow)) key = 1;
25     if(Input.GetKey(KeyCode.LeftArrow)) key = -1;
26
27     // 角色的移动速度
28     float speedx = Mathf.Abs(this.rigid2D.velocity.x);
29
30     // 限制速度
31     if(speedx < this.maxWalkSpeed) {
32       this.rigid2D.AddForce(transform.right * key * this.walkForce);
33     }
34   }
35 }
```

脚本添加了第 22~33 行处理来控制角色左右移动。和跳跃的情况类似，使用 **AddForce** 方法在左右方向施加外力即可让角色左右移动（第 32 行）。

向右移动时必须施加向右的力（x 正方向），向左移动时则施加向左的力（x 负方向），我们可以通过变量 key 来控制正负方向，如图 6-39 所示。右方向键被按下时，程序将 1 赋值给变量 key；左方向键被按下时，程序则为变量 key 赋值 –1；左、右方向键都未被按下时，角色不会移动，程序将 0 赋值给变量 key。

图6-39 根据按键情况移动

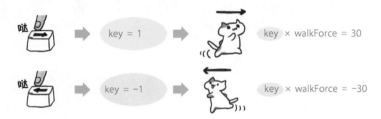

如果每帧都通过 AddForce 方法持续施加外力，角色将会渐渐加速，如图 6-40 所示。**好比一直踩着油门，汽车就会不断加速。**因此可以像驾驶汽车那样，一旦角色的移动速度超过最高速度就停止施加外力，以此来调整速度（第 31 行）。

图6-40 持续施加外力对象将逐渐加速

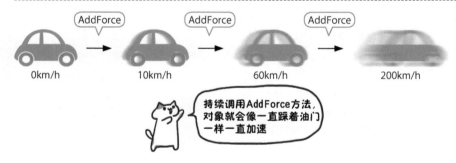

启动游戏看看能否正确运行。可以发现，按下左、右方向键时，角色可以往相应的方向移动了。不过，在移动时角色的身体总是保持向右的姿势，就像在走太空步一样，如图 6-41 所示。下面就来让它随着移动方向改变姿势吧！

图6-41 角色虽然能够移动但是身体的朝向不变

如果 if 条件满足时执行的代码只有 1 句,那么可以省略 {},如 List 6-2 所示的第 24 行和第 25 行。

改变角色的朝向

添加**使角色随着运动方向而改变身体朝向的处理。**在 **PlayerController** 中按 List 6-3 所示添加脚本。

List 6-3　能够改变角色身体朝向的脚本

```
1  using System.Collections;
2  using System.Collections.Generic;
3  using UnityEngine;
4
5  public class PlayerController : MonoBehaviour {
6
7      Rigidbody2D rigid2D;
8      float jumpForce = 780.0f;
9      float walkForce = 30.0f;
10     float maxWalkSpeed = 2.0f;
11
12     void Start() {
13         this.rigid2D = GetComponent<Rigidbody2D>();
14     }
15
16     void Update() {
17         // 跳跃
18         if(Input.GetKeyDown(KeyCode.Space)) {
19             this.rigid2D.AddForce(transform.up * this.jumpForce);
20         }
21
22         // 左右移动
23         int key = 0;
24         if(Input.GetKey(KeyCode.RightArrow)) key = 1;
25         if(Input.GetKey(KeyCode.LeftArrow)) key = -1;
26
27         // 角色的移动速度
28         float speedx = Mathf.Abs(this.rigid2D.velocity.x);
29
30         // 限制速度
31         if(speedx < this.maxWalkSpeed) {
32             this.rigid2D.AddForce(transform.right * key * this.walkForce);}
33     }
34
35     // 根据运动方向翻转(新添加)
```

```
36      if(key != 0) {
37          transform.localScale = new Vector3(key, 1, 1);
38      }
39   }
40 }
```

　　角色向右移动时显示其身体朝右的图片，在角色向左移动时让图片翻转变成身体朝左的样子。要实现这一效果，**只需将角色 sprite 的 x 轴方向的缩放率设置为 −1**。通过改变缩放率来翻转图片的做法虽然不够直观，但结合图 6-42 来了解缩放率变化时图片翻转的情况，倒也不难理解。

　　要在脚本中修改图片的缩放率，只需修改 Transform 组件的 localScale 变量值即可。这里使用了变量 key，当右方向键被按下时，设置 x 轴方向缩放率为 1；当左方向键被按下时，设置 x 轴方向的缩放率为 −1。

　　图6-42　缩放率和图片翻转的关系

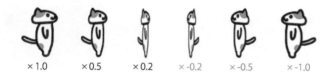

×1.0　　×0.5　　×0.2　　×-0.2　　×-0.5　　×-1.0

　　再次运行游戏，确认角色是否根据方向键的按下情况正确翻转了，如图 6-43 所示。

　　图6-43　角色能够正确翻转

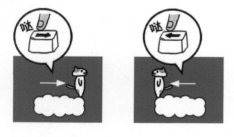

　　现在我们已经通过 Physics 实现了跳跃和左右移动。施加外力后的行为是由 Unity 自动计算处理的，同时按下跳跃键和方向键，角色将斜向跳起。角色的基本行为已经开发完成，为了使游戏更加生动，下一节将为角色添加动画。

> 🐾 关于 Physics 的心得
> ❶ Physics 是非常有用的工具，但不使用它也能开发游戏。
> ❷ 建议在需要模拟物理规律运动的游戏或者需要进行碰撞检测的游戏中使用。
> ❸ 要将玩家的操作反映到游戏中，需要编写脚本来实现。
> ❹ 通过 Physics 使对象运动时，不能直接改变坐标，而应施加 "力"。

6.6 学习动画

①创建工程　②使用 Physics　③用脚本控制移动　④动画

6.6.1 Unity 的动画

角色已经能够根据玩家的操作而运动了。但是角色运动时形象总是一成不变，难免会让玩家感觉太过生硬。因此，本节要**让角色在移动时能够播放动画**。

Unity 2D 游戏中角色动画一般采用帧动画的形式。准备好一系列每张动作有少量变化的图片，然后按一定的时间间隔将其轮流显示出来就形成了动画，如图 6-44 所示。

图6-44　帧动画

要在 Unity 中制作帧动画，可以在游戏运行时通过脚本逐帧替换图片，也可以直接使用 Mecanim 创建动画并播放，如图 6-45 所示。下面我们将介绍使用 Mecanim 创建动画的方法。

图6-45　制作动画的方法

使用脚本制作动画　　　使用 Mecanim 制作动画

6.6.2 什么是Mecanim

借助 Mecanim，动画的创建到动画的播放都可以在 Unity 编辑器中完成。使用 Mecanim **可以在游戏设计过程中分别制作各种动画，然后指定各动画间切换的时机，** 如图 6-46 所示。游戏运行时会**根据 Mecanim 对象的状态进行判断，从而自动播放 相应的动画。**

图6-46　Mecanim的功能

使用 Mecanim 前必须理解"sprite""Animation Clip""Animator Controller" "Animator 组件"这 4 者间的关系，具体可以参考图 6-47 所示的内容。我们先从 sprite 与 Animation Clip 之间的关系开始讨论。

图6-47　Mecanim的组成

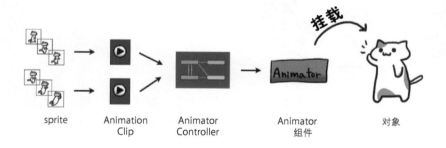

sprite 与 Animation Clip

Animation Clip 相当于一个将零散的序列帧图片整合到一起的文件。例如"行走动画"和"跳跃动画"，都分别对应一个 Animation Clip，如图 6-48 所示。动画的序列帧信息以及播放速度、播放时长等信息都在 Animation Clip 中设置。

图6-48　创建 Animation Clip

Walk 序列帧图片　　　　Walk Animation Clip　　　　Jump 序列帧图片　　　　Jump Animation Clip

🐟 Animation Clip 与 Animator Controller

Animator Controller 负责将上述的 Animation Clip 整合到一起。Animator Controller 可以指定**在什么时刻播放什么 Animation Clip**。例如，"当角色位于地面上时播放行走动画""跳跃时播放跳跃动画""在水中则播放游泳动画"这些条件都可以在 Unity 编辑器中设置，如图 6-49 所示。

图6-49　用 Animator Controller 管理 Animation Clip

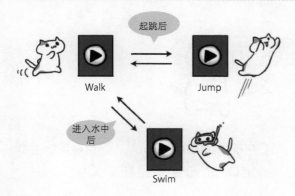

🐟 Animator Controller 和 Animator 组件

在游戏对象持有的 Animator 组件中设置合适的 Animator Controller，就可以播放出 Animator Controller 所定义的动画，如图 6-50 所示。

图6-50　Animator Controller 与 Animator 组件的关系

Animator Controller

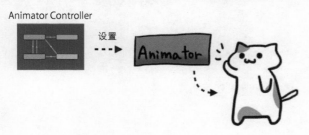

现在对 sprite、Animation Clip、Animator Controller、Animator 组件这 4 者间的关系是否更了解了呢？有些地方还不清楚也无妨，暂且只要知道它们是如何配合的就可以了。

6.6.3 创建 Animation Clip

下面就来动手创建一个行走动画吧！使用 Mecanim 创建 Animation Clip（Walk）时，下面 4 个步骤将自动执行，如图 6-51 所示。

Step ❶ 生成 Animation Clip 文件（Walk）。

Step ❷ 生成 Animator Controller 文件（cat）。

Step ❸ 将 Animator Controller 文件（cat）设置到 Animator 组件中。

Step ❹ 将 Animator 组件挂载到角色对象上。

图6-51 　将自动执行的4个步骤

首先创建"Walk"这个 Animation Clip。在层级窗口中选择 cat，然后在菜单栏中选择 Window → Animation，打开 Animation 窗口，如图 6-52 所示。

图6-52 　打开Animation窗口

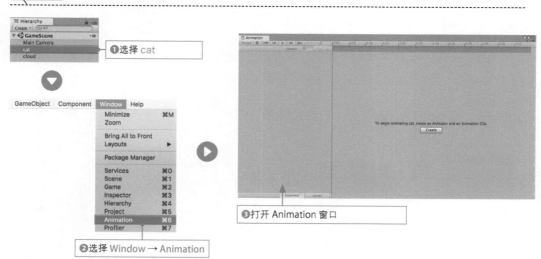

打开 Animation 窗口后，单击位于中心附近的 **Create** 按钮（如果找不到 Create 按钮，请放大 Animation 窗口）。弹出文件保存界面后，将文件名改为"**Walk**"后单击 Save，如图 6-53 所示。

图6-53 保存"Walk"Animation Clip

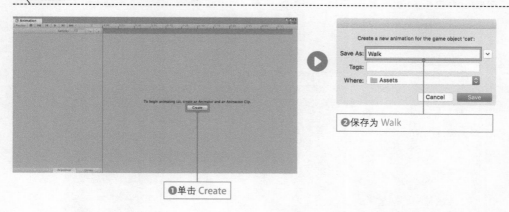

❶单击 Create

❷保存为 Walk

这步操作结束后，图 6-51 中所示的 4 个步骤都将自动完成。可以在工程窗口中看到 Animation Clip "Walk"和 Animation Controller "cat"都被创建好了。接下来编辑 Animation Clip，使动画能够播放。

6.6.4　创建行走动画

要创建动画，必须在 Animation Clip 的时间线上配置序列帧图片，设置**什么时候显示哪张图片**。

按图 6-54 所示创建动画，每隔 0.07 秒替换一张图片，单个循环的单元长度为 0.28 秒。为确保最后一张图片"cat_walk3"也有 0.07 秒的显示时间，"cat_walk3"后还要留出 0.07 秒的间隔。

图6-54 要创建的Walk动画

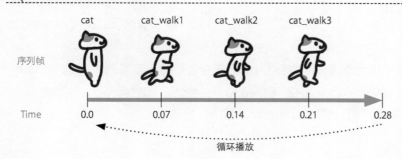

245

编辑 Animation Clip 的时间线，创建图 6-54 所示的"Walk 动画"。单击 Animation 窗口左上角的 Add Property 按钮，然后单击 Sprite Renderer → Sprite 右侧的 + 号，如图 6-55 所示。

此时，0.00 秒和 1.00 秒处被设置为角色图片，这意味着 0~1 秒间将一直显示同一张图片（如果看不到图片，请单击"cat:Sprite"左侧的▶）。播放结束后将回到起始处，再次从 0 秒开始播放。

图6-55　创建帧动画

下面配置"行走动画"的序列帧。首先在 Animation 窗口中选中时间线上 1.0 秒后的图片，按 Delete 键将其删除，如图 6-56 所示。

图6-56　删除1.0秒后的图片

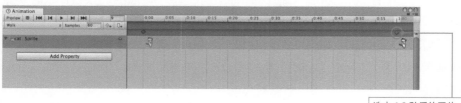

选中 1.0 秒后的图片，按 Delete 键将其删除

依次将"cat_walk1""cat_walk2""cat_walk3"从工程窗口拖曳到 Animation 窗口中。

注意，此时应当拖曳到图 6-57 中标注的区域内侧（指针应移到 + 位置）。"cat_walk1"放置在 0.07 秒处，"cat_walk2"放置在 0.14 秒处，"cat_walk3"放置在 0.21 秒处。我们可以使用鼠标滚轮来缩放 Animation 窗口。

图6-57 配置Walk动画的序列帧

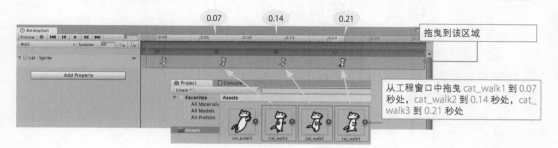

最后确定动画的整体长度后，我们希望动画每 0.28 秒循环播放 1 次，所以设置动画长度为 0.28 秒。

选中时间线上 0.28 秒的位置，单击界面左上角的 Add Keyframe 按钮，如图6-58 所示。这样，最后一张序列帧图片被复制到 0.28 秒的位置，动画长度被设置为 0.28 秒。

图6-58 设置播放时长

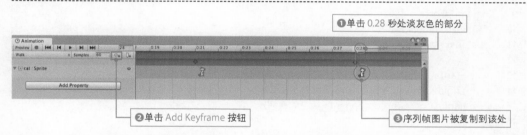

经过上述步骤，行走动画的 Animation Clip 就做好了。目前只需播放行走动画，因此不必在 Animation Controller 中设置动画的切换时刻。接下来确认动画配置是否正确。

动画确认并不需要启动游戏，在 **Animation 窗口中单击播放按钮即可**。单击按钮后，场景视图中将开始播放 Walk 动画，如图 6-59 所示。如果在 Animation 窗口中单击了播放按钮动画却无法播放，请先单击一下 Animation Record button（左侧的红色圆点按钮）再单击播放按钮。

图6-59 播放Walk动画

这个动画比较单调，难以体现出 Mecanim 的强大。和 Physics 一样，不使用 Mecanim 也能创建动画，建议读者开发前根据游戏的规模来决定是否需要使用 Mecanim。

6.6.5　调整动画的速度

　　启动游戏后，即便没有操作，动画也在一直循环播放。这样感觉很不协调，可以让动画的播放速度随角色的移动速度改变。

　　动画的播放速度可以通过脚本调整。在工程窗口中双击打开 PlayerController，按 List 6-4 所示添加脚本代码。

List 6-4　改变行走动画播放速度的脚本

```
1   using System.Collections;
2   using System.Collections.Generic;
3   using UnityEngine;
4
5   public class PlayerController : MonoBehaviour {
6
7       Rigidbody2D rigid2D;
8       Animator animator;
9       float jumpForce = 780.0f;
10      float walkForce = 30.0f;
11      float maxWalkSpeed = 2.0f;
12
13      void Start() {
14          this.rigid2D = GetComponent<Rigidbody2D>();
15          this.animator = GetComponent<Animator>();
16      }
17
18      void Update() {
19          // 跳跃
20          if(Input.GetKeyDown(KeyCode.Space)) {
21              this.rigid2D.AddForce(transform.up * this.jumpForce);
22          }
23
24          // 左右移动
25          int key = 0;
26          if(Input.GetKey(KeyCode.RightArrow)) key = 1;
27          if(Input.GetKey(KeyCode.LeftArrow)) key = -1;
28
29          // 角色的移动速度
30          float speedx = Mathf.Abs(this.rigid2D.velocity.x);
31
32          // 限制速度
33          if(speedx < this.maxWalkSpeed) {
34              this.rigid2D.AddForce(transform.right * key * this.walkForce);
35          }
36
37          // 翻转处理
38          if(key != 0) {
```

```
39          transform.localScale = new Vector3(key, 1, 1);
40      }
41
42      // 根据角色的移动速度改变动画的播放速度
43      this.animator.speed = speedx / 2.0f;
44  }
45  }
```

修改脚本后，**动画的播放速度将和角色的移动速度成正比**。也就是说，如果角色的移动速度为 0，那么动画的播放速度也为 0（即不播放动画），角色的移动速度越快，动画的播放速度也越快。

改变动画的播放速度，是通过修改 Animator 组件中持有的 **speed** 变量值来实现的，如图 6-60 所示。第 15 行通过 GetComponent 方法获取 Animator 组件，第 43 行将角色的移动速度代入 speed 变量中。考虑到直接使用速度的原始值代入会导致动画速度过快，所以先将该值除以 2.0 再代入以确保动画播放速度适中。

图6-60　改变动画播放速度的原理

启动游戏，确认是否只有角色移动时才会播放动画，如图 6-61 所示。

现在，角色急匆匆的样子还真可爱！**给角色添加动画后，游戏生动了许多**。虽然会多出一些工作量，但建议还是尽可能在游戏中添加动画。本章末尾将介绍添加跳跃动画的方法，有兴趣的读者一定不要错过。

图6-61　确认修改效果

6.7 创建舞台

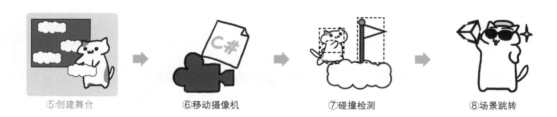

⑤创建舞台　⑥移动摄像机　⑦碰撞检测　⑧场景跳转

6.7.1 创建云朵 Prefab

到上一节为止，本章的前半部分就结束了，现在开始后半部分。前半部分着重介绍了 Unity 中的 Physics 和 Mecanim，后半部分将介绍游戏玩法的实现。

首先，**将云朵复制到舞台上**。考虑到后续要多次拖曳云朵并设置它的碰撞器范围，所以直接把云朵做成 Prefab 更省事（之前我们已经体验过 Prefab 的好处了）。

要创建云朵 Prefab，需先在层级窗口中选择 cloud，然后拖曳到工程窗口中。生成 Prefab 后将名称改为 cloudPrefab，如图 6-62 所示。

图6-62　创建云朵 Prefab

❶将 cloud 拖曳到工程窗口中

❷将 Prefab 名称改为 cloudPrefab

6.7.2 根据云朵Prefab生成实例

使用 cloudPrefab 生成云朵的实例。通过 Prefab 来生成实例的方法有两种，其中一种是第 5 章介绍过的使用生成器脚本的做法，另一种是手动生成实例。要手动生成 Prefab 的实例，**只需将 Prefab 从工程窗口中拖曳到场景视图即可**，如图 6-63 所示。

图6-63 生成Prefab实例的方法

使用脚本生成实例

手动生成实例

下面就来试着生成云朵 Prefab 的实例。请从工程窗口中将刚才创建的 cloudPrefab 拖曳到场景视图中，如图 6-64 所示。

图6-64 手动生成云朵Prefab的实例

将 cloudPrefab 拖曳到场景视图中

多次重复上述步骤以丰富舞台的内容。至于云朵的配置，可以和之前一样在检视器窗口中直接指定坐标或使用界面左上方的移动工具。

使用移动工具时，首先单击界面左上方的移动工具，然后选择要移动的云朵，拖曳云朵上的箭头即可进行移动。另外，可以通过缩放工具改变云朵大小。在改变云朵大小的同时，其碰撞器也会随之改变，如图 6-65 所示。

图6-65　调整云朵的位置和大小

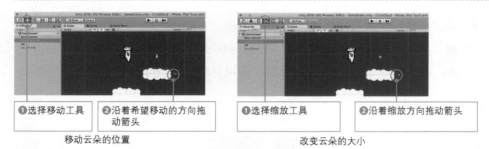

| ❶选择移动工具 | ❷沿着希望移动的方向拖动箭头 | ❶选择缩放工具 | ❷沿着缩放方向拖动箭头 |

移动云朵的位置　　　　　　　　　　　　改变云朵的大小

　　按照图6-66所示来配置云朵。设置云朵的尺寸为越往上越小，这样游戏的难度就越往上越大（如果不指定 Scale 值，生成的实例将和原始 Prefab 的尺寸一致）。

图6-66　用生成的云朵 Prefab 的实例来配置舞台

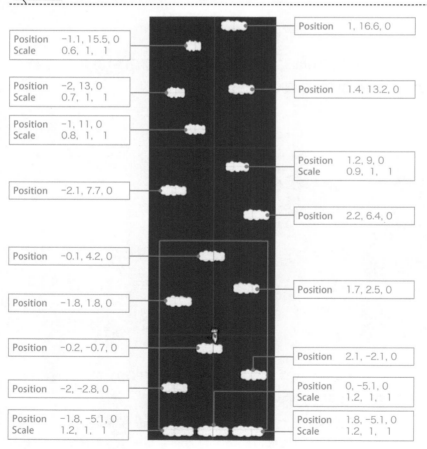

6.7.3 在终点设置旗帜

在最顶部的云朵中放置一面旗帜。将 flag 从工程窗口中拖曳到场景视图中。调节旗帜的坐标使其位于最顶部的云朵上。在检视器窗口中将 Transform 项的 Position 中的 X、Y、Z 依次设置为 0.9、17.4、0，如图 6-67 所示。

图6-67 将 flag 配置到场景中

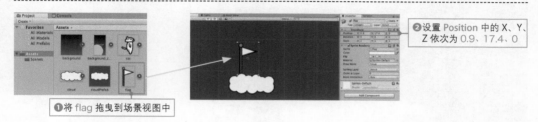

❷设置 Position 中的 X、Y、Z 依次为 0.9、17.4、0

❶将 flag 拖曳到场景视图中

6.7.4 配置背景图片

最后配置舞台的背景图片。将 background 从工程窗口中拖曳到场景视图中，在检视器窗口中将 Transform 项的 Position 中的 X、Y、Z 依次设置为 0、11、0，Scale 中的 X、Y、Z 依次设置为 2、12、1。此外，为了让背景图片显示在最底层，还需将 Sprite Renderer 项的 Order in Layer 设置为 −1，如图 6-68 所示。

图6-68 配置背景图片到场景中

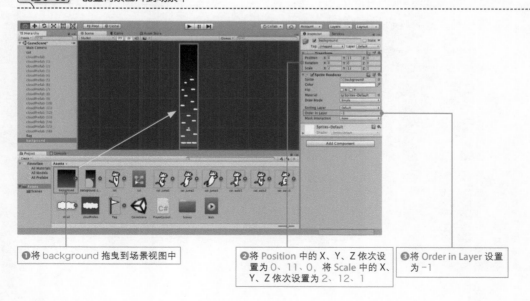

❶将 background 拖曳到场景视图中

❷将 Position 中的 X、Y、Z 依次设置为 0、11、0，将 Scale 中的 X、Y、Z 依次设置为 2、12、1

❸将 Order in Layer 设置为 −1

这样舞台就创建好了。单击界面上方的启动按钮，确认游戏运行的效果，可以看到角色可以踩着云朵往上跳了，如图 6-69 所示。碰撞处理都是由 Physics 自动完成的，因此舞台设计的改造非常简单。

图6-69　查看创建的舞台的效果

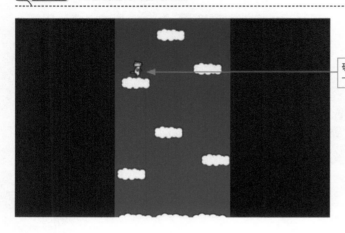

确认角色可以将云朵作为踏板，一级一级地往上跳

>Tips< **设置 Pivot**

Unity 中的旋转与缩放是以 Pivot 为中心进行的。Pivot 一般默认设置在图片的中心位置。大多数情况下使用默认设置并不会有什么问题，但是如果要让门或者挡板这类对象以它们的铰链位置为中心旋转，就必须修改 Pivot 了。

在工程窗口中选择要修改 Pivot 的图片，在检视器窗口中修改"Pivot"项即可。除了可以简单地将 Pivot 的位置设置为图片的上、下、左、右或中心，也可以自由指定任意位置作为 Pivot 的新位置。

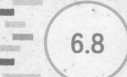

6.8　使摄像机跟随角色移动

⑤创建舞台　　　　　⑥移动摄像机　　　　　⑦碰撞检测　　　　　⑧场景跳转

6.8.1　通过脚本控制摄像机移动

角色现在可以将云朵作为"踏板"持续跳跃，但是当角色跳到画面顶部再往上跳时，摄像机就看不到角色了。因此，要让摄像机能够跟随角色移动。

摄像机也是一种游戏对象，可以像其他对象那样使用控制器脚本来控制它的移动。 6.1 节中我们忽略了这一处理，现在就来创建控制摄像机移动的控制器脚本。

6.8.2　创建摄像机控制器

编写摄像机控制器脚本来让摄像机移动。在工程窗口中单击鼠标右键，选择 Create → C# Script，将文件名改为 CameraController。

双击打开工程窗口中的 CameraController，按 List 6-5 所示修改脚本并保存。

List 6-5　摄像机控制器脚本

```
1   using System.Collections;
2   using System.Collections.Generic;
3   using UnityEngine;
4
5   public class CameraController : MonoBehaviour {
6
7      GameObject player;
8
9      void Start() {
10         this.player = GameObject.Find("cat");
11     }
12
13     void Update() {
14         Vector3 playerPos = this.player.transform.position;
```

255

```
15    transform.position = new Vector3(
      transform.position.x, playerPos.y, transform.position.z);
16    }
17 }
```

要使摄像机跟随角色移动，则每帧都必须执行的操作有：①获得角色当前的 y 坐标（第14行），②根据该值修改摄像机的 y 坐标（第15行）。摄像机跟随角色移动时只有 y 坐标（高度值）会变化，所以 x 坐标和 z 坐标都使用摄像机原来的坐标值即可，如图6-70所示。

图6-70　摄像机随着角色移动从而保持同一高度

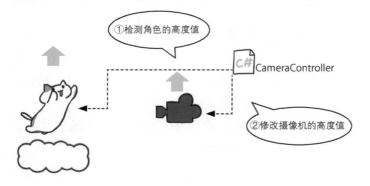

6.8.3 挂载摄像机控制器

为了让摄像机能够跟随角色移动，需将摄像机控制器挂载到摄像机对象上。在工程窗口中将 CameraController 拖曳到层级窗口中的 Main Camera 上，如图6-71所示。

图6-71　为Main Camera挂载脚本

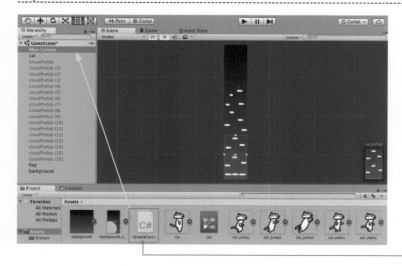

将 CameraController 拖曳到 Main Camera 上

启动游戏确认在角色爬到终点之前摄像机是否一直跟随。注意，到达终点后角色就无法再往上爬了，所以需要适当调整终点云朵的位置，如图 6-72 所示。

图6-72 测试游戏难度

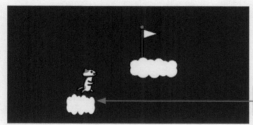

试玩游戏看看到达终点的难度大不大

6.9 学习使用 Physics 来完成碰撞检测

⑤创建舞台   ⑥移动摄像机   ⑦碰撞检测   ⑧场景跳转

6.9.1 用 Physics 检测出碰撞

角色触碰到目的地的旗帜后，游戏就必须跳转到通关场景，这就需要在角色和旗帜之间执行碰撞检测。第 5 章我们自己编写脚本实现了碰撞检测，这里将介绍如何**使用 Physics 完成碰撞检测**。

用 Physics 完成碰撞检测时，不需要编写相关的算法。因为**两个挂载了 Collider 组件的对象发生碰撞时，Physics 将自动完成碰撞检测**。发生碰撞时，组件所挂载的脚本中的 OnCollisionEnter2D 方法将被调用，如图 6-73 所示。

图6-73   使用Physics来完成碰撞检测

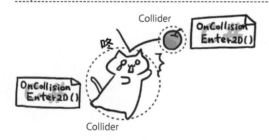

Physics 执行碰撞检测时，支持 **Collision 模式**（碰撞模式）和 **Trigger 模式**（穿透模式）两种，如图 6-74 所示。Collision 模式中，在碰撞时它不仅会进行碰撞检测，还会执行后续的诸如"弹开"等碰撞处理。而 Trigger 模式中只会执行碰撞检测，至于碰撞处理则不会被执行（即碰撞的两个对象将互相穿透）。

图6-74 两种模式的区别

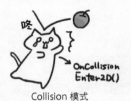
Collision 模式

Trigger 模式

两种模式在不同的碰撞状态下调用的方法如表 6-4 所示（如果是 3D 的情况，则调用相应的 3D 版本的方法）。

表6-4 不同碰撞状态下调用的方法

状态	Collision 模式	Trigger 模式
碰撞的瞬间	OnCollisionEnter2D	OnTriggerEnter2D
碰撞的过程中	OnCollisionStay2D	OnTriggerStay2D
碰撞结束的瞬间	OnCollisionExit2D	OnTriggerExit2D

以 Collision 模式为例，两个对象碰撞的瞬间将只会调用一次 OnCollisionEnter2D 方法（这里特指 2D 的情况，3D 的话则调用 OnCollisionEnter）。碰撞过程中将会持续调用 OnCollisionStay2D 方法。碰撞过程结束的瞬间也只会调用一次 OnCollisionExit2D 方法，如图 6-75 所示。

图6-75 Collision 模式下各碰撞状态调用的方法

OnCollision
Enter

OnCollision
Stay

OnCollision
Stay

OnCollision
Exit

6.9.2 角色和旗帜的碰撞检测

现在来实现角色和旗帜之间的碰撞检测。为了让两个对象在碰撞后和碰撞过程中能够按物理规律运动，这两个对象都必须挂载 Collider 组件和 Rigidbody 组件。如果仅需要执行碰撞检测，只要保证两个对象都挂载 Collider 组件，其中一个对象挂载 Rigidbody 组件就可以。

> **使用 Physics 完成碰撞检测的条件**
>
> ❶ 参与碰撞检测的所有对象都必须挂载 Collider 组件。
>
> ❷ 在参与碰撞检测的对象中，至少要有一方挂载了 Rigidbody 组件。

角色已经挂载 Rigidbody 组件和 Collider 组件之后，再通过下面的步骤就可以实现角色与旗帜的碰撞检测，如图 6-76 所示。

Step ❶　给旗帜挂载 Collider 2D 组件并设置为 Trigger 模式（可穿透）。

Step ❷　在 PlayerController 中编写角色和旗帜碰撞时将调用的 OnTriggerEnter2D 方法。

图6-76　Trigger 模式下的碰撞检测

❷在角色控制器中调用
OnTriggerEnter2D 方法

❶给旗帜挂载 Collider 2D 组件并设置为 Trigger 模式

给旗帜挂载 Collider 组件

首先给旗帜挂载 Box Collider 2D 组件。在层级窗口中选择 flag，然后在检视器窗口中选择 Add Component → Physics 2D → Box Collider 2D，如图 6-77 所示。

图6-77　给旗帜挂载 Collider 组件

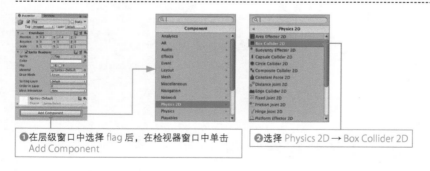

❶在层级窗口中选择 flag 后，在检视器窗口中单击
Add Component

❷选择 Physics 2D → Box Collider 2D

要采用 Trigger 模式对旗帜和角色执行碰撞检测，因此勾选 Box Collider 2D 项中的 Is Trigger 复选框，如图 6-78 所示。

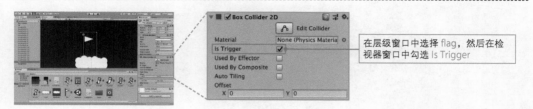

在层级窗口中选择 flag，然后在检视器窗口中勾选 Is Trigger

这样就能对角色和旗帜执行碰撞检测了。接下来在 PlayerController 脚本中编写当角色和旗帜发生碰撞时调用的 OnTriggerEnter2D 方法。

双击打开工程窗口中的 PlayerController，按 List 6-6 所示添加脚本（这里仅列出了需添加的部分）。

List 6-6　使用Physics来实现碰撞检测的脚本

```
1  using System.Collections;
2  using System.Collections.Generic;
3  using UnityEngine;
4

…… 省略 ……

42      // 根据角色的移动速度调整动画的速度
43      this.animator.speed = speedx/2.0f;
44   }
45
46   // 到达目的地
47   void OnTriggerEnter2D(Collider2D other) {
48      Debug.Log("到达目的地");
49   }
50 }
```

给 PlayerController 类添加了 OnTriggerEnter2D 方法（第 47~49 行）。

OnTriggerEnter2D 方法的参数是与之发生碰撞的对象上挂载的 Collider 2D 组件。为确认该方法是否能检测到角色和旗帜发生了碰撞，可以在方法被触发时输出"到达目的地"到控制台窗口。

启动游戏查看效果，可以发现，在角色和旗帜发生接触的瞬间，控制台窗口中果然显示出"到达目的地"，如图 6-79 所示。

图6-79　确认是否可以进行碰撞检测

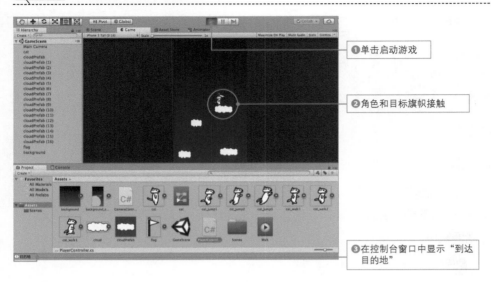

❶单击启动游戏

❷角色和目标旗帜接触

❸在控制台窗口中显示"到达目的地"

🐾 OnTriggerEnter2D 方法未被调用时需要排查的项目

❶ 参与碰撞检测的对象是否都挂载了 Collider 2D 组件？

❷ Collider 2D 组件中是否勾选了 Is Trigger 复选框？

❸ 脚本中是否实现了 OnTriggerEnter2D 方法？

❹ 脚本是否被挂载到对象上了？

目前，角色就算能够到达目的地也没有什么意义，接下来让角色到达目的地后画面跳转到通关场景。

6.10 学习场景间的跳转方法

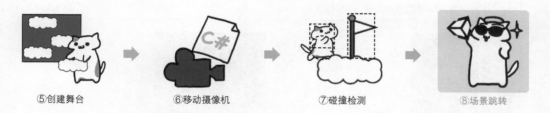

⑤创建舞台　　　　⑥移动摄像机　　　　⑦碰撞检测　　　　⑧场景跳转

6.10.1 场景跳转概要

Unity 中游戏画面是通过所谓的场景来组织的。大多数游戏启动后会看到主题画面，游戏开始后将出现菜单画面。在菜单画面中单击开始按钮后游戏就开始了，游戏结束后将显示结束画面。Unity 通过场景来管理这些各种各样的画面。下面的示例游戏由"主题场景（TitleScene）""菜单场景（MenuScene）""游戏场景（GameScene）""结束场景（GameOverScene）"这 4 个场景构成，如图 6-80 所示。

图6-80　游戏中的场景

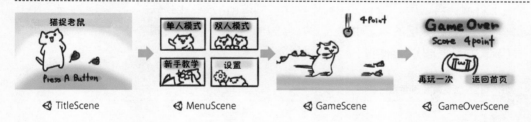

这些场景共同组成了一个游戏。从当前场景跳转到其他场景时，需要**指定相应场景文件的名称**，如图 6-81 所示。

图6-81　通过脚本跳转场景

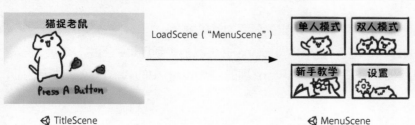

前几章中，我们开发的游戏都只有一个"游戏场景"，现在我们要新添加"通关场景"。当角色和目标旗帜接触时，场景将从"游戏场景"跳转到"通关场景"。在"通关场景"中单击画面将回到"游戏场景"，如图 6-82 所示。

图6-82 游戏场景和通关场景之间的跳转

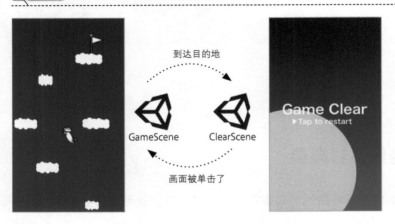

6.10.2 创建通关场景

首先创建要跳转过去的"通关场景"。选择菜单栏中的 File → Save Scene 保存当前场景。再选择 File → New Scene 创建新场景。创建后，选择 File → Save Scene as，在弹出的界面中输入 ClearScene 并保存，如图 6-83 所示。此时可以在工程窗口中看到 ClearScene。

图6-83 创建通关画面的场景

新场景中目前还没有任何内容，所以需要添加通关图片。

在工程窗口中选择 background_clear，并将其拖曳到场景视图中，然后调整通关图片的位置，将检视器窗口中 Transform 项的 Position 中的 X、Y、Z 都设置为 0，如图 6-84 所示。

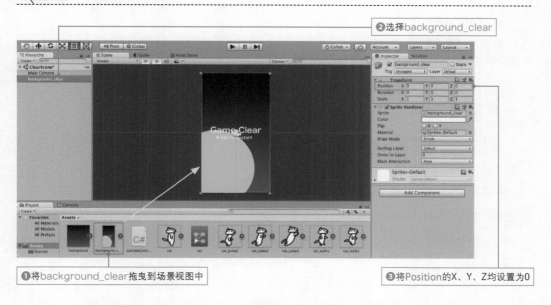

图6-84 添加通关图片

❷选择background_clear

❶将background_clear拖曳到场景视图中

❸将Position的X、Y、Z均设置为0

这样通关画面就完成了！单击开始按钮运行当前编辑的场景，并查看效果，如图6-85 所示。

图6-85 查看通关场景的效果

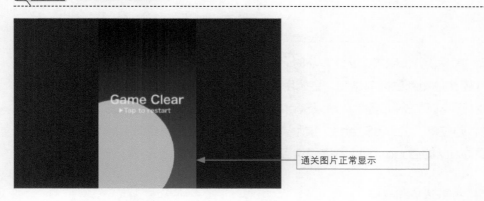

通关图片正常显示

6.10.3 从"通关场景"跳转到"游戏场景"

单击画面后游戏将从"通关场景"跳转到"游戏场景"。场景跳转是调度器的职责，下面将像之前那样创建一个调度器。

🐾 **调度器的创建方法** `重要！`

❶ 创建调度器脚本。

❷ 创建空对象。

❸ 为空对象挂载调度器脚本。

🐟 **创建调度器脚本**

首先创建通关场景的调度器脚本。在工程窗口中单击鼠标右键，然后选择 Create → C# Script，将文件名改为 ClearDirector。

双击打开 ClearDirector，按 List 6-7 所示输入脚本并保存。

List 6-7 控制场景跳转的脚本

```
1  using System.Collections;
2  using System.Collections.Generic;
3  using UnityEngine;
4  using UnityEngine.SceneManagement;  // 使用LoadScene时必须引入
5
6  public class ClearDirector : MonoBehaviour {
7    void Update() {
8      if(Input.GetMouseButtonDown(0)) {
9        SceneManager.LoadScene("GameScene");
10     }
11   }
12 }
```

在脚本中调用 **LoadScene** 方法时必须像第 4 行这样添加 **SceneManagement** 引用。程序在检测到鼠标单击后，会调用 SceneManager 类的 LoadScene 方法跳转到“游戏场景”（第 8~10 行）。LoadScene 方法会**载入参数指定的场景**。要跳转到“游戏场景”，则应将“GameScene”作为参数传入。可以在工程窗口中根据场景文件（文件图标是 Unity 的 Logo）的名称来确认目标场景的名称，如图 6-86 所示。

图6-86 场景名称的确认方法

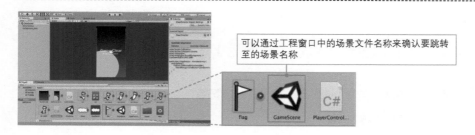

可以通过工程窗口中的场景文件名称来确认要跳转至的场景名称

🐟 创建空对象

　　为挂载调度器脚本，我们需要先创建一个空对象。给这个空对象挂载调度器脚本后，它就变成了调度器。在层级窗口中选择 Create → Create Empty，然后改名为 ClearDirector，如图 6-87 所示。

图6-87 创建空对象

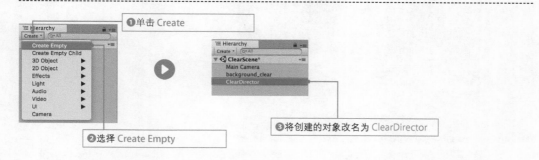

❶单击 Create

❷选择 Create Empty

❸将创建的对象改名为 ClearDirector

🐟 挂载调度器脚本

　　将之前创建的 ClearDirector 脚本拖曳到层级窗口中的 ClearDirector 上，如图 6-88 所示。

图6-88 挂载ClearDirector脚本

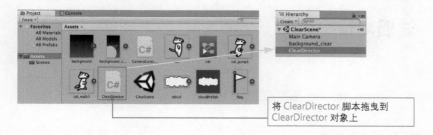

将 ClearDirector 脚本拖曳到 ClearDirector 对象上

　　这样，从"通关场景"到"游戏场景"的跳转就实现了。启动游戏看看效果吧！单击"通关场景"的画面后应当跳转到"游戏场景"，可是，程序竟然报错了，如图 6-89 所示。

图6-89　跳转场景时出现错误

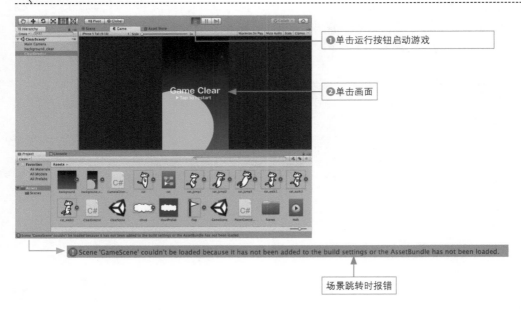

❶单击运行按钮启动游戏

❷单击画面

场景跳转时报错

　　报错是因为该场景没有被注册到 Unity 中。场景跳转时，必须确保目标场景已经注册到 Unity 中。否则调用 LoadScene 方法时即便指定了跳转目标场景，也会出现"找不到该场景"的错误提示。

6.10.4　注册场景

　　在菜单栏中选择 File → Build Settings，打开 Build Settings 界面。从工程窗口中将 ClearScene 和 GameScene 拖曳到 Scenes In Build 中，如图 6-90 所示。

图6-90　注册"游戏场景"和"通关场景"

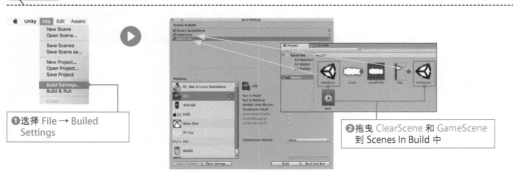

❶选择 File → Builed Settings

❷拖曳 ClearScene 和 GameScene 到 Scenes In Build 中

在 Scenes In Build 中，场景项右侧按照 0、1 依次分配了编号。游戏在手机上运行时，将从第 0 号场景启动。拖曳它们使 GameScene 的编号为 0，ClearScene 的编号为 1。注意，这里不会用到 Scenes/SampleScene，因此取消勾选此复选框，如图 6-91 所示。

图6-91 设置场景的顺序

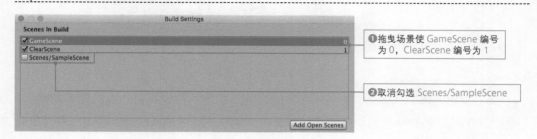

①拖曳场景使 GameScene 编号为 0，ClearScene 编号为 1

②取消勾选 Scenes/SampleScene

这样就把场景注册到 Unity 中了。再次启动游戏，看看场景是否能正常跳转。Unity 编辑器当前打开的是 ClearScene，因此游戏启动后将进入 ClearScene，如图 6-92 所示。

图6-92 确认场景正常跳转

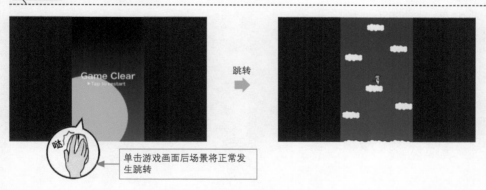

跳转

单击游戏画面后场景将正常发生跳转

6.10.5 从"游戏场景"跳转到"通关场景"

从"通关场景"到"游戏场景"的跳转已经实现了，下面处理从"游戏场景"跳转到"通关场景"的过程。我们先回到"游戏场景"中，切换工作场景只需双击工程窗口中的场景图标。

在菜单栏中选择 File → Save Scene 保存当前的场景，双击工程窗口中 GameScene 的图标打开新场景，如图 6-93 所示。

269

图6-93　切换要编辑的场景

❶选择 File → Save Scenes，保存 ClearScene

❷双击打开 GameScene

从"游戏场景"跳转到"通关场景"的时间点是**角色触碰到目的地的旗帜的瞬间**，确保此时执行了场景跳转的脚本即可。按理说场景跳转应该是调度器的职责，但为了让脚本更简洁，这次我们不再创建调度器，直接把这段场景跳转脚本添加到角色控制器中。

在工程窗口中双击打开 **PlayerController**，按 List 6-8 所示添加脚本（此处仅列出了要添加的部分）。

List 6-8　场景跳转处理的脚本

```
1   using System.Collections;
2   using System.Collections.Generic;
3   using UnityEngine;
4   using UnityEngine.SceneManagement; //注意：一定要引入 LoadScene

······ 省略 ······

47      // 到达目的地
48      void OnTriggerEnter2D(Collider2D other) {
49          Debug.Log("到达目的地");
50          SceneManager.LoadScene("ClearScene");
51      }
52  }
```

角色和旗帜碰撞时将调用 PlayerController 脚本的 OnTriggerEnter2D 方法。OnTriggerEnter2D 方法中调用了 **LoadScene** 方法跳转到通关场景。当然，为了能调用 LoadScene 方法，第 4 行必须添加 SceneManagement 的引用。

启动游戏后可以看到，角色碰到旗帜时游戏画面跳转到通关场景，如图 6-94 所示。

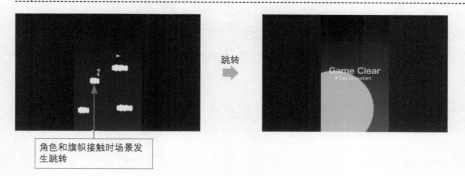

图6-94 确认场景发生了跳转

跳转

Game Clear
▸ Tap to try start

角色和旗帜接触时场景发
生跳转

6.10.6 消除bug

游戏必备的功能都已经做好了，试玩看看吧。我们很快就会发现，**游戏中出现了一些在开发时没有注意到的问题**。目前主要有以下两点，来思考一下相应的对策吧。

❶ 跳跃过程中还可以多次跳跃。

❷ 如果角色掉到画面外，就会无限下落。

跳跃过程中还可以多次跳跃

在现在的 PlayerController 脚本中，每次按下空格键都会施加一个向上的力，这就导致角色在跳跃过程中还能再次跳跃。要避免这一点，必须保证**一旦角色正处于跳跃过程中，就不允许再施加外力**。

要检测角色是否正在跳跃，有"判断角色是否和云朵有接触"和"判断角色 y 方向的速度是否为 0"等方法。这里采用最简单的方法，即"只有当 y 方向的速度为 0（静止状态）时才可以起跳"，对 **PlayerController** 的跳跃处理进行修改，如 List 6-9 所示。

List 6-9 检测角色是否正在跳跃的脚本

```
20  // 起跳
21  if(Input.GetKeyDown(KeyCode.Space) &&
        this.rigid2D.velocity.y == 0) {
22     this.rigid2D.AddForce(transform.up * this.jumpForce);
23  }
```

在 PlayerController 的跳跃判断条件中添加"角色的 y 方向速度是否为 0"，角色 y 方向的速度可以通过 Rigidbody2D 类的 **velocity** 获得。这样就可以做到只有当空格键被按下且角色 y 方向的速度为 0 时，才会对角色施加向上的力。

如果角色掉到画面外，就会无限下落

这个游戏中，如果角色掉到画面之外，就会无限下落。为解决这个问题，可以设置当角色的 y 坐标小于 –10 时，让场景恢复到最初的状态。请在 PlayerController 的 Update 方法中添加 List 6-10 所示的脚本。

List 6-10　掉到画面外以后就恢复到最初状态的脚本

```
46  // 掉到画面外以后就恢复到最初状态
47  if(transform.position.y < -10) {
48      SceneManager.LoadScene("GameScene");
49  }
```

脚本中，如果角色的 y 坐标小于 –10，则再次载入当前场景 GameScene。这种使用 LoadScene 方法载入当前场景从而实现恢复到最初状态的做法是很实用的，请读者掌握。

> **Tips　消除不同设备间的速度差**
>
> 　　性能较好的电脑 1 秒能够执行 60 次 Update 方法，而性能较差的手机可能 1 秒只能执行 20 次 Update 方法。
>
> 　　Update 方法中如果让角色按照 x+=1 向右移动，那么 1 秒后电脑上的 x=60，手机上则可能为 x=20。
>
> 　　为了消除这种不同设备间的速度差异，可以采用将移动速度乘上 Time. deltaTime 的方法，这样，1 秒后到达的位置将基本相同。不过为了使脚本便于理解，本书没有加入这一处理。

6.11 在手机上运行

现在游戏已经可以通过左、右方向键和空格键来控制角色。但是手机上并没有这些按键，所以这方面需要做些修改。可以改成通过手机的倾斜程度来控制角色左右移动，单击屏幕则使角色跳跃。

6.11.1　按手机上的操作方式修改

手机的倾斜程度可以通过加速度传感器获得。加速度传感器的值可以按 3 个轴进行分解，如图 6-95 所示。**当手机左右倾斜时，** x **轴的值将在 −1.0 到 1.0 之间变化。**

图6-95　手机中的加速度传感器

对 PlayerController 脚本进行修改，使得**当手机倾斜超过一定角度时，角色才会左右移动。**双击打开工程窗口中的 **PlayerController**，按 List 6-11 所示修改脚本（这里仅列出了修改的部分）。

List 6-11　按手机操作方式修改的脚本

```
1  using System.Collections;
2  using System.Collections.Generic;
3  using UnityEngine;
4  using UnityEngine.SceneManagement;
5
6  public class PlayerController : MonoBehaviour {
7
8    Rigidbody2D rigid2D;
9    Animator animator;
10   float jumpForce = 780.0f;
11   float walkForce = 30.0f;
12   float maxWalkSpeed = 2.0f;
13   float threshold = 0.2f;
14
15   void Start() {
16     this.rigid2D = GetComponent<Rigidbody2D>();
17     this.animator = GetComponent<Animator>();
```

273

```
18      }
19
20    void Update() {
21        // 跳跃
22        if(Input.GetMouseButtonDown(0) &&
              this.rigid2D.velocity.y == 0) {
23            this.rigid2D.AddForce(transform.up * this.jumpForce);
24        }
25
26        // 左右移动
27        int key = 0;
28        if(Input.acceleration.x > this.threshold) key = 1;
29        if(Input.acceleration.x < -this.threshold) key = -1;
30
31        // 角色速度
32        float speedx = Mathf.Abs(this.rigid2D.velocity.x);

…… 省略 ……
```

第 22 行调用了 GetMouseButtonDown 方法，即单击画面时角色才会起跳。GetMouseButtonDown 方法除了可以检测鼠标左键的单击，也可以检测触屏操作。

通过 Input 类的 acceleration 方法来获取加速度传感器的值。如果得到的值大于 0.2（手机向右倾），需要向右移动，于是将 key 设为 1（第 28 行）。而如果加速度传感器的值小于 −0.2（手机向左倾），将被认为要向左移动，所以把 key 设为 −1（第 29 行）。

6.11.2 打包到iOS

要在手机上测试，需先用 USB 数据线连接电脑和手机。注意，手机打包相关的设置，以及往 Build Settings 中添加场景等步骤都按照之前章节介绍的操作即可。

在 Bundle Identifier 中输入"com. 自己名字的拼音 .climbCloud"（注意，字符串内容必须是唯一的）。设置后单击 Buid Settings 界面的 **Build** 按钮，将 "ClimbCloud_iOS"作为工程名称后开始导出。

导出成功后系统将自动打开 Xcode 工程所在文件夹。双击 Unity-iPhone.xcodeproj 打开 Xcode，在 Signing 项中选择 Team，并安装到手机。

关于打包到 iOS 的具体步骤，请参考前面的章节。

6.11.3 打包到Android

要在手机上测试，需先用 USB 数据线连接电脑和手机。注意，手机打包相关的设置，以及往 Build Settings 中添加场景等步骤都按照之前章节介绍的操作即可。

在 Package Name 中输入"**com. 自己名字的拼音 .climbCloud**"（注意，字符串内容必须是唯一的）。设置后单击 Buid Settings 界面的 **Build And Run** 按钮，指定工程名为"ClimbCloud_Android"，指定工程文件夹的保存位置为"ClimbCloud"，确认后系统将开始生成 apk 文件并安装到手机。

关于打包到 Android 的具体步骤，请参考前面的章节。

试一试！

本章创建了行走动画。下面再添加跳跃动画，并且尝试在行走动画与跳跃动画之间切换。跳跃动画的创建方法将在下面的 Tips 中介绍。

＞Tips＜　创建跳跃动画

创建跳跃动画。按图 6-96 所示设置跳跃动画。准备动作（蹲下过程）的各帧间隔时间设置得短一些，跳跃动作的各帧间隔时间设置得长一些，这样可以体现出跳跃的节奏感。跳跃动画不需要像行走动画那样循环播放。

图6-96　要创建的跳跃动画

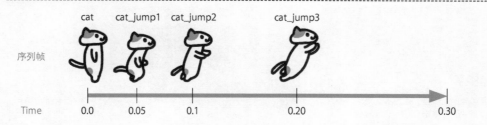

要创建 Jump 的 Animation Clip，需要打开 Animation 窗口。首先在层级窗口中选择 cat，然后在菜单栏中选择 Window → Animation，如图 6-97 所示。

图6-97　打开 Animation 窗口

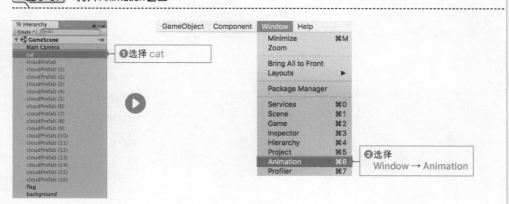

在 Animation 窗口左上方的下拉列表（当前状态表示的是行走动画）中选择 Create New Clip，将 Animation Clip 的名字保存为"Jump"，如图 6-98 所示。

图 6-98　将 Animation Clip 保存为"Jump"

❶在 Walk 的下拉列表中选择 Create New Clip

❷保存为 Jump

和之前行走动画的操作步骤相同，根据图 6-99 所示编辑"Jump"的 Animation Clip 时间线。

图 6-99　配置跳跃动画的序列帧

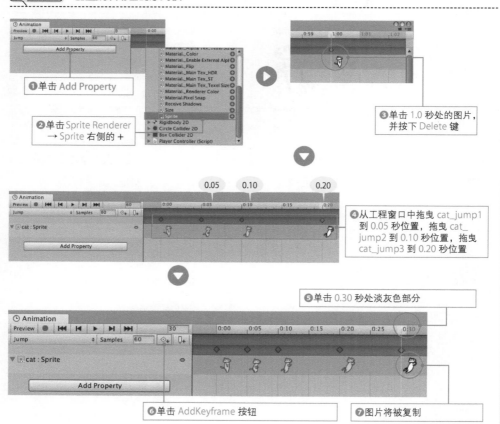

❶单击 Add Property

❷单击 Sprite Renderer → Sprite 右侧的 +

❸单击 1.0 秒处的图片，并按下 Delete 键

❹从工程窗口中拖曳 cat_jump1 到 0.05 秒位置，拖曳 cat_jump2 到 0.10 秒位置，拖曳 cat_jump3 到 0.20 秒位置

❺单击 0.30 秒处淡灰色部分

❻单击 AddKeyframe 按钮

❼图片将被复制

跳跃动画不需要像行走动画那样循环播放（最后一帧结束后自动回到第 1 帧）。请在工程窗口中选择 Jump 的 Animation Clip，然后在检视器窗口中取消 Loop Time 复选框的勾选，如图 6-100 所示。

图6-100　设置跳跃动画不循环播放

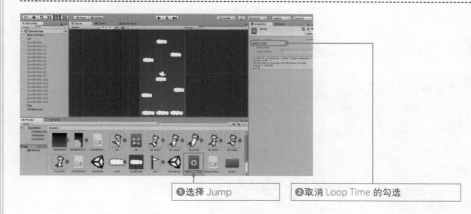

❶选择 Jump　　❷取消 Loop Time 的勾选

行走动画和跳跃动画的 Animation Clip 都已经准备好了，现在**使用 Animator Controller 来切换动画**。Animator Controller 中需要思考以下 2 个问题。

❶ 从哪个 Animation Clip 跳转到哪个 Animation Clip？

❷ 在什么时机跳转到目标 Animation Clip？

先看第 1 个问题。目前只有 2 个 Animation Clip，所以跳转就在它们之间进行。至于时机，从行走动画到跳跃动画的跳转将在按下跳跃按钮时发生。反之，从跳跃动画到行走动画的跳转在跳跃动画播放结束时发生。上述关系的总结如图 6-101 所示。

图6-101　行走动画和跳跃动画的关系

按下跳跃按钮

跳跃动画播放完成时

行走动画　　跳跃动画

⊘ 设置动画跳转

按照图 6-101 所示的关系对 Animator Controller 进行设置。

首先解决"**从哪个 Animation Clip 跳转到哪个 Animation Clip**"这个问题。在 Animation Controller 中设置 Walk 和 Jump 之间的关系。在工程窗口中双击 Animator Controller"**cat**",场景视图中将打开相应的 Animator 窗口,如图 6-102 所示。

图 6-102 打开 Animator Controller 文件

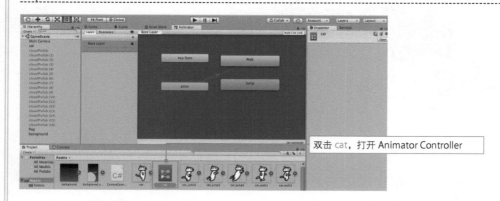

从 Animator 窗口中可以看到 Walk、Jump 这 2 个动画结点,以及自动生成的 Entry、Any State、Exit 这 3 个结点(Exit 结点在画面外)。表 6-5 列出了这些预先准备好的各个结点的功能。

表6-5 结点的功能

结点名	功能
Entry	动画开始时都是从 Entry 结点跳转过去的
Any State	在任意时刻希望跳转到某状态时会用到
Exit	结束动画时将先跳转到 Exit 结点

可以看到,现在有一个箭头连接从 Entry 指向 Walk,且不存在 Walk 到其他结点的连接。因此,动画开始后,将一直播放"行走动画"。下面先让动画能够从 Walk 跳转到 Jump。在 Walk 结点上单击鼠标右键,然后选择 Make Transition。此时移动鼠标指针,可以看到一个从 Walk 伸出的箭头,单击 **Jump**。这样箭头就将 Walk 和 Jump 连接起来了,这意味着动画可以跳转了,如图 6-103 所示。

图6-103　设置从Walk跳转到Jump

❶在 Walk 上单击鼠标右键，然后
选择 Make Transition

❷可以看到一个从 Walk 伸出
的箭头，此时单击 Jump

❸从 Walk 跳转到 Jump 的箭
头就创建好了

再用同样的步骤建立从 Jump 到 Walk 的跳转关系。在 **Jump** 上单击鼠标
右键，然后选择 **Make Transition**。移动鼠标指针，可以看到一个从 Jump
伸出的箭头，再单击 **Walk**。这样，Walk 和 Jump 就可以相互跳转了，如图
6-104 所示。

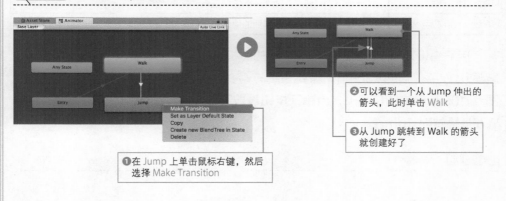

图6-104　设置从Jump跳转到Walk

❶在 Jump 上单击鼠标右键，然后
选择 Make Transition

❷可以看到一个从 Jump 伸出的
箭头，此时单击 Walk

❸从 Jump 跳转到 Walk 的箭头
就创建好了

设置跳转时机

接下来要解决的是"**在什么时机跳转到目标 Animation Clip**"这个问题。
按图 6-101 所示设置跳转时机。首先设置从 Jump 跳转到 Walk 的时机，即当跳
跃动画播放完成后，自动跳转到行走动画。

选择从 **Jump 指向 Walk 的跳转箭头**，确保检视器窗口中的 **Has Exit
Time** 复选框被勾选。然后单击▶ **Settings** 显示详细内容，将 **Exit Time** 设
置为 **1**，**Transition Duration** 和 **Transition Offset** 设置为 **0**，如图6-105
所示。

图6-105　设置从Jump跳转到Walk的跳转条件

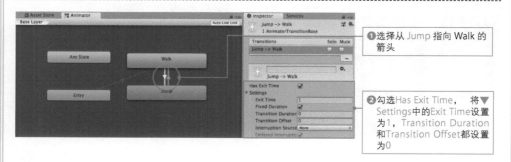

❶选择从 Jump 指向 Walk 的箭头

❷勾选Has Exit Time，将▼Settings中的Exit Time设置为1，Transition Duration和Transition Offset都设置为0

关于各个参数的含义，请参考表 6-6。

表6-6　跳转条件的参数

参数	说明
Has Exit Time	动画播放结束时，是否自动跳转到其他动画
Exit Time	用归一化（0.0~1.0）处理后的值设置动画的结束时间
Transition Duration	用归一化（0.0~1.0）处理后的值设置跳转到下一个动画的时间
Transition Offset	用归一化（0.0~1.0）处理后的值设置下一个动画开始播放的时间

接下来设置从 Walk 跳转到 Jump 的时机。为了使跳跃按钮被按下时，动画能够从 Walk 跳转到 Jump，需要在跳转箭头上设置 **Trigger**。Trigger 就好像图 6-106 所示的道口路障，**当跳跃按钮被按下时 Trigger 将被打开，动画将从 Walk 跳转到 Jump**。

图6-106　跳转条件示意图

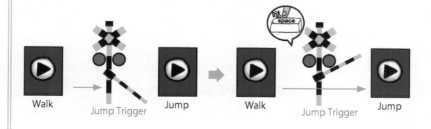

Walk　　Jump Trigger　　Jump　　Walk　　Jump Trigger　　Jump

首先在 Animator Controller 中创建 Trigger。单击 Animator 窗口左上方的 **Parameters** 标签，单击 + 按钮，然后在下拉菜单中选择 **Trigger**，将创建的 Trigger 改名为 **JumpTrigger**，如图 6-107 所示。

图6-107 创建Trigger

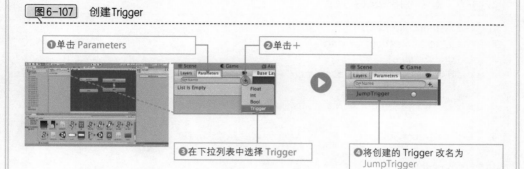

❶单击 Parameters
❷单击＋
❸在下拉列表中选择 Trigger
❹将创建的 Trigger 改名为 JumpTrigger

跳转条件的各种参数类型如表 6-7 所示，开发游戏时可根据跳转条件灵活使用。

表6-7 可用于跳转条件的数据类型

数据类型	功能
Float	使用浮点小数作为跳转条件
Int	使用整数作为跳转条件
Bool	使用布尔值（true 或者 false）作为跳转条件
Trigger	使用触发器作为跳转条件

创建 Trigger 后，再对跳转箭头进行设置。选择从 **Walk 指向 Jump 的跳转箭头**，在检视器窗口中设置跳转条件的具体信息。单击 Conditions 的 + 按钮，在下拉列表中选择 **JumpTrigger**（这里只显示了 JumpTrigger），如图 6-108 所示。

图6-108 设置从Walk跳转到Jump的跳转条件

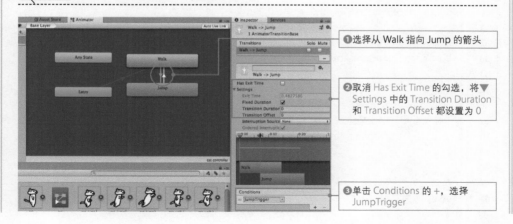

❶选择从 Walk 指向 Jump 的箭头

❷取消 Has Exit Time 的勾选，将▼ Settings 中的 Transition Duration 和 Transition Offset 都设置为 0

❸单击 Conditions 的 +，选择 JumpTrigger

最后，添加按下跳跃按钮时打开"路障"的脚本 **PlayerController**。List 6-12 中只列出了针对手机平台处理的代码。

List 6-12 根据按钮情况跳跃的脚本

```
1   using System.Collections;
2   using System.Collections.Generic;
3   using UnityEngine;
4   using UnityEngine.SceneManagement;
5
6   public class PlayerController : MonoBehaviour {
7
8     Rigidbody2D rigid2D;
9     Animator animator;
10    float jumpForce = 780.0f;
11    float walkForce = 30.0f;
12    float maxWalkSpeed = 2.0f;
13    float threshold = 0.2f;
14
15    void Start() {
16      this.rigid2D = GetComponent<Rigidbody2D>();
17      this.animator = GetComponent<Animator>();
18    }
19
20    void Update() {
21      // 跳跃
22      if(Input.GetMouseButtonDown(0) &&
         this.rigid2D.velocity.y == 0) {
23        this.animator.SetTrigger ("JumpTrigger");
24        this.rigid2D.AddForce(transform.up * this.jumpForce);
25      }
26
27      // 左右移动
28      int key = 0;
29      if(Input.acceleration.x > this.threshold) key = 1;
30      if(Input.acceleration.x < -this.threshold) key = -1;
31
32      // 角色的移动速度
33      float speedx = Mathf.Abs(this.rigid2D.velocity.x);
34
35      // 速度限制
36      if(speedx < this.maxWalkSpeed) {
37        this.rigid2D.AddForce(
                transform.right * key * this.walkForce);
38      }
39
40      // 角色翻转
41      if(key != 0) {
```

```
42        transform.localScale = new Vector3(key, 1, 1);
43      }
44
45      // 根据角色的移动速度改变动画播放速度
46      if(this.rigid2D.velocity.y == 0) {
47        this.animator.speed = speedx / 2.0f;
48      } else {
49        this.animator.speed = 1.0f;
50      }
51
52      // 角色移到画面外则重新开始
53      if(transform.position.y < -10) {
54        SceneManager.LoadScene ("GameScene");
55      }
56    }
57
58    // 到达目的地
59    void OnTriggerEnter2D(Collider2D other) {
60      Debug.Log("到达目的地");
61      SceneManager.LoadScene ("ClearScene");
62    }
63 }
```

要用脚本打开 Animator Controller 中设置的路障开关（JumpTrigger），可以使用 Animator 组件持有的 **SetTrigger** 方法。SetTrigger 方法会打开参数所指定的路障开关（Trigger），从而使动画跳转。这里指定之前创建的"Jump Trigger"，就可以实现从行走动画到跳跃动画的跳转。

另外，为了使角色朝正上方跳跃时也能播放动画，第 46~50 行做了相应处理。程序将检测角色在 y 方向上的移动速度，如果角色正在跳跃，则使动画播放速度固定为 1.0；如果角色不在跳跃过程中，则让动画播放速度随角色移动速度改变。

这样，跳跃动画的设置就完成了。不妨启动游戏看看动画的播放效果吧。

第7章

3D 游戏的开发方法

学习如何创建 3D 游戏空间以及
特效制作！

到第 6 章为止，我们一直在介绍 2D 游戏的制作
方法。从第 7 章起将介绍 3D 游戏的制作方法。在开
发 3D 游戏的同时还将学习 Unity 提供的地形生成工具
"Terrain"的使用方法，以及粒子（特效）的使用方法。

本章学习的内容

- 3D 游戏的开发方法
- Terrain 的使用方法
- 粒子的使用方法

7.1 思考游戏的设计

之前我们开发的都是 2D 游戏，第 7 章和第 8 章将挑战一下 3D 游戏的开发。大多数情况下，3D 游戏的制作要比 2D 游戏难得多。不过有了 Unity，复杂的处理就可以由它代劳，从而使我们能够像开发 2D 游戏那样来开发 3D 游戏。下面就来体验看看吧。

7.1.1 对游戏进行策划

作为第一个 3D 游戏，相比游戏的趣味性，尽可能地展现出 3D 的特性才是更重要的。游戏效果图大致如图 7-1 所示，单击画面后，板栗将会朝着单击位置飞去，击中目标时会播放相应的特效。

图7-1 将要开发的游戏的效果图

7.1.2 思考游戏的制作步骤

首先根据图 7-1 所示的效果图，思考游戏的制作步骤。

Step ❶ 罗列出画面上所有的对象。

Step ❷ 确定游戏对象运行需要哪些控制器脚本。

Step ❸ 确定自动生成游戏对象需要哪些生成器脚本。

Step ❹ 准备好用于更新 UI 的调度器脚本。

Step ❺ 思考脚本的编写流程。

Step❶ 罗列出画面上所有的对象

根据图 7-1 所示的效果图，罗列出**画面上所有的对象**。这个游戏中的背景不再像之前那样只是简单的一张图片。该 3D 游戏将"树木""地面"等对象组合起来当作游戏的背景。除了背景，还有"箭靶""板栗"这些对象，如图 7-2 所示。

图7-2 画面上所有的对象

板栗　　　　树木　　　　箭靶　　　　地面

Step❷ 确定游戏对象运行需要哪些控制器脚本

接下来找出那些**会"动"的对象**。此类对象包括单击后飞出的"板栗"，如图 7-3 所示。

图7-3 会"动"的对象

板栗　　　　树木　　　　箭靶　　　　地面

移动对象需要一个用于**控制其运动的**控制器脚本，这个游戏中需要的控制器脚本只有"板栗控制器脚本"。

> 需要的控制器脚本
> 板栗控制器脚本

Step❸ 确定自动生成游戏对象需要哪些生成器脚本

找出**游戏进行过程中陆续生成的对象**。游戏中每次单击屏幕都会飞出板栗，因此，板栗就是游戏过程中需要生成的对象，如图 7-4 所示。

图7-4 游戏过程中生成的对象

板栗　　　　树木　　　　箭靶　　　　地面

要在游戏中自动生成对象，必须提供用于生成对象的工厂（生成器脚本）。要提供板栗工厂，则需编写"板栗生成器脚本"。

需要的生成器脚本

板栗生成器脚本

Step ❹ 准备好用于更新 UI 的调度器脚本

每个场景都应当准备一个**能够根据游戏的进度更新 UI 的调度器**。本游戏中没有 UI 而且不涉及场景切换，因此不需要调度器。

Step ❺ 思考脚本的编写流程

截止到 Step ❹ ，我们已经列出了这个游戏需要的脚本。Step ❺应思考按何种顺序编写这些脚本。和 2D 游戏类似，3D 游戏也可以按照**"控制器脚本"→"生成器脚本"→"调度器脚本"**的顺序来制作，如图 7-5 所示。下面先来思考一下板栗控制器脚本和板栗生成器脚本的大体编写过程。

图7-5 编写脚本的流程

控制器脚本　　　　　　　生成器脚本　　　　　　调度器脚本

板栗控制器　　　　　　　板栗生成器

朝箭靶飞去，如果碰到箭靶则刺在上面　　　单击画面时生成板栗　　　不需要

板栗控制器

单击画面时，板栗将从摄像机后方朝单击的位置飞去，碰到箭靶后将在碰撞位置停下。此外，碰到箭靶时将显示一个击中特效。

板栗生成器

每次单击画面时都将生成一个板栗。

虽然这次开发的是 3D 游戏，**但在制作流程方面和 2D 游戏相比几乎没有什么变化。**

本书介绍的游戏开发流程，对 3D 游戏和 2D 游戏都是通用的，还请读者务必掌握。以本游戏为例，整理后的开发流程如图 7-6 所示。

图7-6 游戏的开发流程

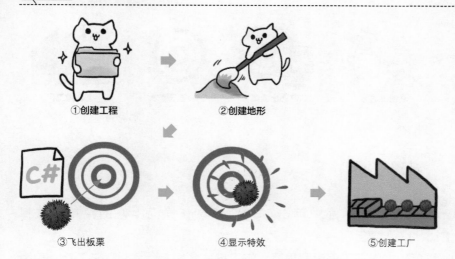

①创建工程　　　　　②创建地形

③飞出板栗　　　　　④显示特效　　　　　⑤创建工厂

7.2 创建工程与场景

①创建工程　　②创建地形　　③飞出板栗　　④显示特效　　⑤创建工厂

7.2.1 创建工程

可以在 Unity 启动后的界面中单击 New，或者在界面上方的菜单栏选择
File → New Project 创建工程。

单击 New 以后，将出现工程设置界面。将工程命名为 Igaguri，在 Template
中选择 3D。因为**本章开始我们将开发 3D 游戏，所以这里务必要选择 3D**。单击界面
右下角蓝色的 Create project 按钮，系统将在指定文件夹中创建工程并启动 Unity 编
辑器。

🐟 将素材添加到工程中

启动 Unity 编辑器后，将本游戏需要的素材都添加到工程窗口中。打开下载素材中
的"Chapter7"文件夹，将其中的素材全部拖曳到工程窗口中，如图 7-7 所示。

图7-7　添加素材

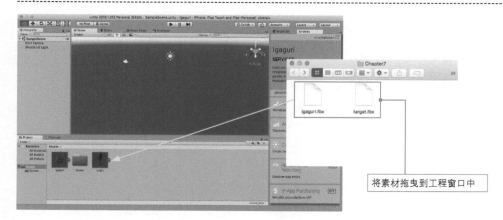

将素材拖曳到工程窗口中

各素材的类型与内容如表 7-1 所示，使用的具体素材如图 7-8 所示。其中，fbx 格式是 3D 模型的标准格式。

表7-1 用到的素材的类型与内容

文件名	类型	内容
igaguri.fbx	fbx 文件	板栗的3D模型
target.fbx	fbx 文件	箭靶的3D模型

图7-8 使用的素材

igaguri.fbx   target.fbx

>Tips< **Unity 可解析的 3D 模型文件格式**

Unity 不仅能解析 fbx 和 obj 这些通用的 3D 模型文件格式，还可以直接处理 Maya 和 Max、Blender、Cinema4D、Modo 等 3DCG 软件创建的文件的格式（不过，要将这类文件导入 Unity 中，电脑上必须装有相应的 3DCG 软件）。

7.2.2 移动平台的设置

对手机平台打包进行相关设置。从菜单栏中选择 File → Build Settings。在打开的 Build Settings 界面左下方 Platform 中选择 "iOS(如果要打包到 Android 手机，则选 Android)"，然后单击 Switch Platform 按钮。具体步骤请参考第 3 章的相关内容。

设置画面尺寸

接下来设置游戏的画面尺寸。单击场景视图中的 Game 标签，打开游戏场景左上方设置画面尺寸的下拉列表，**选择与目标手机相符的画面尺寸**，这里选择的是 "iPhone 5 Wide"。具体步骤请参考第 3 章的相关内容。

7.2.3 保存场景

在菜单栏中选择 File → Save Scene as，将场景保存为"GameScene"。保存完成后，Unity 编辑器的工程窗口中将出现一个场景图标，如图 7-9 所示。具体步骤请参考第 3 章的相关内容。

图7-9 场景保存后的状态

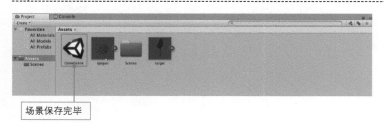

场景保存完毕

在层级窗口中可以看到添加了 Directional Light。这是游戏世界中的光源，如太阳光源或者探照灯光源，其在游戏需要光影效果时使用。

7.3 使用 Terrain 来创建地形

①创建工程　②创建地形　③飞出板栗　④显示特效　⑤创建工厂

7.3.1 3D游戏的坐标系

本节创建游戏的舞台。工程刚创建后，摄像机就被设置为朝向舞台原点，如图 7-10 所示。第 1 章我们就已经介绍过这一点。站在摄像机的位置观察，x **轴表示左右方向**，y **轴表示上下方向**，z **轴表示前后方向**。

图 7-10　在摄像机位置看到的游戏舞台

原点（0，0，0）

Main Camera (0, 1, -10)

开发 3D 游戏时，经常需要来回旋转游戏场景以配置各个对象，这样非常容易搞不清当前的朝向（空间感失调[①]）。**要解决这一问题，可以使用场景视图右上角显示的场景 Gizmo**，如图 7-11 所示。开发 3D 游戏时可以通过观察场景 Gizmo 来确认当前的方向。

图 7-11　通过场景 Gizmo 来确认当前的方向

场景 Gizmo 相当于 3D 空间中的路标。开发 3D 游戏时可以通过观察场景 Gizmo 来确认当前画面的朝向

---

① vertigo（空间感失调）原指飞行员在云层中操作飞机时，弄不清上下方位和当前机体朝向的现象，这里指开发 3D 游戏时发生的类似情况。

7.3.2 什么是Terrain

下面开始在场景中配置地形。本章将使用 **Terrain** 来完成地形的配置。Terrain 是 Unity 提供的用于创建地形的工具，**使用 Terrain 不仅可以很容易地创建出山川河流等地形**，而且还可以方便地在地面铺设纹理。更为强大的是，除了铺设简单纹理，**它还支持通过涂抹操作在地面创建出 3D 的树木和草地等对象**，如图 7-12 所示。

图7-12 Terrain的功能

7.3.3 配置Terrain

来看看具体如何配置 Terrain。在层级窗口中选择 Create → 3D Object → Terrain，如图 7-13 所示，场景视图中将出现一个巨大的正方形 Terrain。后续改变该 Terrain 的形状，并添加纹理，就可以创建出地面了。

图7-13 将Terrain配置到场景视图中

❶单击 Create

❷选择 3D Object → Terrain

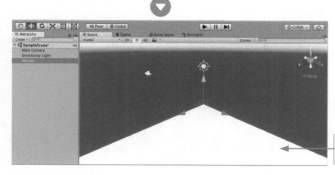

❸ Terrain 被配置到场景视图中

> Tips < 如果看到的情况和上图显示的不同

创建 Terrain 后，如果 Terrain 的顶角处没有显示 3 色箭头，那么请单击界面左上方的**移动工具**，然后在层级窗口中选择 Terrain。如果箭头显示在 Terrain 的中央，那么请单击界面上的"Center"按钮使它变为"**Pivot**"字样，如图 7-14 所示。

图7-14 调整3色箭头的显示

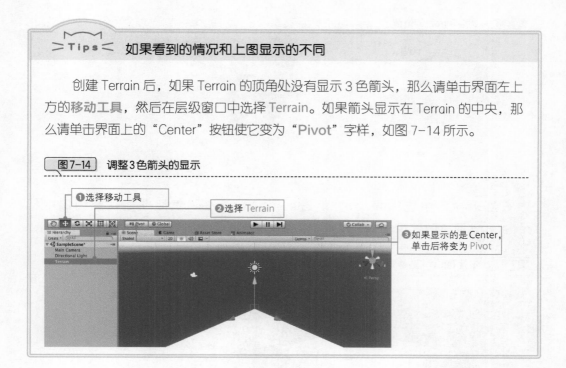

❶选择移动工具
❷选择 Terrain
❸如果显示的是 Center，单击后将变为 Pivot

旋转视点

配置完成后，Terrain 靠里的角处会显示移动工具的箭头，如图 7-13 所示。为方便后续操作，最好让移动工具箭头移到靠近眼前的位置，这就需要对画面进行整体旋转。按住 Alt 键，同时拖曳鼠标即可旋转场景视图，如图 7-15 所示。此外，可以使用手型工具（或者按住滚轮拖动）来平移画面，使用滚轮缩放画面。

图7-15 旋转视点

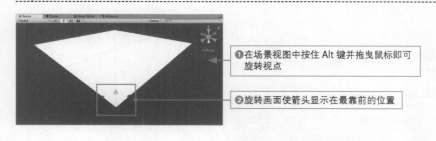

❶在场景视图中按住 Alt 键并拖曳鼠标即可旋转视点

❷旋转画面使箭头显示在最靠前的位置

调整 Terrain 的位置

改变视点后，再来调整 Terrain 的位置。目前 Terrain 的左下角位于原点（0,0,0）位置，如图 7-16 所示。这样从摄像机看过去，Terrain 的边界将会完全显示出来，所以最好将 Terrain 的中心点移到原点。

图7-16 调整Terrain的位置

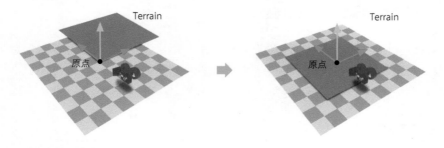

图7-16 调整Terrain的位置

在层级窗口中选择 Terrain，单击 Inspector 标签，然后在检视器窗口中将 Transform 项的 Position 中的 X、Y、Z 依次设置为 −256、0、−256，如图 7-17 所示。

图7-17 设置Terrain的坐标

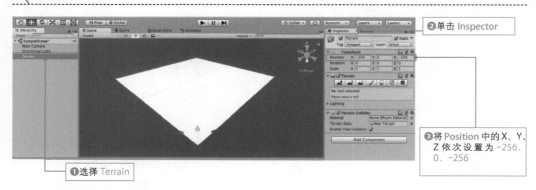

❷单击 Inspector

❸将 Position 中的 X、Y、
Z 依次设置为 −256、
0、−256

❶选择 Terrain

设置地面起伏

设置地面起伏。在层级窗口中选择 Terrain，在检视器窗口中单击 Terrain 项的 Raise/Lower Terrain 按钮。

将鼠标指针移到场景视图中的 Terrain 上，Terrain 上将出现蓝色的圆形区域，该圆可以控制地面隆起的范围，如图 7-18 所示。

图7-18 设置地面起伏

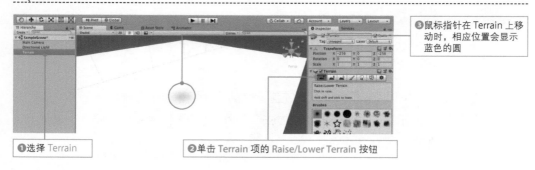

❸鼠标指针在 Terrain 上移动时，相应位置会显示蓝色的圆

❶选择 Terrain

❷单击 Terrain 项的 Raise/Lower Terrain 按钮

保持该状态并在 Terrain 上拖曳，鼠标指针经过的地形区域将会隆起，如图 7-19 所示。借助于 Terrain，我们可以像绘画一样创建出 3D 地形，确实很方便呢！

图 7-19　使地面隆起

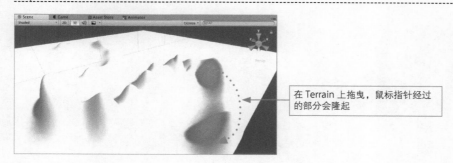

> 在 Terrain 上拖曳，鼠标指针经过的部分会隆起

笔刷的种类、粗细以及效果强弱都可以在检视器窗口中调整。各工具的功能如图 7-20 所示，读者可以多尝试几种效果看看。

图 7-20　笔刷的设置

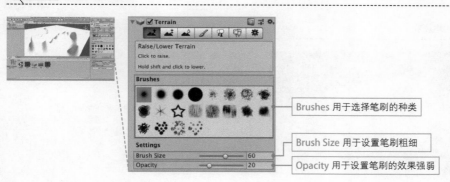

> Brushes 用于选择笔刷的种类

> Brush Size 用于设置笔刷粗细

> Opacity 用于设置笔刷的效果强弱

现在将之前创建的山峰还原为平地。要使地形凹陷，可以按住 Shift 键的同时在 Terrain 上拖曳，如图 7-21 所示。注意，该操作虽然可以使地形凹陷，但是凹陷的深度无法低于它原始的高度。因此，创建河流或者溪谷这类对象时，必须采用提升两侧地形高度的做法。

图 7-21　使地形凹陷

> 按住 Shift 键并拖曳鼠标指针可使经过的区域凹陷

按照图 7-22 所示，在画面的内侧（z 轴正方向）创建山脉。从现在开始，场景中的坐标位置关系很重要，读者应该在创建过程中不时查看场景 Gizmo 以确保方向正确。

图7-22 设置山脉的方向

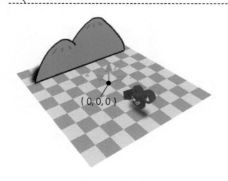

参考图 7-23 所示的操作创建山脉。在 z 轴正方向创建山脉（请注意场景 Gizmo 的方向），选用模糊笔刷，将 Brush Size 设置为 100，Opacity 设置为 20。此处山脉只是作为背景使用，因此不需要完全和示意图一致。

图7-23 创建山脉

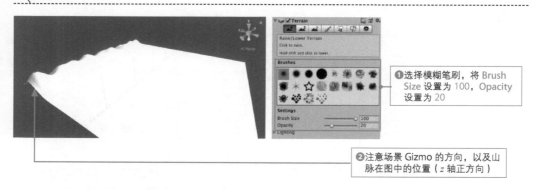

❶选择模糊笔刷，将 Brush Size 设置为 100，Opacity 设置为 20

❷注意场景 Gizmo 的方向，以及山脉在图中的位置（z 轴正方向）

完成后启动游戏，看看创建好的山脉，如图 7-24 所示。摄像机此时正对着 z 轴正方向，所以可以看到山脉正面。

图7-24 启动游戏确认山脉的效果

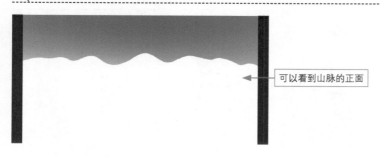

可以看到山脉的正面

7.3.4 用Terrain设置纹理

地形的起伏已经设置完毕，但现在场景看起来像一座雪山。可以添加草木和沙石等纹理贴图让场景更丰富。前面我们提到，使用 Terrain 可以像涂抹颜色那样设置纹理。我们可以**先创建带有纹理的笔刷，然后用它在地形上涂抹**，如图 7-25 所示。

图7-25 使用带有纹理的笔刷

草地纹理　　　　　沙石纹理　　　　　水面纹理

创建这些笔刷会用到草地和沙石的纹理素材。Unity 中**提供了一个包含常用的树木、草地、水面等纹理和 3D 模型的素材包** Environment Package，将其导入工程后即可使用。

从菜单栏选择 Assets → Import Package → Environment。此时将弹出 Import Unity Package 界面，注意勾选树木的 3D 模型和草地、岩石的纹理并将它们导入（不需要的素材可以取消勾选），如图 7-26 所示。

选择 Standard Assets → Environment → SpeedTree → Broadleaf 和 Standard Assets → Environment → TerrainAssets → SurfaceTextures，单击窗口右下方的 Import 按钮即可导入树木的 3D 模型以及草地和岩石的纹理。

图7-26 导入素材

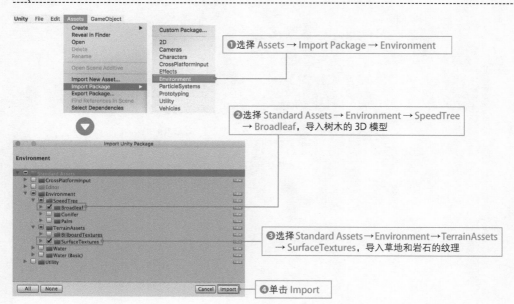

草地纹理

现在来创建草地和岩石的纹理笔刷。先来创建草地纹理笔刷。在层级窗口中选择 Terrain，在检视器窗口中单击 Paint Texture 按钮，在 Textures 项中选择 Edit Textures → Add Texture，如图 7-27 所示。

图 7-27 创建纹理

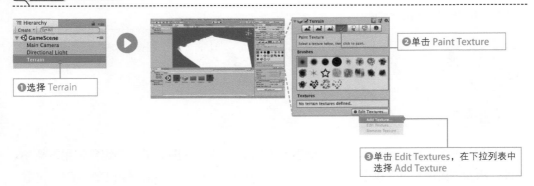

打开 Add Terrain Texture 界面后单击 Select，选择 GrassHillAlbedo，然后单击 Add 按钮，如图 7-28 所示。

这样草地纹理笔刷就创建好了。涂抹过的 Terrain 区域都被当前选择的纹理覆盖了（用最初选择的纹理将 Terrain 表面涂满），如图 7-29 所示。

图 7-28 选择草地纹理

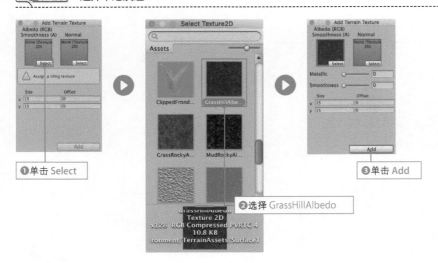

图7-29　确认纹理效果

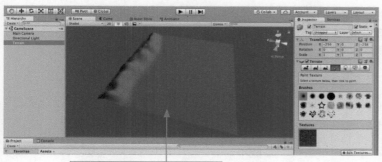

Terrain 表面被选择的纹理覆盖了

岩石纹理

接下来，我们将创建**岩石纹理笔刷**并用它对山顶进行涂抹。使用相同的步骤，在检视器窗口中单击 Terrain 项的 Paint Texture 按钮，在 Textures 项中选择 Edit Textures → Add Texture。在打开的 Add Terrain Texture 界面中单击 Select 按钮，选择"GrassRockyAlbedo"后单击 Add 按钮（第二张及之后的纹理不会用于全面涂抹），如图 7-30 所示。

图7-30　创建并选择纹理

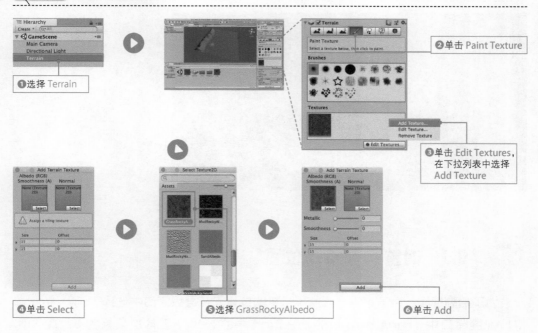

❶选择 Terrain

❷单击 Paint Texture

❸单击 Edit Textures，在下拉列表中选择 Add Texture

❹单击 Select

❺选择 GrassRockyAlbedo

❻单击 Add

回到检视器窗口中，在 Textures 中选择岩石纹理 GrassRockAlbedo。将 Settings 项中的 Brush Size 设置为 60，和前面使地面隆起的操作类似，用鼠标指针在山顶区域来回拖曳。鼠标指针途经的区域都会被岩石纹理覆盖，如图 7-31 所示。

图7-31 纹理涂装

❶在 Textures 中选择注册好的 GrassRockyAlbedo

❷将 Brush Size 设置为 60

❸用岩石纹理涂装山顶附近的地形

再次运行游戏查看效果。经过上述简单操作一座山脉就做好了！如果觉得 Terrain 地形看起来太亮，可以在菜单栏选择 Window → Lighting → Settings 打开 Lighting 窗口，将 Intensity Multiplier 值减少到 0.3。

目前画面看起来视线位置稍微有些低（太靠近地面了），如图 7-32 所示，此时可以调整摄像机的位置以抬高视线。

图7-32 确认画面效果

7.3.5 调整摄像机的位置

为了抬高视线，接下来需要调整摄像机的位置。在层级窗口中选择 Main Camera，将检视器窗口中 Transform 项的 Position 中的 X、Y、Z 依次设置为 0、5、-10，如图 7-33 所示。

图7-33 调整摄像机的位置

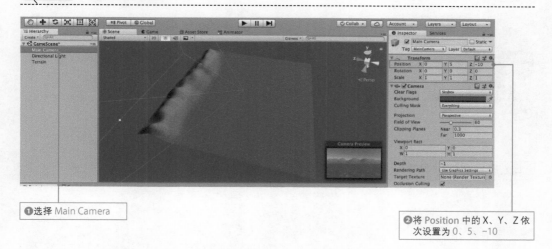

❶选择 Main Camera

❷将 Position 中的 X、Y、Z 依次设置为 0、5、-10

再次运行游戏可以发现视点的高度发生了变化，尤其是地面看起来有很大不同，如图 7-34 所示。

图7-34 摄像机拍到的内容发生了变化

摄像机高度为 1 时 　　　　　　摄像机高度为 5 时

7.3.6　给地面添加树木

图 7-34 所示的游戏场景仍然比较单调，因此我们要在**山的前侧"种植"**一些树木。就像涂装纹理需要创建纹理笔刷一样，"种树"也需要创建 3D 树木笔刷。创建好之后就可以像绘图一样对树木进行绘制了，如图 7-35 所示。

树木笔刷的创建方法如图 7-36 所示。首先在层级窗口中选择 Terrain。然后在 Terrain 的检视器窗口中单击 Paint Trees，在 Trees 项中选择 Edit Trees → Add Tree。打开 Add Tree 界面后单击 Tree Prefab 右侧的圆形按钮，选择 Broadleaf_Mobile，最后单击 Add 按钮。

图7-35 用笔刷来绘制树木

图7-36 创建树木笔刷

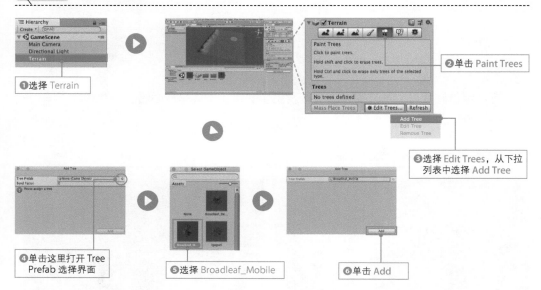

❶选择 Terrain

❷单击 Paint Trees

❸选择 Edit Trees，从下拉列表中选择 Add Tree

❹单击这里打开 Tree Prefab 选择界面

❺选择 Broadleaf_Mobile

❻单击 Add

　　创建好树木笔刷后，按照图 7-37 所示的操作调整**笔刷的粗细**、**树木的密度以及高度分布**等参数，各设置参数如表 7-2 所示。这里将 Brush Size 设置为 30，Tree Density 设置为 50。设置完成后试着在山脚下拖曳笔刷，可以看到笔刷途经的区域都生成树木了。

图7-37 设置笔刷参数并拖曳笔刷

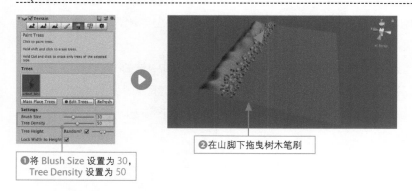

❶将 Blush Size 设置为 30，Tree Density 设置为 50

❷在山脚下拖曳树木笔刷

表7-2	设置项

设置项	功能
Brush Size	笔刷粗细
Tree Density	树木的密度
Tree Height	树木的高度偏差
Lock Width to Height	固定宽高比例
Random Tree Rotation	随机旋转树木

再次启动游戏，确认画面效果，如图 7-38 所示。注意，因为摄像机朝着 z 轴正方向，所以这里我们在山的前侧设置树木。

图7-38	确认游戏的画面效果

山脚下出现了一大片树林

7.4 使用 Physics 让板栗飞起来

①创建工程　　②创建地形　　③飞出板栗　　④显示特效　　⑤创建工厂

7.4.1 配置箭靶

上一节已经创建好了舞台。本节将对舞台进行相关配置，并且实现让板栗飞向箭靶的功能。我们希望板栗按照物理规律运动，因此需要像第 6 章那样使用 Physics。

首先配置**箭靶**的 3D 对象。对 2D 游戏和 3D 游戏来说，对象配置方法都是一样的。**在工程窗口中将素材拖曳到场景视图中，然后在检视器窗口中调整坐标**。要注意的是，必须要弄清楚应将对象配置在 3D 空间中的何处。这里将箭靶配置在树木前面朝着摄像机的位置，如图 7-39 所示。

> **图7-39** 配置箭靶的位置

在工程窗口中，选择箭靶的 3D 模型"target"，把它拖曳到场景视图中。然后在检视器窗口中将 Transform 项的 Position 中的 X、Y、Z 依次设置为 0、0、10，如图 7-40 所示，这样就把箭靶放到树木与摄像机之间了。为便于操作，可以对箭靶适当进行缩放和平移。

图7-40 将箭靶配置到场景视图中

❶将 target 拖曳到场景视图中

❷将 Position 中的 X、Y、Z
依次设置为 0、0、10

为了检测板栗是否击中了箭靶，需要给箭靶挂载碰撞器。不过 Unity 并未提供和箭靶外形一致的圆筒形碰撞器，因此我们使用盒子碰撞器来代替它。

首先在层级窗口中选择 target，在检视器窗口中单击 Add Component 按钮，然后选择 Physics → Box Collider，如图 7-41 所示。2D 游戏中使用名字中带有 "2D" 的碰撞器，而在 3D 游戏中使用的碰撞器名字中不包含 "2D"。

图7-41 为箭靶挂载碰撞器

❶选择 target

❷单击 Add Component

❸选择 Physics → Box Collider

还需设置一些参数使碰撞器位于箭靶的头部。在层级窗口中选择 target，在检视器窗口中将 Box Collider 项的 Center 中的 X、Y、Z 依次设置为 0、6.5、0，Size 中的 X、Y、Z 依次设置为 3.8、3.8、1，如图 7-42 所示。

图7-42　调整碰撞器的位置

❷ 将碰撞器设置在箭靶的
头部位置

❶ 将 Center 中的 X、Y、Z 依次
设置为 0、6.5、0，Size 中的 X、
Y、Z 依次设置为 3.8、3.8、1

完成这些设置后，接着就要让板栗飞起来。让板栗飞行的步骤正是"运动对象的创建方法"所描述的，按照"**配置场景**"→"**创建脚本**"→"**挂载脚本**"的顺序进行即可。

> 🐾 运动对象的创建方法 重要！
>
> ❶ 在场景视图中配置对象。
>
> ❷ 编写用于控制对象运动的脚本。
>
> ❸ 将创建好的脚本挂载到游戏对象上。

7.4.2　将板栗配置到场景中

现在配置板栗对象。我们希望板栗朝摄像机前方的箭靶飞去，所以应按照图 7-43 所示在摄像机前配置板栗。

将 igaguri 从工程窗口中拖曳到场景视图中，在检视器窗口中将 Transform 项的 Position 中的 X、Y、Z 依次设置为 0、5、−9，如图 7-44 所示。

图7-43　确定板栗对象的位置

(0, 5, −9)

(0, 5, −10)

(0, 0, 10)

图7-44　将板栗配置到场景视图中

❷将 Position 中的 X、Y、Z 依次设置为 0、5、−9

❶将 igaguri 拖曳到场景视图中

7.4.3　将 Physics 的组件挂载到板栗上

要使板栗能够按物理规律运动，必须在创建脚本前为它挂载 Rigidbody 组件（第 6 章已介绍过 Physics 的强大之处。如果觉得太麻烦，希望自己编写脚本而不使用 Physics 来实现也是可以的）。

在层级窗口中选择 igaguri，在检视器窗口中单击 Add Component 按钮，然后选择 Physics → Rigidbody，如图 7-45 所示。

图7-45　为板栗对象挂载 Rigidbody 组件

❶选择 igaguri

❷单击 Add Component

❸选择 Physics → Rigidbody

为了和箭靶进行碰撞检测，板栗需要挂载 Collider 组件。在层级窗口中选择 igaguri，在检视器窗口中单击 Add Component → Physics → Sphere Collider，如图 7-46 所示。

图7-46　为板栗对象挂载Collider组件

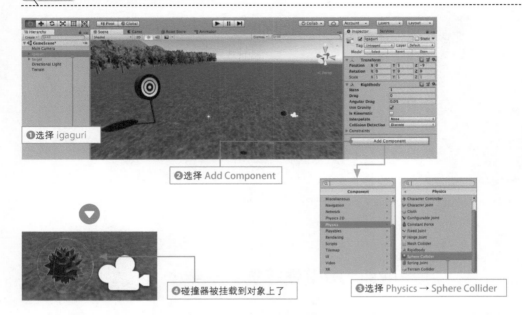

碰撞器默认的尺寸比较大，需要将它缩小到与板栗相符的尺寸。在层级窗口中选择 igaguri，然后在检视器窗口中将 Sphere Collider 项的 Radius 设置为 0.35，如图 7-47 所示。

图7-47　调整碰撞器的尺寸

挂载了 Rigidbody 组件和 Collider 组件之后，板栗就可以按照物理规律运动和进行碰撞检测了。启动游戏可以看到，此时板栗会因为重力往下坠落，如图 7-48 所示。

图7-48　板栗坠落

7.4.4　创建使板栗飞行的脚本

要使板栗朝箭靶飞去，还必须为它施加一个外力（之前介绍过，使用 Physics 时不可以直接修改坐标，而应当施加外力）。为了给板栗施加外力，需要先创建**板栗控制器**。

在工程窗口中单击鼠标右键，然后选择 Create → C# Script，将脚本改名为 IgaguriController。

双击打开新添加的 IgaguriController，按 List 7-1 所示输入脚本代码并保存。

　List 7-1　使板栗飞行的脚本

```
1  using System.Collections;
2  using System.Collections.Generic;
3  using UnityEngine;
4
5  public class IgaguriController : MonoBehaviour {
6    public void Shoot(Vector3 dir) {
7      GetComponent<Rigidbody>().AddForce(dir);
8    }
9
10   void Start() {
11     Shoot(new Vector3(0, 200, 2000));
12   }
13 }
```

考虑到后续的可扩展性，脚本中添加了 Shoot 方法，它可以通过参数指定所施加外力的方向（第6~8行）。Shoot 方法中的 AddForce 方法为板栗施加了一个参数指定方向的外力。

Start 方法中，为了使板栗朝画面深处飞去，它将沿 z 轴正方向的向量作为参数传给 Shoot 方法（第11行）。之所以在 y 轴正方向施加 200 的力，是为了避免板栗在到达箭靶之前就因为重力掉落到地面。Start 方法中调用了 Shoot 方法，所以游戏一开始就会发射板栗。

7.4.5　给板栗挂载脚本

编写好板栗控制器脚本后，需要将它挂载到板栗对象上，即把工程窗口中的 IgaguriController 拖曳到层级窗口中的 igaguri 上，如图 7-49 所示。

图7-49　将脚本挂载到板栗对象上

❶将 IgaguriController 挂
载到 igaguri 上

挂载完成后启动游戏，查看游戏中的板栗是否能按我们的期待朝画面深处飞去。启动后可以看到，在游戏开始的瞬间确实有个板栗朝箭靶飞去了，如图 7-50 所示。

图7-50　确认板栗的飞行效果

游戏开始时，板栗朝着箭靶飞过去了

7.4.6　让板栗扎在箭靶上

目前，当板栗击中箭靶后将会掉落。我们希望它能够扎在箭靶上。这并不需要什么复杂的物理计算。**只要在发生碰撞的瞬间，让所有施加在板栗上的外力（包括重力和朝画面深处的外力）都失效就可以了。**

游戏中用到了 Physics，因此当箭靶和板栗发生碰撞时将会调用挂载在对象上的脚本中的 OnCollisionEnter 方法。在该方法中让所有外力失效即可，如图 7-51 所示。

图 7-51　使用OnCollisionEnter方法让板栗在碰撞时停下来

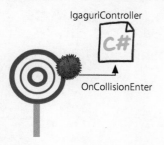

IgaguriController

OnCollisionEnter

在工程窗口中双击打开 IgaguriController，按 List 7-2 所示添加脚本内容。

List 7-2　让板栗扎在箭靶上的脚本

```
1  using System.Collections;
2  using System.Collections.Generic;
3  using UnityEngine;
4
5  public class IgaguriController : MonoBehaviour {
6      public void Shoot(Vector3 dir) {
7          GetComponent<Rigidbody>().AddForce(dir);
8      }
9
10     void OnCollisionEnter(Collision other) {
11         GetComponent<Rigidbody>().isKinematic = true;
12     }
13
14     void Start() {
15         Shoot(new Vector3(0, 200, 2000));
16     }
17 }
```

第 10~12 行添加的 OnCollisionEnter 方法用于感知碰撞，箭靶和板栗碰撞时将会调用该方法。要使板栗发生碰撞后停止运动，需将该方法中 Rigidbody 组件的 "isKinematic" 设置为 true。如果 isKinematic 的值为 true，作用在对象上的力将失效，这样板栗的运动就停止了（第 6 章为了避免云朵坠落也使用了这种方法）。

再次启动游戏确认板栗发生碰撞后是否会扎在箭靶上，如图 7-52 所示。

图 7-52　确认板栗是否会扎在箭靶上

板栗扎在箭靶上了

>Tips< 选择工程后 Unity 没有反应

　　项目中用到 Standard Assets 时，可能会出现 Unity 刚启动后无法响应的情况。这时可以先关闭 Unity，打开工程所在的文件夹，删除 Temp 与 Library 子文件夹，然后再次启动 Unity。

>Tips< 板栗的速度太快

　　注意，如果在 Update 方法中错误地调用了 Shoot 方法，板栗将会以超快的速度飞行。

7.5 使用粒子显示特效

①创建工程　　②创建地形　　③飞出板栗　　④显示特效　　⑤创建工厂

7.5.1 什么是粒子

现在板栗击中箭靶后将会扎在箭靶上。不过这样的效果仍不够真实。**为了增强玩家的游戏体验，可以再添加一些特效。**这里我们尝试用粒子来完成一些特效。

粒子的英文叫作 Particle。只从名字恐怕不容易想象出它的作用，简单来说，这种方法**可以创建大量的粒子，并且可以通过控制各个粒子的行为、颜色以及大小模拟出水、烟、火等效果，**如图 7-53 所示。粒子在游戏开发中早已是不可或缺的存在。

图 7-53　粒子模拟出的特效

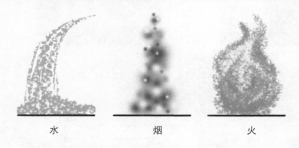

水　　　　　烟　　　　　火

如果要用粒子来模拟水，就需要让各个细小的粒子能够受重力影响而运动。用粒子模拟烟和火时，就要在改变粒子透明度和大小的同时让它往上移动。像这样，**使用粒子来呈现不同特效时，必须按一定的策略来调整各个粒子的颜色、大小以及速度等参数。**

Unity 提供了粒子组件，用户可以很方便地在 Unity 编辑器中调整这些参数。常用参数如图 7-54 所示。

图7-54 粒子的主要参数

Duration
粒子的持续生成时长
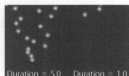
Duration = 5.0 Duration = 1.0

Looping
是否持续生成粒子
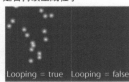
Looping = true Looping = false

Start Delay
创建粒子的延迟时间
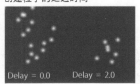
Delay = 0.0 Delay = 2.0

Start Lifetime .
粒子的存活时长
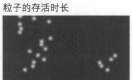
LifeTime = 5.0 LifeTime = 0.5

Start Speed
粒子的初始速度
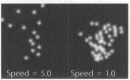
Speed = 5.0 Speed = 1.0

Start Size
粒子的初始大小

Size = 1.0 Size = 4.0

Start Color
粒子的初始颜色
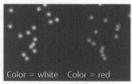
Color = white Color = red

Gravity Modifier
粒子受到的重力
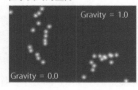
Gravity = 1.0
Gravity = 0.0

Max Particles
粒子数量上限
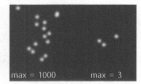
max = 1000 max = 3

Rate over Time
每秒生成的粒子数
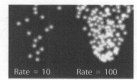
Rate = 10 Rate = 100

Bursts
指定时间内的生成粒子数
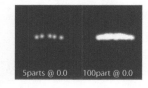
5parts @ 0.0 100part @ 0.0

Shape
生成粒子的排列形状
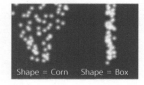
Shape = Corn Shape = Box

我们可以在板栗击中箭靶时播放一个"弹开"的粒子特效，如图 7-55 所示。

图7-55 碰撞时的弹开特效

7.5.2 显示弹开特效

要显示粒子特效可以按以下方法进行操作。

> ✿ **显示粒子特效的方法** 重要！
>
> ❶ 给对象挂载 ParticleSystem 组件。
>
> ❷ 调整 ParticleSystem 组件的参数以创建特效。
>
> ❸ 通过脚本播放相应的粒子特效。

🐟 给板栗挂载 ParticleSystem 组件

首先在层级窗口中选择 igaguri，在检视器窗口中单击 Add Component，然后选择 Effects → Particle System，如图 7-56 所示。

图 7-56 挂载 ParticleSystem 组件

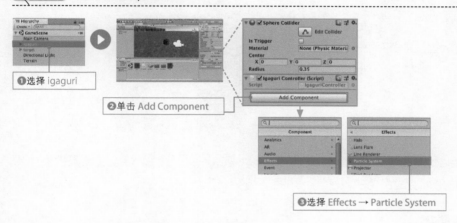

在场景视图中可以看到板栗附近不停地生成紫色的四边形，这就是粒子，如图 7-57 所示。但这还不是我们期待的弹开特效，下面对 Particle System 组件的参数做些调整。

图 7-57 确认粒子已显示

🐟 设置粒子的材质

出现紫色四边形是因为目前还没有给粒子设置材质。下面进行相关设置让程序生成白色的粒子。

在层级窗口中选择 igaguri，在检视器窗口中单击 Particle System 项最下方的 Renderer，在打开的界面中单击 Material 圆形图标，如图 7-58 所示。

图7-58 设置材质①

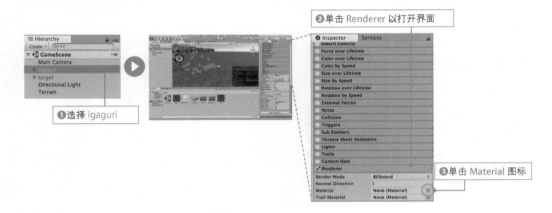

打开 Select Material 界面后，选择 Default-Particle。此时，可以在场景视图中看到紫色的四边形都变成白色的粒子了，如图 7-59 所示。

图7-59 设置材质②

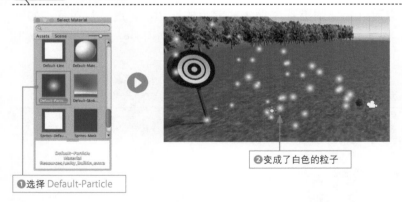

❷变成了白色的粒子

🐟 调整 ParticleSystem 组件的参数以创建弹开特效

调整粒子**生成后的排列形状**。目前粒子生成后呈圆锥状排列，而我们期待的特效应当像烟火一样呈球状散开。

在层级窗口中选择 igaguri，在检视器窗口中将 Particle System 项的 Shape

改为"Sphere"。另外，我们希望一开始粒子的半径小一些，所以将 Radius 设置为0.01，如图 7-60 所示。

调整参数后，不妨在场景视图中看看效果。

图7-60 调整粒子生成后的排列形状

在 igaguri 的检视器窗口中，将 Particle System 项的 Shape 改为 Sphere，将 Radius 设为 0.01

和之前相比，现在比较接近弹开的特效了。接下来再调整粒子的**生成模式**。目前粒子系统会源源不断地生成粒子，我们将生成模式改为间歇性地生成粒子。

改变粒子的生成模式只需设置 Particle System 的 Emission 项即可。Rate 表示 1帧内生成的粒子数量，Bursts 表示指定时间内生成的粒子总数量，如图 7-61 所示。

图7-61 调整粒子的生成模式

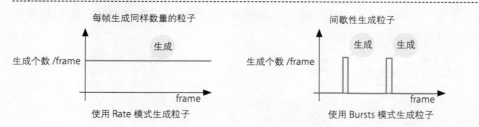

这里并不需要持续生成粒子，因此在检视器窗口中勾选 Particle System 项的 Emission 复选框，将 Rate over Time 设置为 0。另外，为了确保板栗发生碰撞时能够立刻释放出粒子，请单击 Bursts 右下方的 +，将 Time 设置为 0，Count 设置为 50，如图 7-62 所示。

图7-62 调整粒子的参数

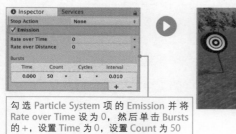 

勾选 Particle System 项的 Emission 并将 Rate over Time 设为 0，然后单击 Bursts 的 +，设置 Time 为 0，设置 Count 为 50

319

现在已经非常接近我们想要的效果了，但还需调整粒子消失的时间。为了缩短粒子的播放时间，可以将 Duration 和 Start Lifetime 改为 1（1 秒）。Duration 表示整个特效的播放时长，Start Lifetime 表示粒子的存活时间，如图 7-63 所示。

图7-63　调整粒子的存活时间

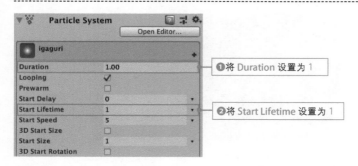

❶将 Duration 设置为 1

❷将 Start Lifetime 设置为 1

再为粒子添加一些**渐变消失**（淡出）的效果。要让粒子产生淡出的效果，可以慢慢增加粒子的透明程度，或者慢慢减小粒子的尺寸。这里我们采用后一种方法。

为了使粒子的尺寸随时间变化，需要首先勾选 Size over Lifetime 复选框。然后再单击 Size 右侧的黑色区域，粒子尺寸的变化规律可以在检视器窗口最下方的 Particle System Curves 中（如果未显示，请将标注为 Particle System Curves 的内容条往上拖）设置，如图 7-64 所示。我们希望粒子越来越小，所以选择**衰减曲线**，这样粒子生成后将随着时间推移变得越来越小。

图7-64　调整粒子的消失方式

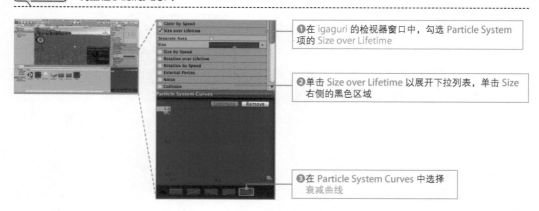

❶在 igaguri 的检视器窗口中，勾选 Particle System 项的 Size over Lifetime

❷单击 Size over Lifetime 以展开下拉列表，单击 Size 右侧的黑色区域

❸在 Particle System Curves 中选择衰减曲线

最后设置播放时机。该特效无须循环播放，因此取消 Looping 复选框的勾选。此外，发生碰撞时才需要显示特效，所以 Play On Awake 复选框的勾选也应取消，如图 7-65 所示。如果勾选了 Play On Awake 复选框，挂载了粒子组件的对象被激活时就会播放该特效。

图7-65 设置特效不循环播放

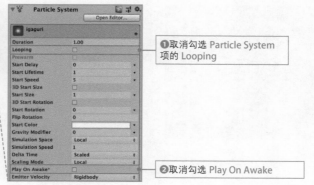

❶取消勾选 Particle System
项的 Looping

❷取消勾选 Play On Awake

检测到板栗与箭靶碰撞时显示粒子特效

修改脚本使板栗击中箭靶的瞬间显示粒子特效。在工程窗口中双击打开 IgaguriController，按 List 7-3 所示添加脚本。

List 7-3 和箭靶接触的瞬间显示粒子特效的脚本

```
1  using System.Collections;
2  using System.Collections.Generic;
3  using UnityEngine;
4
5  public class IgaguriController : MonoBehaviour {
6      public void Shoot(Vector3 dir) {
7          GetComponent<Rigidbody>().AddForce(dir);
8      }
9
10     void OnCollisionEnter(Collision other) {
11         GetComponent<Rigidbody>().isKinematic = true;
12         GetComponent<ParticleSystem>().Play();
13     }
14
15     void Start() {
16         Shoot(new Vector3(0, 200, 2000));
17     }
18 }
```

当板栗击中箭靶时会调用 OnCollisionEnter。用 OnCollisionEnter 中的 GetComponent 方法获取 ParticleSystem 组件，再调用 ParticleSystem 组件持有的 Play 方法播放特效（第 12 行）。

启动游戏确认粒子特效是否能正常显示，如图 7-66 所示。

图7-66 确认粒子特效的显示

击中箭靶时显示粒子特效

7.6 创建用于制造板栗的工厂

①创建工程　②创建地形　③飞出板栗　④显示特效　⑤创建工厂

7.6.1 创建板栗的 Prefab

为了使每次单击画面时都能生成板栗，需准备一个用于创建板栗的工厂。工厂的制作方法和第 5 章相同，如下所示。

> 🐾 **工厂的制作方法** 重要！
>
> ❶ 通过已经存在的对象来生成 Prefab。
>
> ❷ 创建生成器脚本。
>
> ❸ 为空对象挂载生成器脚本。
>
> ❹ 将 Prefab 传给生成器脚本。

首先创建**板栗的 Prefab**。将层级窗口中的 igaguri 拖曳到工程窗口中，把生成的 Prefab 名称改为 igaguriPrefab，如图 7-67 所示。

图7-67 创建板栗的 Prefab

❶将 igaguri 拖曳到工程窗口中

❷将名称改为 igaguriPrefab

创建好 Prefab 以后，可以将层级窗口中的板栗删除。在层级窗口中的 igaguriPrefab 上单击鼠标右键，并选择 Delete 即可。

7.6.2　编写板栗的生成器脚本

接下来创建**生成器脚本**。第 5 章编写的箭头工厂能够每秒生成 1 个箭头，这里要实现的是每次单击画面都能够生成 1 个板栗。

在工程窗口内单击鼠标右键，然后选择 Create → C# Script，并改名为 IgaguriGenerator。

双击打开 IgaguriGenerator，按 List 7-4 所示输入脚本并保存。

| List 7-4 | 用于生成板栗的脚本 |

```
1  using System.Collections;
2  using System.Collections.Generic;
3  using UnityEngine;
4
5  public class IgaguriGenerator : MonoBehaviour {
6
7      public GameObject igaguriPrefab;
8
9      void Update() {
10         if(Input.GetMouseButtonDown(0)) {
11             GameObject igaguri =
                   Instantiate(igaguriPrefab) as GameObject;
12             igaguri.GetComponent<IgaguriController>().Shoot(
                   new Vector3(0, 200, 2000));
13         }
14     }
15 }
```

第 7 行声明了用于存放板栗 Prefab 的变量。当然，并不是有个声明就够了，后面还需将 Prefab 实体赋值给它。由于必须通过 outlet 连接方法对它赋值，所以在声明变量时必须加上 public 关键字。

第 10 行通过使用 GetMouseButtonDown 方法来检测画面是否被单击，如果单击发生则创建板栗实例。

接下来为生成的板栗实例指定飞行方向。只需向 IgaguriController 中的 Shoot 方法传一个向量指定飞行方向即可。通过 GetComponent 方法获取到 IgaguriController 组件实例后，程序会将一个指向画面深处方向的向量作为参数传给它的 Shoot 方法（第 12 行）。

🐟 注释 Shoot 方法

到目前为止，板栗的飞行方向都是在 IgaguriController 的 Start 方法中决定的。接下来我们要在工厂创建板栗的同时就指定好飞行方向，因此需要将 IgaguriController 的 Start 方法中的 Shoot 调用处理（第 16 行）注释掉，如 List 7-5 所示。

List 7-5	注释调用Shoot方法的处理

```
1 using System.Collections;
2 using System.Collections.Generic;
3 using UnityEngine;
4
5 public class IgaguriController : MonoBehaviour {
6     public void Shoot(Vector3 dir) {
7         GetComponent<Rigidbody>().AddForce(dir);
8     }
9
10     void OnCollisionEnter(Collision other) {
11         GetComponent<Rigidbody>().isKinematic = true;
12         GetComponent<ParticleSystem>().Play();
13     }
14
15     void Start() {
16         // Shoot(new Vector3(0, 200, 2000));
17     }
18 }
```

> Tips 无法访问方法

如果要访问其他脚本中的方法,就必须确保该方法已被声明为 public。如果 IgaguriGenerator 出现类似 "Shoot is inaccessible due to its protection level" 这样的错误,请确认在 IgaguriController 中定义 Shoot 方法时是否添加 public 关键字。

7.6.3 创建板栗工厂对象

要创建板栗工厂,首先要创建一个空对象。在层级窗口中选择 Create → Create Empty。完成后层级窗口中将出现一个 "GameObject",将它改名为 IgaguriGenerator,如图 7-68 所示。

图7-68	创建空对象

❶单击 Create
❷选择 Create Empty
❸将生成的对象名称改为 IgaguriGenerator

将生成器脚本挂载到创建好的空对象上后，工厂对象就创建好了，如图 7-69 所示。

图7-69　给空对象挂载工厂脚本

空对象　　　　　　　　工厂对象

在工程窗口中选择 IgaguriGenerator 脚本，将其拖曳到层级窗口中的 IgaguriGenerator
对象上，如图 7-70 所示。

图7-70　为空对象挂载生成器脚本

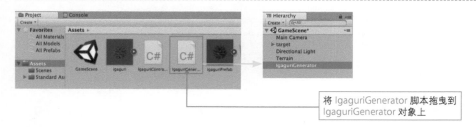

将 IgaguriGenerator 脚本拖曳到
IgaguriGenerator 对象上

7.6.4　将 Prefab 传给工厂

将板栗的 Prefab 传给工厂。使用 outlet 连接方法将对象实体赋值给脚本内声明
的变量。

> 　使用 outlet 连接 重要！
> ❶ 在脚本中准备好"插口"，注意声明变量时要添加 public 关键字。
> ❷ 确认在检视器窗口中能看到被声明为 public 的变量。
> ❸ 将要代入的对象"插入"（拖曳至）检视器窗口中的"插口"中。

我们已经声明了 public 的板栗 Prefab 变量，之后只需拖曳实例即可。在层级窗口
中选择 IgaguriGenerator，在检视器窗口中找到"Igaguri Generator（Script）"，可以
看到该项中的 Igaguri Prefab。从工程视图中将 igaguriPrefab 拖曳到该处，如图 7-71
所示。

图7-71 将 Prefab 传给工厂

❶选择 IgaguriGenerator

❷将 igaguriPrefab 拖曳到检视器窗口中的 Igaguri Prefab 处

这样工厂就制作完成了，启动游戏看看效果。此时可以发现，每次单击画面时都将出现一个板栗并飞向画面深处，如图 7-72 所示。

图7-72 确认工厂的效果

每次单击画面时都将生成一个板栗

7.6.5 使板栗朝单击位置飞去

现在板栗已经能够朝固定的方向飞去了。为了使游戏更具可玩性，我们将对生成器脚本进行修改，使板栗能朝着画面上被单击的位置飞去。

要做到这一点，首先必须知道单击位置的坐标。Input.mousePosition 方法能够获取单击位置的坐标（第 4 章），但是在 3D 游戏中无法直接使用 mousePosition 的坐标值，**因为 mousePosition 表示的不是世界坐标系的值而是本地坐标系的值。**

第 4 章介绍过，世界坐标系是用于表示对象在"游戏世界"中具体位置的坐标系。而本地坐标系只是用来表示"游戏画面上"具体位置的坐标系，如图 7-73 所示。

图7-73 世界坐标系和本地坐标系的区别

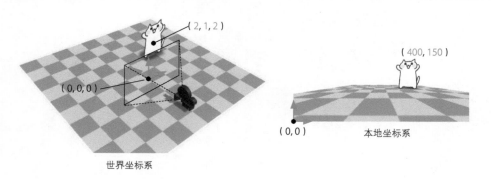

世界坐标系和本地坐标系的定义是完全不同的。例如，在世界坐标系中，小猫的坐标为（2,1,2）；而在本地坐标系中，小猫的坐标为 (400,150)，如图 7-73 所示。

之前出现的"箭靶"和"板栗"等对象的坐标都是用世界坐标系表示的，因此板栗飞往的坐标也应当用世界坐标系来计算。

事实上 Unity 提供了 ScreenPointToRay 方法。**如果将本地坐标传给该方法，那么可以获得一个世界坐标系中从"摄像机"指向将"本地坐标"的向量（图 7-74 所示的紫色向量）。**该向量正是板栗将要飞行的方向，如图 7-74 所示。

图7-74 ScreenPointToRay 方法的功能

创建板栗的同时，在 ScreenPointToRay 方法算出的方向上施加外力，就可以确保板栗能够朝单击方向飞行。下面将这个处理添加到生成器脚本中。

双击打开工程窗口中的 IgaguriGenerator，按 List 7-6 所示添加脚本内容。

Ｌｉｓｔ 7-6 让板栗朝着单击位置飞去的脚本

```
 1  using System.Collections;
 2  using System.Collections.Generic;
 3  using UnityEngine;
 4
 5  public class IgaguriGenerator : MonoBehaviour {
 6
 7      public GameObject igaguriPrefab;
 8
 9      void Update() {
10          if(Input.GetMouseButtonDown(0)) {
11              GameObject igaguri =
                    Instantiate(igaguriPrefab) as GameObject;
12
13              Ray ray = Camera.main.ScreenPointToRay(Input.mousePosition);
14              Vector3 worldDir = ray.direction;
15              igaguri.GetComponent<IgaguriController>().Shoot(
                    worldDir.normalized * 2000);
16          }
17      }
18  }
```

第 13 行将单击位置的坐标传给 ScreenPointToRay 方法。ScreenPointToRay 方法将返回一个沿着"从摄像机位置指向单击位置"方向的 Ray（射线）对象。

顾名思义，Ray 就像一条射线，它拥有光源坐标（origin）和射线方向（direction）两个成员变量。Ray 有一个重要特征，即**它可以检测自身是否与挂载了碰撞器的对象发生了碰撞**。也就是说，它能够检测到射线是否被某对象遮挡，如图 7-75 所示。Ray 的使用方法会在第 8 章详细说明，这里有个大致的印象就可以了。

图7-75 Ray 的一个重要特征

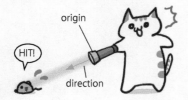

origin

HIT!

direction

在 ScreenPointToRay 方法返回的 Ray 对象中，origin 等于 Main Camera 的坐标，direction 则表示从摄像机指向单击位置的向量，如图 7-76 所示。

为了使板栗沿着"direction"飞出，可以对 direction 向量中的 normalized 变量（该向量长度为 1）乘上值为 2000 的外力。再将该值作为参数传给 Shoot 方法。使用了长度为 1 的向量，就无须关注 direction 向量本身的长度，直接乘上一定的外力值即可（第 14~15 行）。

图7-76　ScreenPointToRay 方法的返回值

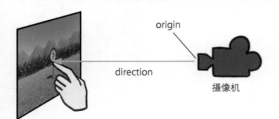

　　再次启动游戏可以看到，板栗可以朝着单击的位置飞去了，如图 7-77 所示。随着这一功能的实现，现在已经很有 3D 游戏的感觉了。

图7-77　板栗朝着单击的位置飞去

板栗朝着单击的位置飞去

>Tips< 无法朝单击位置飞去?

　　如果板栗仍旧无法朝单击位置飞去，请确认 IgaguriController 脚本的 Start 方法中是否已经将 Shoot 方法的调用部分注释了。若没有注释，Shoot 方法会通过 AddForce 施加外力，在它的影响下板栗可能无法按期待的轨迹飞行。

7.7 在手机上运行

游戏已经能在电脑上正常运行了，最后我们将它打包到手机上。该游戏在电脑和手机上的操作几乎没有区别，因此直接编译打包就能够正常运行。

7.7.1 打包到iOS

要在手机上测试，首先需要用 USB 数据线连接电脑和手机。手机打包的设置和之前介绍过的步骤相同。

在 Bundle Identifier 中输入 "com. 自身姓名的拼音 .igaguri"（确保该字符串不与他人重复）。取消勾选 Build Settings 界面中 Scenes In Build 下的 Scenes/SampleScene 复选框，然后将工程窗口中的 GameScene 拖曳进来。设置完成后单击 Build 按钮，输入 Igaguri_iOS 作为工程名然后开始导出。

导出完成后系统将自动打开 Xcode 工程文件夹。双击 Unity-iPhone.xcodeproj 打开 Xcode，选择 Signing 项中的 Team，将其安装到手机上。

7.7.2 打包到Android

要在手机上测试，首先需要用 USB 数据线连接电脑和手机。手机打包的设置和之前介绍过的步骤相同。

在 Package Name 中输入 "com. 自身姓名的拼音 .igaguri"（确保该字符串不与他人重复）。取消勾选 Build Settings 界面中 Scenes In Build 下的 Scenes/SampleScene 复选框，然后将工程窗口中的 GameScene 拖曳进来。设置完成后单击 Build Settings 界面中的 Build And Run 按钮，再指定 Igaguri_Android 作为工程名，并保存到 Igaguri 文件夹，确认后系统将开始生成 apk 文件并安装到手机上。

> **〉Tips〈 用 "后处理特效" 来增强画质**
>
> 在 3D 游戏中，如果只是单纯地将 3D 模型放到场景中，画面很有可能看起来不太协调。这时 "后处理特效" 资源包就可以派上用场了。后处理特效资源包可以对整体游戏画面进行图像处理，可以将它理解为各种美图软件中的滤镜。

Asset Store 中提供了很多后处理特效资源包。Unity Technology 公司也免费提供了诸如 "Post Processing Stack" "Legacy Cinematic Image Effects" "Legacy Image Effects" 等操作简单但功能强大的资源包。

例如，使用 "Legacy Image Effects" 中包含的 Tonemapping 与 Bloom 后处理特效后，图 7-78 所示的左图表示的游戏场景将呈现为右图的效果。该 Asset 还包含了很多其他特效，有兴趣的读者不妨一试。

图 7-78   Legacy Image Effects 使用前后对比

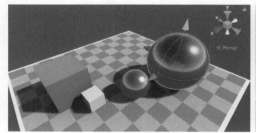 

未使用"后处理特效"　　　　　　　　　　　　　使用了"后处理特效"

第 8 章

关卡设计

学习如何使用脚本语言来开发游戏！

本章将运用之前所学的知识开发一个相对比较完整的游戏。除了游戏开发之外，还将介绍如何通过关卡设计来提高游戏的可玩性。

本章学习的内容

- 巩固之前讲解的知识
- Tag 的功能
- 关卡设计的方法

8.1 思考游戏的设计

作为最后一章，我们将综合运用前面的知识开发一款游戏。之前着重讨论的是游戏开发的相关技术，**本章还将对游戏可玩性的难易度调整方法（关卡设计）做介绍。**

8.1.1 对游戏进行策划

本章要开发的是一款"用篮子接住落下的苹果"的游戏。舞台被分割为 3×3 的网格，单击网格，篮子就会移动到相应的网格，如果篮子接住了落下的苹果就能得分，游戏的示意图如图 8-1 所示。

另外，有时落下的不是苹果而是炸弹。如果误接了炸弹，那么当前的得分将会减半。玩家的目标是在规定时间内尽可能取得高分。

图8-1 游戏的示意图

8.1.2 思考游戏的制作步骤

基于图 8-1，依照惯例我们先来思考游戏的制作步骤。

Step ❶ 罗列出画面上所有的对象。

Step ❷ 确定游戏对象运行需要哪些控制器脚本。

Step ❸ 确定自动生成游戏对象需要哪些生成器脚本。

Step ❹ 准备好用于更新 UI 的调度器脚本。

Step ❺ 思考脚本的编写流程。

Step❶ 罗列出画面上所有的对象

列出**画面上所有的对象**。这里有"苹果""炸弹""篮子""舞台""UI"共 5 个对象，如图 8-2 所示。

图8-2 画面上所有的对象

苹果　　　炸弹　　　篮子　　　舞台　　UI

Step❷ 确定游戏对象运行需要哪些控制器脚本

接下来找出**会"动"的对象**。"苹果"和"炸弹"都会落下，因此属于此类对象。另外，"篮子"可以受玩家控制而移动，所以也属于此类对象，如图 8-3 所示。

图8-3 会"动"的对象

苹果　　　炸弹　　　篮子　　　舞台　　UI

对会"动"的对象来说，需要一个**用于控制其运动的控制器脚本**。运动对象有"苹果""炸弹""篮子"这 3 个，因此需要的控制器脚本有"苹果控制器""炸弹控制器""篮子控制器"。

> 需要的控制器脚本
>
> 苹果控制器
>
> 炸弹控制器
>
> 篮子控制器

Step❸ 确定自动生成游戏对象需要哪些生成器脚本

本步骤需将**游戏中生成的对象**罗列出来。随着时间流逝，游戏中会落下苹果或者炸弹，如图 8-4 所示，因此，需要有相应的工厂（生成器脚本）来生成这些道具。

图8-4 自动生成的对象

苹果　　　　炸弹　　　　篮子　　　　舞台　　　　5 Point
　　　　　　　　　　　　　　　　　　　　　　　　UI

需要的生成器脚本
道具生成器

Step ❹ 准备好用于更新 UI 的调度器脚本

UI 的更新和游戏进度的显示需要用到调度器脚本。该游戏中包含了得分与游戏时间的 UI，要更新它们就必须创建调度器脚本。

Step ❺ 思考脚本的编写流程

下面思考脚本的编写流程。开发该游戏应当遵循图 8-5 所示的顺序来完成脚本的编写。

图8-5 脚本的编写流程

苹果控制器和炸弹控制器

苹果和炸弹都会从画面顶部往下移动，故将它们称为道具。道具移到舞台下方时将被销毁。由于二者的移动方式都相同，因此可以使用 1 个道具控制器。

篮子控制器

它负责使篮子移动到单击的位置，移动终点位于网格的中心。

道具生成器

用于在画面上方生成苹果和炸弹，并且会根据游戏的进度调整生成速度以及二者的出现概率。

游戏场景调度器

它负责管理游戏的剩余时间和得分。接到苹果会获得 100 分,接到炸弹则使当前得分减半。此外,游戏的剩余时间从 60 秒开始倒计时,该值会显示在 UI 上。

将游戏的开发流程进行简单整理后,结果如图 8-6 所示。下一节开始我们将按照该顺序来开发游戏。

图8-6 开发游戏的流程

①创建工程　　　　②使篮子移动　　　　③使道具落下

④碰撞检测　　　　⑤创建工厂　　　　⑥创建调度器

8.2 创建工程与场景

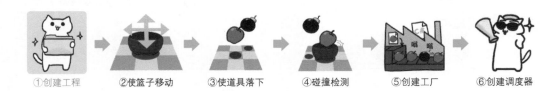

①创建工程　②使篮子移动　③使道具落下　④碰撞检测　⑤创建工厂　⑥创建调度器

8.2.1 创建工程

首先从创建工程开始。在 Unity 启动后显示的界面中单击 New，或者在界面顶部菜单栏中选择 File → New Project。

单击 New 之后，将显示工程的设置界面。将工程名设置为 AppleCatch，在 Template 中选择 3D。单击 Create project 按钮，系统将在指定的文件夹中创建工程并自动启动 Unity 编辑器。

🐟 将素材添加到工程中

启动 Unity 编辑器之后，将游戏要用的素材添加到工程中。打开下载的素材包中"Chapter8"文件夹，将里面的素材全部拖曳到工程窗口中，如图 8-7 所示。

游戏中用到的各个素材的类型与内容，请参考表 8-1。用到的具体文件如图 8-8 所示。

图8-7 添加素材

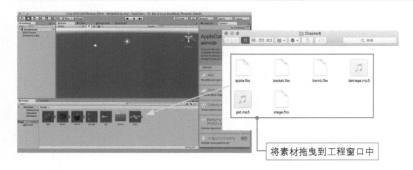

将素材拖曳到工程窗口中

表8-1 使用的素材的类型与内容

文件名	类型	内容
apple.fbx	fbx文件	苹果的3D模型
bomb.fbx	fbx文件	炸弹的3D模型
basket.fbx	fbx文件	篮子的3D模型
stage.fbx	fbx文件	舞台的3D模型
get.mp3	mp3文件	接到苹果时的音效
damage.mp3	mp3文件	接到炸弹时的音效

图8-8 用到的素材

apple.fbx　　basket.fbx　　bomb.fbx　　damage.mp3　　get.mp3　　stage.fbx

8.2.2　移动平台的设置

要将游戏打包到手机平台，需要完成一些设置。在菜单栏中选择 File → Build Settings，打开 Build Settings 界面，在 Platform 中选择"iOS（如果要打包到 Android 手机则选 Android）"，单击 Switch Platform 按钮。具体步骤请参考第 3 章的内容。

设置画面尺寸

接下来设置游戏的画面尺寸。单击场景视图中的 Game 标签，打开游戏视图左上方的画面尺寸设置下拉列表，选择与手机屏幕相应的尺寸，这里选择的是"iPhone 5 Wide"。具体步骤请参考第 3 章。

8.2.3　保存场景

在菜单栏选择 File → Save Scene as，输入 GameScene 作为场景名然后保存。保存后 Unity 编辑器的工程窗口中将出现场景图标，如图 8-9 所示。具体操作可以参考第 3 章的内容。

图8-9 场景保存后的状态

场景被保存了

8.3 使篮子移动

①创建工程　②使篮子移动　③使道具落下　④碰撞检测　⑤创建工厂　⑥创建调度器

8.3.1 配置舞台

本节将从游戏舞台的创建以及摄像机位置的调整开始介绍。之后再对篮子进行配置，最后创建用于使篮子移动的控制器脚本。

首先将舞台设置到原点位置。将 stage 从工程窗口拖曳到场景视图中。在层级窗口中选择 stage，单击 Inspector 标签，在检视器窗口中将 Transform 项的 Position 中的 X、Y、Z 都设置为 0。

为方便后续操作，我们将调整画面使视点方向与摄像机的朝向一致。按住 Alt 键的同时在画面上拖曳，对照图 8-10 所示的效果旋转使 x 轴朝右。调整过程中注意观察场景 Gizmo 的方向。

图8-10 将stage添加到场景中

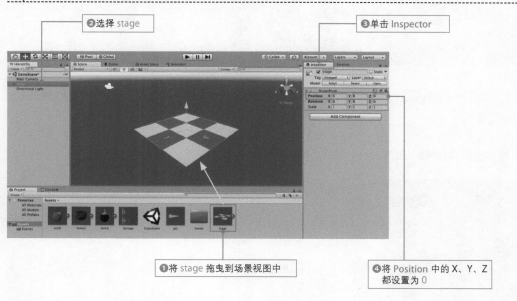

❷选择 stage　❸单击 Inspector

❶将 stage 拖曳到场景视图中

❹将 Position 中的 X、Y、Z 都设置为 0

图8-10 将stage添加到场景中（续）

旋转场景使 *x* 轴方向朝右

8.3.2 调整摄像机的位置与角度

游戏视角将从上往下俯视整个舞台，所以需调整摄像机的位置与角度使其对准舞台中央。

从层级窗口中选择 Main Camera，在检视器窗口中将 Transform 项的 Position 中的 X、Y、Z 依次设为 0、3.8、−1.6，将 Rotation 中的 X、Y、Z 依次设为 60、0、0，如图 8-11 所示。

图 8-11 调整摄像机的位置与角度

❶选择 Main Camera

❷将 Position 中的 X、Y、Z 依次设为 0、3.8、−1.6，将 Rotation 中的 X、Y、Z 依次设为 60、0、0

设置好摄像机的位置与角度后，启动游戏确认效果是否符合我们的预期，如图 8-12 所示。

图 8-12 确认调整的效果

8.3.3　设置光源并添加阴影

　　游戏中道具会不断落下，可以在落下的位置添加阴影，从而让玩家清楚道具会在何处落下。要添加阴影就必须对光源（Light）进行设置。

　　Unity 提供了"Directional Light""Point Light""Spot Light""Area Light"这4 种能够照亮游戏世界的光源，其功能如表 8-2 所示，具体示例如图 8-13 所示。

表8-2　光源的种类与功能

光源名称	功能
Directional Light	像太阳光一样从无限远处发出平行光的光源，其光线强度不会随着距离的增大而衰减
Point Light	朝全方向发光，距离光源越远，光线强度越低
Spot Light	朝特定方向按放射状发出光线，距离光源越远，光线强度越低
Area Light	在一个长方形平面区域内朝全方向发出光线，只有在烘焙[①] 为1时才能使用

图8-13　光源的示例

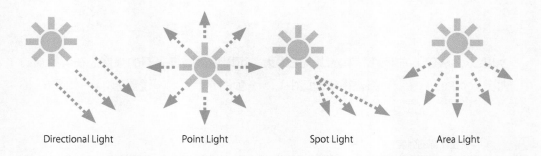

Directional Light　　　　Point Light　　　　Spot Light　　　　Area Light

　　将此类光源配置到场景中后，**影子的位置和视觉效果都将由 Unity 自动计算完成**。3D 工程默认会配置一个 Directional Light，影子默认将自动显示。

　　为了通过影子提示道具落下的位置，需要调整光源的方向。如果像图 8-14 的左图那样配置光源，那么道具的影子将出现在斜下方，这样就比较难判断出道具落下的位置。因此，我们按照图 8-14 的右图所示将光源方向设置为正对着下方，这样就能确保道具的影子会出现在它下落的地点。

---

① 烘焙指的是，提前根据光源来计算好各处光源的数据，然后预先做成纹理的处理手段。采取烘焙方式处理后，游戏运行时的计算会大幅减小。

图8-14 光源方向和影子的关系

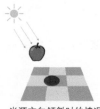

光源方向倾斜时的情况 光源位于正上方时的情况

在层级窗口中选择 Directional Light，将检视器窗口中 Transform 项的 **Rotation** 中的 X、Y、Z 依次设为 90、0、0，这样光源方向就变为正上方朝下了，如图 8-15 所示。

图8-15 调整光源的方向

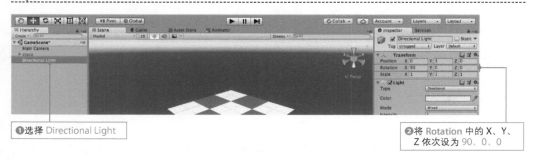

❶选择 Directional Light

❷将 Rotation 中的 X、Y、Z 依次设为 90、0、0

如果觉得从正上方照射下来光线强度太大，可以稍微降低光源的强度。在层级窗口中选择 Directional Light，将检视器窗口中 Light 项的 Intensity 设置为 0.7，如图 8-16 所示。

图8-16 调整光源的强度

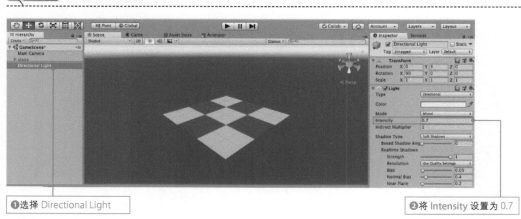

❶选择 Directional Light

❷将 Intensity 设置为 0.7

8.3.4 配置篮子

到 8.3.3 小节为止，场景的准备工作就已经完成了。接下来要配置篮子，使它可以根据玩家的操作移动。根据"运动对象的创建方法"，让篮子移动可以按照"配置篮子"→"创建脚本"→"挂载脚本"的顺序来进行。

> 🐾 **运动对象的创建方法** 重要！
> ❶ 在场景视图中配置对象。
> ❷ 编写用于描述对象移动方法的脚本。
> ❸ 将创建好的脚本挂载到游戏对象上。

将篮子放置到舞台中央。从工程窗口中拖曳 basket 到场景视图中，然后，在层级窗口中选择 basket，在检视器窗口中将 Transform 项的 Position 中的 X、Y、Z 都设置为 0，如图 8-17 所示。

如果对篮子阴影的"锯齿感"比较介意，可以在菜单栏中选择 Edit → Project Settings → Quality，在检视器窗口中将 Shadow Distance 设置为 30，如图 8-18 所示。

图 8-17 配置篮子

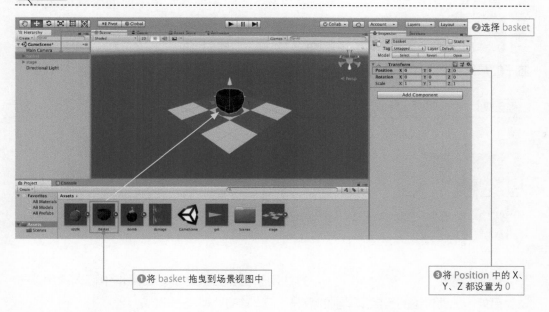

❶将 basket 拖曳到场景视图中

❸将 Position 中的 X、Y、Z 都设置为 0

图8-18　调整篮子的阴影

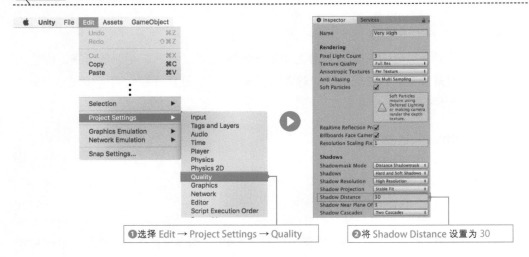

❶选择 Edit → Project Settings → Quality　　❷将 Shadow Distance 设置为 30

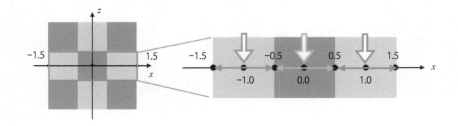

8.3.5　创建控制篮子移动的脚本

接下来，创建脚本使篮子可以移到被单击的位置。**将舞台分为 3x3 的区域，篮子将移到被单击区域的中心**。如何才能将篮子放置到区域中心呢？

舞台是个边长为 3 的正方形，单纯从 x 方向来考虑，单击处的坐标值如果满足 $-1.5 \leqslant x < -0.5$，那么 $x=-1.0$；如果 $-0.5 \leqslant x < 0.5$，那么 $x=0.0$；如果 $0.5 \leqslant x < 1.5$，$x=1.0$，按上述规律控制即可。也就是说，对单击位置的坐标值进行四舍五入处理后就是篮子的最终坐标，如图 8-19 所示。

图8-19　篮子的最终坐标

Unity 提供了 Mathf.RoundToInt 方法用于四舍五入处理，在脚本中可以调用该方法。另外，上面讨论的虽然是 x 轴的情况，但 z 轴的处理是一样的。

在工程窗口中单击鼠标右键然后选择 Create → C# Script，将脚本改名为 BasketController 并保存。

在工程窗口中双击打开 BasketController，按 List 8-1 所示输入脚本并保存。

| List 8-1 | 用于控制篮子移动的脚本 |

```
1  using System.Collections;
2  using System.Collections.Generic;
3  using UnityEngine;
4
5  public class BasketController : MonoBehaviour {
6      void Update() {
7          if(Input.GetMouseButtonDown(0)) {
8              Ray ray = Camera.main.ScreenPointToRay(Input.mousePosition);
9              RaycastHit hit;
10             if(Physics.Raycast(ray, out hit, Mathf.Infinity)) {
11                 float x = Mathf.RoundToInt(hit.point.x);
12                 float z = Mathf.RoundToInt(hit.point.z);
13                 transform.position = new Vector3(x, 0, z);
14             }
15         }
16     }
17 }
```

脚本将根据单击位置的坐标（Input.mousePosition）计算出篮子应移动前往的坐标。第 7 章曾介绍过，Input.mousePosition 是本地坐标，无法直接用在 3D 空间中。

为了将本地坐标转换为世界坐标，这里在第 8 行中使用了 ScreenPointToRay 方法，从而计算出一条从摄像机位置射向画面深处的射线（Ray），如图 8-20 所示。

| 图8-20 | 单击位置坐标的获取方法 |

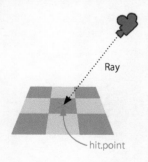

Ray

hit.point

该射线可以检测到其是否与某碰撞器发生了碰撞（第 7 章）。Physics.Raycast 方法可以检测出射线是否与 stage 对象发生了碰撞（第 10 行）。注意，Physics.Raycast 的 hit 变量前加了一个 out 关键字，表示在该方法内将会给 out 后面的变量赋值。在 Raycast 方法中，射线与 stage 发生碰撞时的坐标将被存放到 hit.point 变量中。用 RoundToInt 方法对该坐标值进行四舍五入处理后，得到的结果将被作为篮子的坐标（第 11~13 行）。

8.3.6 挂载脚本

脚本完成后需将其挂载到对象上。将工程窗口中的 BasketController 拖曳到层级窗口中的 basket 上，如图 8-21 所示。

图8-21 将脚本挂载到basket上

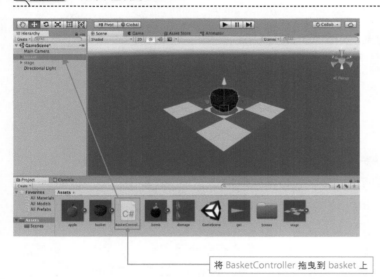

将 BasketController 拖曳到 basket 上

启动游戏确认篮子是否能够移到单击区域。尝试后发现，不管怎么单击画面篮子都没有反应，如图 8-22 所示。

图8-22 篮子没有任何反应

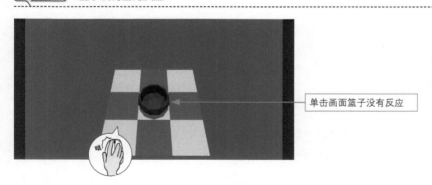

单击画面篮子没有反应

这是因为舞台对象还没有挂载碰撞器。摄像机发出的 Ray 无法和舞台发生碰撞，直接穿透了舞台，因此 List 8-1 中第 11~13 行的处理并不会被执行。

要正确地让舞台和射线发生碰撞，需要为舞台挂载 Collider 组件。在层级窗口中选择 stage，单击检视器窗口中的 Add Component 按钮，然后选择 Physics → Box

Collider，如图 8-23 所示。

图 8-23 给 stage 对象挂载碰撞器

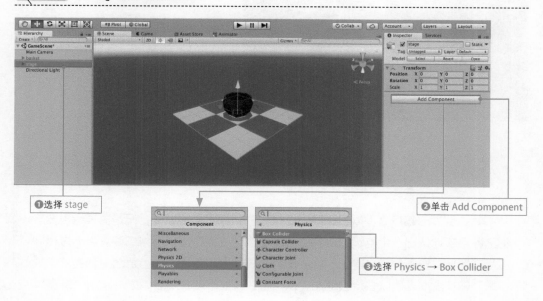

❶选择 stage

❷单击 Add Component

❸选择 Physics → Box Collider

为了使碰撞器覆盖整个 stage，还需要调整 Box Collider 的参数。在层级窗口中选择 stage，然后在检视器窗口中将 Box Collider 项的 Size 中的 X、Y、Z 依次设置为 3、0.1、3，如图 8-24 所示。

图 8-24 调整碰撞器的尺寸

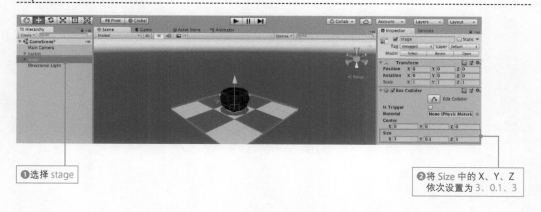

❶选择 stage

❷将 Size 中的 X、Y、Z 依次设置为 3、0.1、3

这样舞台的碰撞器就设置完成了。单击运行按钮再次启动游戏，可以发现现在篮子能够移到单击区域的中心位置了，如图 8-25 所示。

图8-25 篮子可以移动了

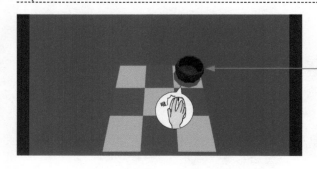

篮子移到单击区域的中心位置了

>Tips< **不要忽略动手实践**

 通过阅读书籍或者上网搜索等方法来丰富知识固然很重要,但是请读者不要忘记踏踏实实地做出一个能运行的游戏,这在学习过程中同样不可或缺。学习过程中应当掌握好"输入"与"输出"的平衡。如果输入的东西太多,那么对那些"必须掌握"的技能很可能就会浅尝辄止,从而导致基础不牢;反之如果一味地"输出",那么显然很快就会遇到瓶颈。所以建议读者不要忽略动手实践,一开始可以做一些简单的游戏,后面再持续优化。

8.4 使道具落下

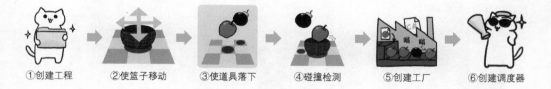

①创建工程　②使篮子移动　③使道具落下　④碰撞检测　⑤创建工厂　⑥创建调度器

8.4.1 配置道具

篮子已经能够正常移动，下面考虑**道具如何落下**的问题。落下的道具有"苹果"和"炸弹"，需要在场景中进行配置，并通过控制器脚本创建它们。

🐾 **移动对象的创建方法** 重要！

❶ 在场景视图中配置对象。

❷ 创建用于控制对象运动的脚本。

❸ 将创建的脚本挂载到对象上。

首先在场景视图中配置道具。最终道具的落下位置是由道具工厂运行时决定的，这里先暂时随便指定一个位置。

对"苹果"进行配置。将 apple 从工程窗口拖曳到场景视图中。在层级窗口选中 apple，将检视器窗口中 Transform 项的 Position 中的 X、Y、Z 依次设置为 −1、3、0，如图 8-26 所示。

图8-26　配置apple

❷选择 apple

❸将 Position 中的 X、Y、Z 依次设置为 −1、3、0

❶将 apple 拖曳到场景视图中

再对"炸弹"进行配置。将 bomb 从工程窗口拖曳到场景视图中。在层级窗口中选中 bomb，将检视器窗口中 Transform 项的 Position 中的 X、Y、Z 依次设置为 1、3、0，如图 8-27 所示。

图 8-27　配置 bomb

❷ 选择 bomb

❸ 将 Position 中的 X、Y、Z 依次设置为 1、3、0

❶ 将 bomb 拖曳到场景视图中

这样场景视图中的道具（苹果和炸弹）就配置完成了。接下来创建使道具落下的控制器脚本。

8.4.2　创建控制道具落下的脚本

我们**希望在设计关卡时能够对道具落下的速度进行调整**，因此这里不使用 Physics 而使用自己编写的脚本控制道具落下。在工程窗口中单击鼠标右键，然后选择 Create → C# Script，将文件名改为 ItemController。

在工程窗口中双击打开 ItemController，按 List 8-2 所示输入脚本并保存。

List 8-2　控制道具落下的脚本

```
1 using System.Collections;
2 using System.Collections.Generic;
3 using UnityEngine;
4
5 public class ItemController : MonoBehaviour {
6
7     public float dropSpeed = -0.03f;
8
9     void Update() {
10        transform.Translate(0, this.dropSpeed, 0);
11        if(transform.position.y < -1.0f) {
12            Destroy(gameObject);
13        }
14    }
15 }
```

Update 方法中通过 Translate 方法控制道具每帧向下移动一定距离（第 10 行）。当道具位置低于舞台无法再被看见时（y 坐标小于 −1.0），销毁其自身。该处理和第 5 章控制箭头运动的处理是一样的。

8.4.3 挂载脚本

脚本编写完成后，将它挂载到对象上确认效果。游戏中苹果和炸弹的行为是相似的，因此可以都使用 ItemController 来控制。

将工程窗口中的 ItemController 分别拖曳到层级窗口中的 apple 和 bomb 上，如图 8-28 所示。

图8-28　将脚本挂载到 apple 和 bomb 对象上

❶将 ItemController 拖曳到 apple 上

❷将 ItemController 拖曳到 bomb 上

单击运行按钮启动游戏，能够看到苹果和炸弹道具都可以落下了，如图 8-29 所示。

注意观察层级窗口中相应的对象情况，确认当道具落到舞台以下时会被销毁。

图8-29 苹果和炸弹可以落下

8.5 接住道具

①创建工程　②使篮子移动　③使道具落下　④碰撞检测　⑤创建工厂　⑥创建调度器

8.5.1 篮子与道具的碰撞检测

8.4 节我们创建了控制道具落下的脚本，本节要使篮子能够接住掉落的道具。接住道具后，暂且在控制台窗口中显示"接住了！"。要让篮子接住道具，必须能够检测到二者发生的碰撞。碰撞检测可以使用 Physics 完成。借助于 Physics，对象发生碰撞时，对象上挂载的脚本中的 OnTriggerEnter 方法将会被调用。我们可以在该方法中添加代码来输出"接住了！"，如图 8-30 所示。

图8-30　碰撞时将调用OnTriggerEnter方法

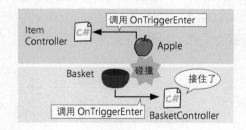

要通过 Physics 完成碰撞检测，需要满足下列两个条件。

① 碰撞双方都挂载了 Collider 组件。

② 至少有一方挂载了 Rigidbody 组件。

我们决定给篮子和道具（苹果和炸弹）分别挂载 Collider 组件，并给篮子挂载 Rigidbody 组件，如图 8-31 所示。

图8-31　挂载组件

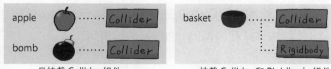

只挂载 Collider 组件　　挂载 Collider 和 Rigidbody 组件

首先给苹果挂载 Collider 组件。在层级窗口中选择 apple，在检视器窗口中单击 Add Component 按钮，选择 Physics → Sphere Collider，如图 8-32 所示。

图8-32　给 apple 对象挂载碰撞器

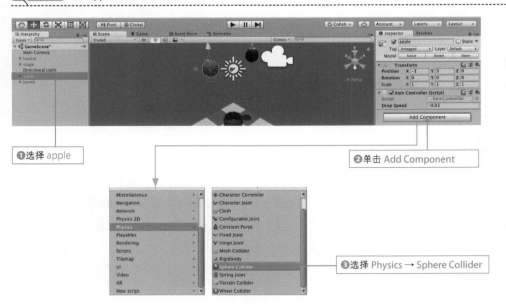

接下来，为了使碰撞器的形状与苹果的 3D 模型吻合，需调整其 Collider 组件的参数。在层级窗口中选择 apple，在检视器窗口中将 Sphere Collider 项的 Center 中的 X、Y、Z 依次设置为 0、0.25、0，Radius 设置为 0.25，如图 8-33 所示。

图8-33　调整苹果的碰撞器

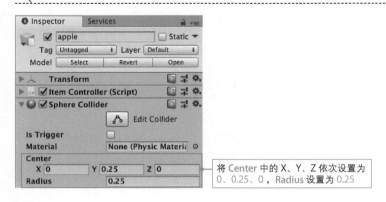

同样，在层级窗口中选择 bomb，在检视器窗口中单击 Add Component 按钮，选择 Physics → Sphere Collider 给炸弹挂载碰撞器，如图 8-34 所示。

图8-34 给bomb对象挂载碰撞器

①选择 bomb

②单击 Add Component

③选择 Physics → Sphere Collider

要使碰撞器的形状贴合炸弹的 3D 模型，需调整其 Collider 组件的参数。在层级窗口中选择 bomb 后，在检视器窗口中将 Sphere Collider 项的 Center 中的 X、Y、Z 依次改为 0、0.25、0，Radius 改为 0.25，如图 8-35 所示。

图8-35 调整炸弹的碰撞器

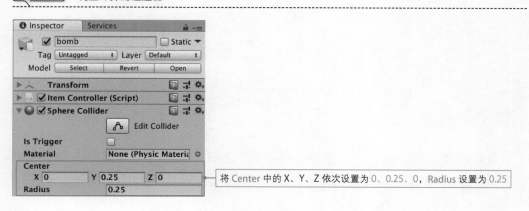

将 Center 中的 X、Y、Z 依次设置为 0、0.25、0，Radius 设置为 0.25

接下来给篮子挂载 Rigidbody 组件和 Collider 组件。在层级窗口中选择 basket，在检视器窗口中单击 Add Component 按钮，选择 Physics → Rigidbody，如图 8-36 所示。

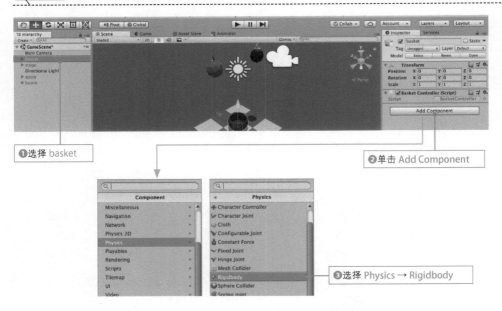

图8-36 给basket对象挂载Rigidbody组件

❶选择 basket

❷单击 Add Component

❸选择 Physics → Rigidbody

篮子不需要按物理规律运动，所以选择 basket 后在检视器窗口中勾选 Rigidbody 项的 Is Kinematic 复选框，如图 8-37 所示。

图8-37 勾选Is Kinematic复选框

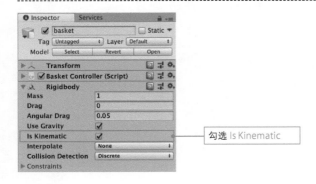

勾选 Is Kinematic

要检测道具是否进入了篮子中，需要为篮子挂载碰撞器。在层级窗口中选择 basket，在检视器窗口中单击 Add Component 按钮，选择 Physics → Box Collider，如图 8-38 所示。

为了将碰撞器放置在篮子入口处，可以按图 8-39 所示调整参数。在检视器窗口中将 Box Collider 项的 Center 中的 X、Y、Z 依次设置为 0、0.5、0，Size 中的 X、Y、Z 依次设置为 0.5、0.1、0.5。**由于篮子和道具彼此之间不需要执行碰撞处理，因此勾选 Box Collider 的 Is Trigger 复选框**。这样即使二者发生了碰撞也不会彼此弹开，而是直接穿越对方。

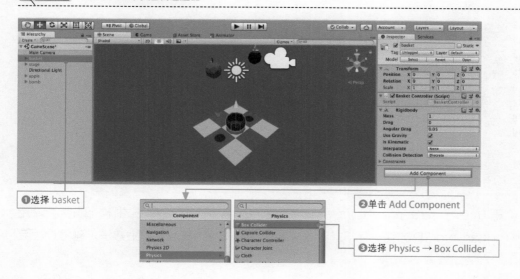

图8-38 给basket对象挂载碰撞器

❶选择 basket

❷单击 Add Component

❸选择 Physics → Box Collider

图8-39 调整篮子的碰撞器

❶勾选 Is Trigger

❷将 Center 中的 X、Y、Z 依次设置为0、0.5、0，将 Size 中的 X、Y、Z 依次设置为 0.5、0.1、0.5

8.5.2 用脚本执行碰撞检测

篮子与道具间碰撞检测的准备工作已经完成了。接下来，在篮子控制器中添加碰撞时会调用的 OnTriggerEnter 方法。在工程窗口中双击打开 BasketController，按 List 8-3 所示添加脚本。

List 8-3 篮子与道具间的碰撞检测的脚本

```
1 using System.Collections;
2 using System.Collections.Generic;
3 using UnityEngine;
4
5 public class BasketController : MonoBehaviour {
6     void OnTriggerEnter(Collider other) {
7         Debug.Log("接住了！");
8         Destroy(other.gameObject);
9     }
10
```

```
11    void Update() {
12      if(Input.GetMouseButtonDown(0)) {
13        Ray ray = Camera.main.ScreenPointToRay(Input.mousePosition);
14        RaycastHit hit;
15        if(Physics.Raycast(ray, out hit, Mathf.Infinity)) {
16          float x = Mathf.RoundToInt(hit.point.x);
17          float z = Mathf.RoundToInt(hit.point.z);
18          transform.position = new Vector3(x, 0, z);
19        }
20      }
21    }
22  }
```

第 6~9 行添加了 OnTriggerEnter 方法。Unity 2D 游戏中发生碰撞时会调用 OnTriggerEnter2D 方法,而 3D 游戏中调用的是 OnTriggerEnter 方法。碰撞过程会调用的方法如表 8-3 所示。

表8-3　碰撞过程调用的方法

状态	2D 游戏	3D 游戏
碰撞发生时	OnTriggerEnter2D	OnTriggerEnter
碰撞过程中	OnTriggerStay2D	OnTriggerStay
碰撞结束时	OnTriggerExit2D	OnTriggerExit

篮子和道具发生碰撞时,控制台窗口中将显示“接住了!”,然后销毁道具(第 7~8 行)。要销毁道具就必须知道是哪个道具发生了碰撞,幸运的是,Unity 可以很方便地获得碰撞对象的信息。

碰撞对象会作为参数被传给 OnTriggerEnter 方法。不过作为参数传递的其实不是碰撞对象本身,而是该对象上挂载的碰撞器,如图 8-40 所示。因此,需要通过 collider.gameObject 来获取相应的碰撞对象,再调用 Destroy 方法销毁它。

图8-40　碰撞器作为参数传给该方法(以苹果道具为例)

运行游戏查看效果,如图 8-41 所示。移动篮子接住道具后,道具将被销毁并且在控制台窗口中显示“接住了!”。

图8-41 接住道具

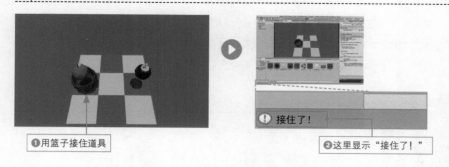

❶用篮子接住道具

❷这里显示"接住了！"

8.5.3 使用Tag判断道具的种类

尽管现在已经能够检测出是否成功接住了道具，但是还无法分辨接到的是苹果还是炸弹。要判断出接到的道具类型，可以使用 Unity 提供的 Tag（标签）功能。

Tag 可以给对象添加特殊的名字（标签），并且在脚本中可以根据该标签来区分对象，如图 8-42 所示。

图8-42 根据标签区分对象

给苹果和炸弹分别添加不同的标签，这样就可以判断接到的道具类型。创建"Apple"和"Bomb"标签，然后"贴"到相应对象上。

在菜单栏中选择 Edit → Project Settings → Tags and Layers，如图 8-43 所示。

图8-43 创建标签

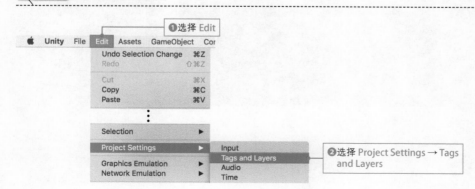

检视器窗口中将出现"Tags ＆ Layers"，单击▶ Tags 使其展开。先来创建 Apple 标签。单击 + 按钮，然后在 New Tag Name 中输入 Apple 并单击 Save。Bomb 标签的创建步骤也一样，单击 + 按钮，然后在 New Tag Name 中输入 Bomb 并单击 Save。这样"Apple"和"Bomb"标签就创建好了，如图 8-44 所示。

图8-44　给标签命名

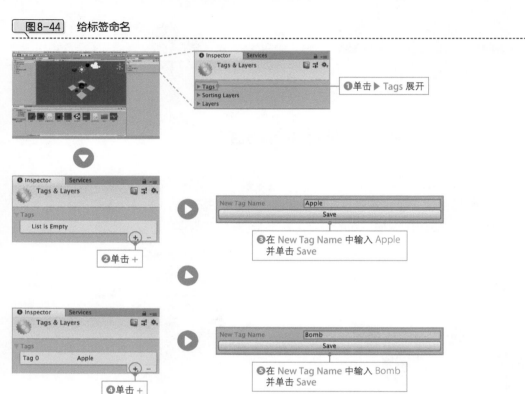

下面将创建好的标签"贴"到对象上。在层级窗口中选择 apple，在检视器窗口的 Tag 下拉列表中选择 Apple，如图 8-45 所示。

图8-45　为 apple 对象设置标签

同样，在层级窗口中选择 bomb，然后在检视器窗口的 **Tag** 下拉列表中选择
Bomb，如图 8-46 所示。

图 8-46　为 bomb 对象设置标签

❶选择 bomb　　　　　　　　　　　　　　　　　❷单击 Tag 栏

❸选择 Bomb

各对象的标签就设置好了。为了判断接到的是苹果还是炸弹，还需要对
BasketController 脚本进行修改。

双击打开工程窗口中的 BasketController，按 List 8-4 所示修改脚本内容。

List 8-4　用标签来判断对象的脚本

```
1  using System.Collections;
2  using System.Collections.Generic;
3  using UnityEngine;
4
5  public class BasketController : MonoBehaviour {
6      void OnTriggerEnter(Collider other) {
7          if(other.gameObject.tag == "Apple") {
8              Debug.Log("Tag=Apple");
9          } else {
10             Debug.Log("Tag=Bomb");
11         }
12         Destroy(other.gameObject);
13     }
14
15     void Update() {
16         if(Input.GetMouseButtonDown(0)) {
17             Ray ray = Camera.main.ScreenPointToRay(Input.mousePosition);
18             RaycastHit hit;
19             if(Physics.Raycast(ray, out hit, Mathf.Infinity)) {
20                 float x = Mathf.RoundToInt(hit.point.x);
21                 float z = Mathf.RoundToInt(hit.point.z);
22                 transform.position = new Vector3(x, 0, z);
23             }
24         }
25     }
26 }
```

修改发生碰撞时会调用的 OnTriggerEnter 方法。该方法的参数是另一个碰撞对象的碰撞器，如图 8-40 所示。由于 gameObject 已经"贴"上了标签，因此可以通过 other.gameObject.tag 来获取 Tag 的值。

如果碰撞对象的标签是"Apple"，那么控制台窗口中将显示"Tag=Apple"；如果是"Bomb"，则显示"Tag=Bomb"，如图 8-47 所示。再次运行游戏会发现接到苹果和接到炸弹时控制台窗口中显示的内容不相同了。

图8-47 判断接到的道具类型

8.5.4 接到道具时播放音效

现在虽然能够接住道具，但是几乎没有什么"反馈感"。要在玩家接住道具时做出一些反馈，可以改变篮子的大小，也可以在画面上显示一个感叹号，这里我们使用最简单的做法——添加音效，如图 8-48 所示。

图8-48 反馈的种类

动画　　　　　　显示标记　　　　　音效

按照以下方法操作即可播放出音效。音效的播放需要用到 AudioSource 组件（第 4 章的内容）。

🐾 **播放音效的方法** 重要！

❶ 为需要播放音效的对象挂载 AudioSource 组件。

❷ 在脚本中指定某个时机播放某个音效。

❸ 将音效素材代入脚本中的变量。

🐟 给篮子挂载AudioSource组件

首先，给篮子挂载 AudioSource 组件。

在层级窗口中选择 basket。在检视器窗口中单击 Add Component 按钮，选择 Audio → Audio Source，如图 8-49 所示。

图8-49 给basket挂载AudioSource组件

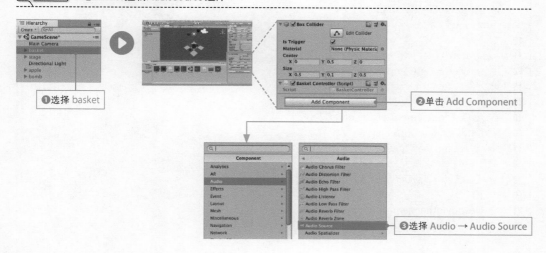

🐟 在脚本中指定播放音效的时机

第 4 章我们将需要播放的音效直接注册到 AudioSource 组件中，但是**这种方法只能为 AudioSource 组件注册 1 个音效**。现在我们需要区分接住苹果和炸弹的音效，所以只能通过脚本来指定，如图 8-50 所示。

图8-50 播放单个音效时的情况和播放多个音效时的情况

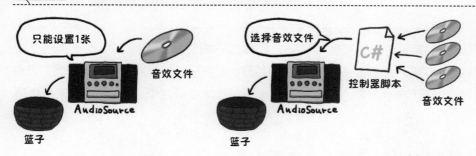

修改 BasketController 脚本，指定音效播放的时机。

在工程窗口中双击打开 BasketController，按 List 8-5 所示修改脚本。

List 8-5　播放音效的脚本

```
1  using System.Collections;
2  using System.Collections.Generic;
3  using UnityEngine;
4
5  public class BasketController : MonoBehaviour {
6
7      public AudioClip appleSE;
8      public AudioClip bombSE;
9      AudioSource aud;
10
11     void Start() {
12         this.aud = GetComponent<AudioSource>();
13     }
14
15     void OnTriggerEnter(Collider other) {
16         if(other.gameObject.tag == "Apple") {
17             this.aud.PlayOneShot(this.appleSE);
18         } else {
19             this.aud.PlayOneShot(this.bombSE);
20         }
21         Destroy(other.gameObject);
22     }
23
24     void Update() {
25         if(Input.GetMouseButtonDown(0)) {
26             Ray ray = Camera.main.ScreenPointToRay(Input.mousePosition);
27             RaycastHit hit;
28             if(Physics.Raycast(ray, out hit, Mathf.Infinity)) {
29                 float x = Mathf.RoundToInt(hit.point.x);
30                 float z = Mathf.RoundToInt(hit.point.z);
31                 transform.position = new Vector3(x, 0, z);
32             }
33         }
34     }
35 }
```

为了能够在接到苹果和接到炸弹时分别播放不同的音效，需在脚本中声明 2 个 AudioClip 变量（第 7~8 行）。播放音效的时机应当是篮子和道具发生碰撞的瞬间，因此把音效播放的处理放在 OnTriggerEnter 中编写。具体播放哪个 AudioClip，则通过碰撞另一方的 Tag 来决定（第 16~20 行）。

用音效素材文件给脚本内的变量赋值

脚本只是声明了音效的变量（相当于只是创建了一个存放 AudioClip 的箱子），还必须将音效素材文件赋值给变量。这里可以使用我们非常熟悉的 outlet 连接方法。

> **使用 outlet 连接方法** 重要！
> ❶ 要在脚本中创建"插口"，需要在变量前添加 public 关键字。
> ❷ 确保检视器窗口中能够看到添加了 public 关键字的变量。
> ❸ 将要代入的对象"插入"（拖曳至）检视器窗口的"插口"中。

在层级窗口中选择 basket，在检视器窗口中找到 "Basket Controller（ Script ）"项，将工程视图中的 get 和 damage 分别拖曳到 List 8-5 所示脚本内声明的 **Apple SE** 和 **Bomb SE** 变量上，如图 8-51 所示。

再次启动游戏，可以播放音效了！

图 8-51 对音效文件进行 outlet 连接

❶选择 basket

❷将 get 拖曳到 Apple SE 上，将 damage 拖曳到 Bomb SE 上

> Tips 给予玩家正面反馈
>
> 当玩家在游戏中达成某些任务时，给玩家一些正面反馈是非常重要的，因为这样可以提升游戏的体验感和玩家的满足感。这里只是简单地添加了音效，读者在开发游戏时应多思考如何才能增强玩家的游戏体验。

8.6 创建用于生成道具的工厂

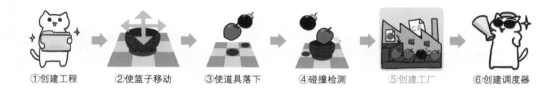

①创建工程　②使篮子移动　③使道具落下　④碰撞检测　⑤创建工厂　⑥创建调度器

8.6.1 创建 Prefab

单个道具的行为已经编写完成，下面要创建用于自动生成道具的工厂。该工厂的功能是"**按照一定的时间间隔在随机位置生成苹果或炸弹**"。这是本书第 3 次创建工厂了，相关流程读者应该很熟悉了吧。

> 🐾 **工厂的创建方法** 重要！
> ❶ 使用已经存在的对象创建 Prefab。
> ❷ 创建生成器脚本。
> ❸ 给空对象挂载生成器脚本。
> ❹ 将 Prefab 传给生成器脚本。

首先创建道具的 Prefab。这里需创建苹果和炸弹两个 Prefab，要创建 Prefab，只需将 apple 从层级窗口中拖曳到工程窗口中，将创建好的 Prefab 改名为"applePrefab"即可，如图 8-52 所示。

图8-52 创建 apple 的 Prefab

❷将名称改为 applePrefab

❶将层级窗口中的 apple 拖曳到工程窗口中

Prefab 做好以后，层级窗口中的 applePrefab 项就不需要了，可以将其删除。在层级窗口中的 applePrefab 上单击鼠标右键，然后选择 Delete 将其删除。

用同样步骤创建炸弹的 Prefab。将层级窗口中的 bomb 拖曳到工程窗口中，并改名为 bombPrefab，如图 8-53 所示。在层级窗口中的 bombPrefab 上单击鼠标右键，然后选择 Delete 将其删除。

图8-53　创建 bomb 的 Prefab

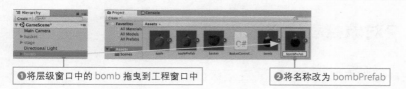

❶将层级窗口中的 bomb 拖曳到工程窗口中　　　　❷将名称改为 bombPrefab

8.6.2　创建生成器脚本

现在编写用于生成道具的脚本。生成器脚本会按一定的时间间隔在随机位置生成苹果或炸弹。不过想要一次性实现所有的功能还是比较困难的，我们先来完成"**每秒落下1 个苹果**"这个功能，确认没有问题后再逐步添加其他功能。

在工程窗口中单击鼠标右键，然后选择 Create → C# Script，将脚本文件名改为 ItemGenerator。

双击打开生成的 ItemGenerator，按 List 8-6 所示输入脚本并保存。

List 8-6　每秒掉落1个苹果的脚本

```
1  using System.Collections;
2  using System.Collections.Generic;
3  using UnityEngine;
4
5  public class ItemGenerator : MonoBehaviour {
6
7      public GameObject applePrefab;
8      public GameObject bombPrefab;
9      float span = 1.0f;
10     float delta = 0;
11
12     void Update() {
13         this.delta += Time.deltaTime;
14         if(this.delta > this.span) {
15             this.delta = 0;
16             Instantiate(applePrefab);
17         }
18     }
19 }
```

为了创建苹果和炸弹的实例，第 7~8 行声明了 Prefab 变量。虽然这个脚本目前只会生成苹果实例，但是考虑到后续的扩充所以也声明了炸弹的变量。

每秒生成道具的算法和第 5 章生成箭头的处理（醒竹原理）大体相似，即在

Update 方法中累加每帧流逝的时间，当累加值超过 1 秒时，就调用 Instantiate 方法生成苹果的实例。

8.6.3 为空对象挂载生成器脚本

创建用于挂载生成器脚本的"空对象"。在层级窗口中选择 Create → Create Empty，完成后层级窗口中将生成"GameObject"项，将其改名为"ItemGenerator"，如图 8-54 所示。

图8-54 创建空对象

将生成器脚本挂载到创建的空对象上。在工程窗口中选择 ItemGenerator 脚本，把它拖曳到层级窗口中的 ItemGenerator 对象上，如图 8-55 所示。

图8-55 给 ItemGenerator 挂载生成器脚本

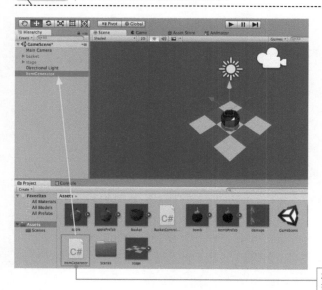

将 ItemGenerator 脚本拖曳到 ItemGenerator 对象上

370

8.6.4　将Prefab传给生成器脚本

将 Prefab 传给前面创建好的生成器脚本。在层级窗口中选择 ItemGenerator，在检视器窗口中找到 "Item Generator（Script）" 项的 **Apple Prefab** 和 **Bomb Prefab**，然后分别从工程窗口中将 applePrefab 和 bombPrefab 拖曳到这两栏上，如图 8-56 所示。

图 8-56　将Prefab传给生成器脚本

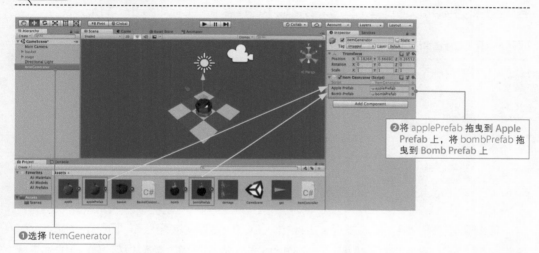

❷将 applePrefab 拖曳到 Apple Prefab 上，将 bombPrefab 拖曳到 Bomb Prefab 上

❶选择 ItemGenerator

这样，工厂就做好了！启动游戏，可以看到每秒都会落下 1 个苹果，如图 8-57 所示。不过现在苹果总是在同一位置掉落，游戏并没有什么可玩性，所以还需要对工厂添加功能才行。

图 8-57　每秒落下1个苹果

8.6.5　升级改造工厂

目前"道具落下的位置"和"落下道具的种类"都是固定不变的，所以游戏没有什么可玩性。现在来改进这两点。

🐟 随机决定道具掉落的位置

可以让道具落在舞台 9 块区域中的任意一块。舞台的中心位于原点，那么上下左右各个区域的中心可以通过 ±1 算出。各区域中道具落下的坐标如图 8-58 所示。

图8-58　道具落下的坐标

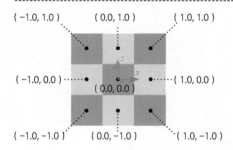

(−1.0, 1.0)　　(0.0, 1.0)　　(1.0, 1.0)

(−1.0, 0.0)　　(0.0, 0.0)　　(1.0, 0.0)

(−1.0, −1.0)　　(0.0, −1.0)　　(1.0, −1.0)

仔细观察图 8-58，不难发现 x 坐标和 z 坐标的值都只能是 "−1" "0" "1" 中的一个。这意味着，从这三个值中随机取出一个作为 x 或 z 的坐标值，就可以保证道具能够在随机位置掉落。

将上述逻辑加入 ItemGenerator 中。在工程窗口中打开 ItemGenerator，按 List 8-7 所示修改脚本。

List 8-7　随机决定道具掉落的位置的脚本

```
1  using System.Collections;
2  using System.Collections.Generic;
3  using UnityEngine;
4
5  public class ItemGenerator : MonoBehaviour {
6
7      public GameObject applePrefab;
8      public GameObject bombPrefab;
9      float span = 1.0f;
10     float delta = 0;
11
12     void Update() {
13         this.delta += Time.deltaTime;
14         if(this.delta > this.span) {
15             this.delta = 0;
```

```
16        GameObject item = Instantiate(applePrefab) as GameObject;
17        float x = Random.Range(-1, 2);
18        float z = Random.Range(-1, 2);
19        item.transform.position = new Vector3(x, 4, z);
20    }
21  }
22 }
```

将 Instantiate 方法返回的值作为苹果的实例，从 "–1" "0" "1" 中随机取值并设置为该实例的 *x*、*z* 坐标值（第 16~19 行）。随机数的生成可以通过 Random 类的 Range 方法实现。

Range 方法将返回大于或等于第 1 个参数并小于第 2 个参数的整数。也就是说，下列代码

x = Random.Range(a, b);

得到的 *x* 满足 $a \leqslant x < b$。注意，*b* 是未被包含的。如果希望返回一个 –1~1 的整数，Range 的参数应该指定为 –1 和 2。

修改脚本后再次运行游戏，可以发现苹果能够在随机位置落下，如图 8-59 所示。

图8-59 苹果在随机位置落下

使生成道具的种类也变得随机

道具已经可以在随机位置掉落了。如果在生成的苹果中偶尔混入一些不宜拾取的炸弹，游戏应该会更有趣。所以我们再**修改脚本，按照一定的概率用炸弹来替代苹果。**

如何才能够按照一定的概率生成炸弹呢？如希望炸弹的生成概率是 20%，可以假设有一个最大点数是 10 的骰子，滚出的点数如果小于或等于 2，则生成炸弹，否则生成苹果，如图 8-60 所示。

图8-60 苹果和炸弹的生成方法

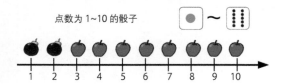

将上述逻辑添加到 ItemGenerator 中。打开 ItemGenerator，按 List 8-8 所示修改脚本。

List 8-8 随机生成出现的道具的脚本

```
1  using System.Collections;
2  using System.Collections.Generic;
3  using UnityEngine;
4
5  public class ItemGenerator : MonoBehaviour {
6
7      public GameObject applePrefab;
8      public GameObject bombPrefab;
9      float span = 1.0f;
10     float delta = 0;
11     int ratio = 2;
12
13     void Update() {
14         this.delta += Time.deltaTime;
15         if(this.delta > this.span) {
16             this.delta = 0;
17             GameObject item;
18             int dice = Random.Range(1, 11);
19             if(dice <= this.ratio) {
20                 item = Instantiate(bombPrefab) as GameObject;
21             } else {
22                 item = Instantiate(applePrefab) as GameObject;
23             }
24             float x = Random.Range(-1, 2);
25             float z = Random.Range(-1, 2);
26             item.transform.position = new Vector3(x, 4, z);
27         }
28     }
29 }
```

摇骰子处理可以通过之前用过的 Range 方法来完成。为了得到 1~10 之间的随机整数，必须把参数 1 和 11 传给 Random.Range（第 18 行）。生成炸弹的概率是 20%，所以当生成的随机整数小于 3 时则生成炸弹，否则生成苹果（第 19~23 行）。

再次运行游戏，看看是否可以随机落下苹果或炸弹，如图 8-61 所示。

图 8-61　随机落下苹果或者炸弹

使参数能够在外部调整

　　工厂中用到了许多与道具生成相关的参数（生成位置、生成速度、道具类型等），改变这些参数就可以调整游戏的难度。本章最后讲解的**关卡设计就是要调整这些参数，让游戏变得越来越刺激**。

　　为了能够一次性调整这些参数，需要添加一个用于调整参数的方法。请按照 List 8-9 所示修改 ItemGenerator 的内容。

List 8-9　准备变量用于调整参数的脚本

```
1  using System.Collections;
2  using System.Collections.Generic;
3  using UnityEngine;
4
5  public class ItemGenerator : MonoBehaviour {
6
7      public GameObject applePrefab;
8      public GameObject bombPrefab;
9      float span = 1.0f;
10     float delta = 0;
11     int ratio = 2 ;
12     float speed = -0.03f;
13
14     public void SetParameter(float span, float speed, int ratio) {
15         this.span = span;
16         this.speed = speed;
17         this.ratio = ratio;
18     }
19
20     void Update() {
21         this.delta += Time.deltaTime;
22         if(this.delta > this.span) {
23             this.delta = 0;
```

```
24        GameObject item;
25        int dice = Random.Range(1, 11);
26        if(dice <= this.ratio) {
27            item = Instantiate(bombPrefab) as GameObject;
28        } else {
29            item = Instantiate(applePrefab) as GameObject;
30        }
31        float x = Random.Range(-1, 2);
32        float z = Random.Range(-1, 2);
33        item.transform.position = new Vector3(x, 4, z);
34        item.GetComponent<ItemController>().dropSpeed = this.speed;
35    }
36  }
37 }
```

第 14~18 行定义了用于设置难易度参数的 SetParameter 方法。能够设置的参数有道具的生成间隔与落下速度，以及苹果和炸弹的占比。

添加一个成员变量 speed 用于表示道具落下的速度（第 12 行）。为了用 speed 变量的值决定道具落下的速度，第 34 行将该值代入 ItemController 中定义的 dropSpeed 变量。

本节创建了生成道具的工厂，还编写了用于调整游戏难易度的方法。在关卡设计的部分（8.8 节）将详细说明如何使用这些参数来调整游戏难易度。

> Tips < 关于随机数

在游戏开发过程中，控制道具的出现概率、敌人的行为模式、敌人的出现概率时，都会用到随机数。如果知道随机数的生成规律，从而分析出稀有道具的出现时机或敌人的行为规律，游戏的趣味性就会下降很多。业界中不乏许多知名游戏的随机数规则被"破解"的情况。

如何才能知道下一个随机数是多少呢？其实，电脑中的随机数并不是真正的随机数，它被称为"伪随机数"。真正的随机数应当像丢骰子这样，丢出来的结果是完全无法预测的。相反，伪随机数只是看起来随机，下一次产生的随机数实际上是早已确定了的，如图 8-62 所示。

图 8-62　真随机数与伪随机数的区别

也就是说对于伪随机数，只要知道了数列的模式就能知道下一个出现的数字是几。如果每次都从这种模式数列的第 1 个数开始取值，那么每次重置游戏后都将生成同样的随机数。为避免这一点，应改变每次从随机数列中取值的起始位置。用于控制“从数列中第几个位置开始取值”的“东西”被称为“随机数种子”，一种普遍的做法是使用当前时间作为随机数种子，如图 8-63 所示。

图8-63 随机数种子

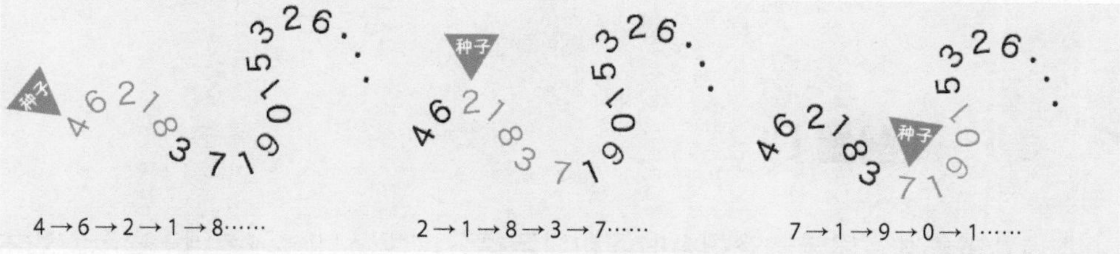

种子
4 6 2 1 8 3 7 1 9 0 1 5 3 2 6 . . .
4→6→2→1→8……
种子
4 6 2 1 8 3 7 1 9 0 1 5 3 2 6 . . .
2→1→8→3→7……
种子
4 6 2 1 8 3 7 1 9 0 1 5 3 2 6 . . .
7→1→9→0→1……

Tips 使被销毁的对象播放音效

本章我们为篮子挂载了 AudioSource 组件，当它和道具发生碰撞时将播放相应的音效。如果不这样做，改成给苹果和炸弹挂载 AudioSource 组件看起来似乎也可以，但事实却并非如此。

篮子和道具发生碰撞的瞬间，道具将会执行 Destroy 处理，在播放音效前道具上挂载的 AudioSource 组件就已经被销毁了。

如果非要通过被销毁对象上挂载的脚本播放音效，可以使用 AudioSource.PlayClipAtPoint(AudioClip clip, Vector3 pos) 方法。为该方法指定好音源和播放时的坐标后，它将在该坐标处生成新的游戏对象，并通过它来播放音效。这样就可以实现在原始游戏对象被销毁后也能播放出音效。

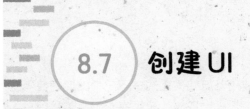

8.7　创建UI

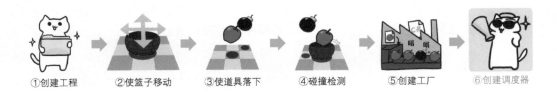

① 创建工程　② 使篮子移动　③ 使道具落下　④ 碰撞检测　⑤ 创建工厂　⑥ 创建调度器

8.7.1　配置UI

本游戏需要准备**显示游戏剩余时间和显示得分**这两个 UI。前者用于显示**游戏中剩余的时间**，后者则用于显示**玩家获得的分数**。接到苹果会加 100 分，接到炸弹则当前得分减半。

和之前的方法一样，先配置好 UI 组件，然后创建用于更新 UI 内容的调度器脚本。要创建游戏剩余时间 UI，可以在层级窗口中选择 Create → UI → Text，完成后层级窗口中将新增一项"Text"，将其改名为"Time"，如图 8-64 所示。

图8-64　创建显示剩余时间的UI

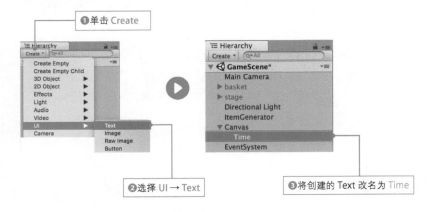

❶ 单击 Create

❷ 选择 UI → Text

❸ 将创建的 Text 改名为 Time

调整"Time"使它显示在画面右上角。在层级窗口中选择 Time，在检视器窗口中将锚点设置为**右上角**；将 Rect Transform 项的 Pos X、Pos Y、Pos Z 依次设置为 –60、–25、0，Width 和 Height 设置为 160 和 40；将 Text（Script）项中的 Text 设置为 600，FontSize 设置为 32；将 Alignment 的纵向与横向都设置为"居中"，如图 8-65 所示。

图8-65　调整time的属性

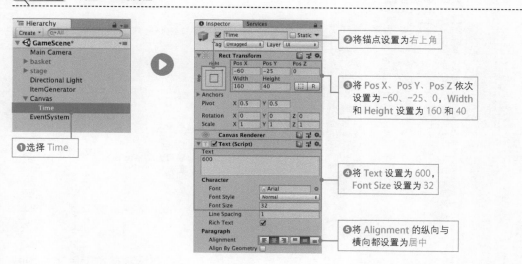

　　这样游戏剩余时间的 UI 就配置完成了。再用同样的方法对得分 UI 进行配置。在层级窗口中选择 **Create → UI → Text**，层级窗口中的"Canvas"中会新增 1 项"Text"，将其改名为"Point"，如图 8-66 所示。

图8-66　创建显示得分的UI

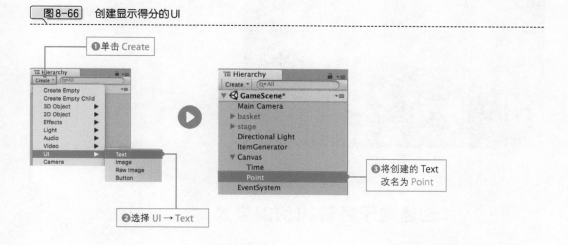

　　和之前的操作类似，调整"Point"使其显示在画面右上角。在层级窗口中选择 Point，在检视器窗口中将锚点设置为右上角；将 **Rect Transform** 项的 **Pos X**、**Pos Y**、**Pos Z** 依次设置为 –65、–70、0，**Width** 和 **Height** 设置为 160 和 40；将 **Text**（**Script**）项中的 **Text** 设置为 0 Point；将 **FontSize** 设为 32；将 **Alignment** 的纵向与横向都设置为"居中"，如图 8-67 所示。

图 8-67 调整 Point 的属性

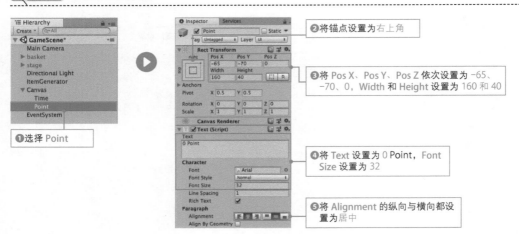

再次启动游戏确认效果，可以看到游戏剩余时间和得分都显示在右上角了，如图 8-68 所示。下面要创建用于更新 UI 的调度器。

图 8-68 显示剩余时间与得分

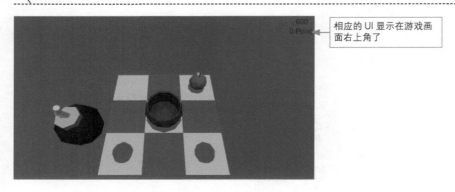

8.7.2 创建用于更新 UI 的调度器

UI 组件已经配置到场景视图中了。现在要创建能够根据游戏状况更新 UI 的调度器。**调度器会对剩余时间和得分进行管理，并将值显示在 UI 中。**

调度器的创建方法和之前相同，有以下 3 个步骤。

> 🐾 调度器的创建方法 重要！
>
> ❶ 创建调度器脚本。
>
> ❷ 创建空对象。
>
> ❸ 给空对象挂载调度器脚本。

创建调度器脚本

剩余时间控制和得分管理，先实现哪个更好呢？**我们还是先来实现剩余时间控制吧。**

剩余时间从 **60 秒开始倒计时直到 0 秒停止**。剩余时间计数器要用到帧流逝时间（Time.deltaTime）。游戏开始时剩余时间为 60 秒，每帧都会从当前剩余时间减去 deltaTime 从而实现倒计时，如图 8-69 所示。关于 Time.deltaTime 请参考第 2 章的内容。

图 8-69 倒计时的实现

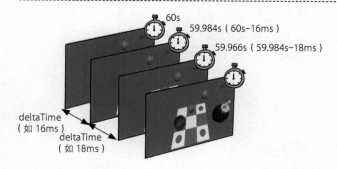

开始编写脚本。在工程窗口中单击鼠标右键，然后选择 Create → C# Script，将文件改名为 GameDirector。

接下来，双击打开创建的 GameDirector，按 List 8-10 所示输入脚本并保存。

List 8-10 管理剩余时间的脚本

```
1  using System.Collections;
2  using System.Collections.Generic;
3  using UnityEngine;
4  using UnityEngine.UI; // 使用 UI 时必须导入
5
6  public class GameDirector : MonoBehaviour {
7
8    GameObject timerText;
9    float time = 60.0f;
10
11   void Start() {
12     this.timerText = GameObject.Find("Time");
13   }
14
15   void Update() {
16     this.time -= Time.deltaTime;
17     this.timerText.GetComponent<Text>().text =
       this.time.ToString("F1");
18   }
19 }
```

为了对应之前创建的 UI 组件"Time"，第 8 行声明了 timerText 变量。Start 方法会在场景视图中搜索 UI 组件的实例然后为其代入 timerText 变量。

第 9 行将用于表示剩余时间的 time 变量初始化为 60，Update 方法将对它减去距离上一帧的时间间隔（第 16 行）。这样每次调用 Update 方法时（每帧都会调用），剩余时间都将会越来越少。第 17 行将剩余时间通过 ToString 方法转换为字符串显示到 UI 的 Text 组件上。我们希望剩余时间显示到小数点后 1 位，所以指定 ToString 的参数为"F1"（格式字符串）。

🐟 创建空对象

创建用于挂载调度器脚本的空对象。在层级窗口中选择 Create → Create Empty 创建出空对象，将它的名字改为"GameDirector"，如图 8-70 所示。

图8-70　创建空对象

🐟 为空对象挂载调度器脚本

给创建的"GameDirector"对象挂载 GameDirector 脚本。将 GameDirector 从工程窗口拖曳到层级窗口的 GameDirector 对象上，如图 8-71 所示。

图8-71　给 GameDirector 对象挂载脚本

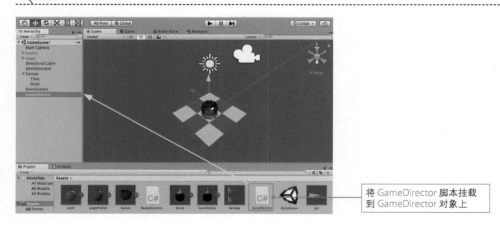

这样游戏剩余时间的更新功能就实现了。不妨启动游戏体验看看，可以发现剩余时间确实在一点点减少了，如图 8-72 所示。

图8-72 剩余时间在自动减少

随着时间流逝 UI 上的数字在变小

8.7.3 用调度器管理得分

剩余时间的更新已经完成，调度器还剩"得分管理"功能需要实现，得分值可以存放在调度器中。先来考虑一下何时更新得分。

当道具和篮子发生碰撞时，得分将发生变化。此时篮子控制器将通知调度器"增加或减少得分"，调度器收到通知后开始更新 UI。总结起来有以下 2 个步骤。

Step ❶ 篮子控制器通知调度器得分的增加或者减少。

Step ❷ 用调度器更新 UI。

上述流程其实和第 5 章 HP 血量条更新的流程是一样的。

🐟 用调度器更新 UI

调度器脚本已经创建好了，所以我们就从 Step ❷ "用调度器更新 UI"开始，如图 8-73 所示。

图8-73 UI的更新

①更新得分　　②更新 UI

在工程窗口中双击打开 GameDirector，按 List 8-11 所示修改脚本。

List 8-11 用于更新UI的脚本

```
1 using System.Collections;
2 using System.Collections.Generic;
3 using UnityEngine;
4 using UnityEngine.UI;
5
6 public class GameDirector : MonoBehaviour {
```

```
7
8    GameObject timerText;
9    GameObject pointText;
10       float time = 60.0f;
11       int point = 0;
12
13       public void GetApple() {
14           this.point += 100;
15       }
16
17       public void GetBomb() {
18           this.point /= 2;
19       }
20
21       void Start() {
22           this.timerText = GameObject.Find("Time");
23           this.pointText = GameObject.Find ("Point");
24       }
25
26       void Update() {
27           this.time -= Time.deltaTime;
28           this.timerText.GetComponent<Text>().text =
                 this.time.ToString("F1");
29           this.pointText.GetComponent<Text>().text =
                 this.point.ToString() + " point";
30       }
31  }
```

　　为了获取在场景视图中配置的 UI 组件"Point"，第 9 行声明了 pointText 变量，Start 方法将通过 Find 方法在场景视图中搜索该实体然后将其代入变量中。另外，Update 方法会将得分赋值给 pointText 变量，以便更新显示。

　　为了更新得分（point 变量），第 13~19 行定义了 GetApple 方法和 GetBomb 方法，当篮子接到苹果或炸弹时将调用相应的方法。

让篮子控制器将得分通知调度器

　　这样 Step ❷ 就完成了，接下来实现 Step ❶ 中将得分加减情况通知调度器的功能，如图 8-74 所示。

图 8-74　得分的更新

①更新得分　　　②UI 的更新

双击打开工程窗口中的 BasketController，按 List 8-12 所示修改脚本。

List 8-12 用于更新得分的脚本

```
1  using System.Collections;
2  using System.Collections.Generic;
3  using UnityEngine;
4
5  public class BasketController : MonoBehaviour {
6
7      public AudioClip appleSE;
8      public AudioClip bombSE;
9      AudioSource aud;
10     GameObject director;
11
12     void Start() {
13         this.director = GameObject.Find("GameDirector");
14         this.aud = GetComponent<AudioSource>();
15     }
16
17     void OnTriggerEnter(Collider other) {
18         if(other.gameObject.tag == "Apple") {
19             this.director.GetComponent<GameDirector>().GetApple();
20             this.aud.PlayOneShot(this.appleSE);
21         } else {
22             this.director.GetComponent<GameDirector>().GetBomb();
23             this.aud.PlayOneShot(this.bombSE);
24         }
25         Destroy(other.gameObject);
26     }
27
28     void Update() {
29         if(Input.GetMouseButtonDown(0)) {
30             Ray ray = Camera.main.ScreenPointToRay(Input.mousePosition);
31             RaycastHit hit;
32             if(Physics.Raycast(ray, out hit, Mathf.Infinity)) {
33                 float x = Mathf.RoundToInt(hit.point.x);
34             float z = Mathf.RoundToInt(hit.point.z);
35             transform.position = new Vector3(x, 0, z);
36             }
37         }
38     }
39 }
```

让篮子控制器将得分变化情况通知调度器，只需在 BasketController 中调用刚才 GameDirector 脚本中添加的 GetApple 或者 GetBomb 方法即可。

为了调用 GameDirector 脚本中的方法，第 13 行在场景视图中通过 Find 方法查找调度器对象，并将结果赋给 director 变量。

接到苹果或炸弹时，再通过 director 变量调用 GetApple 方法或者 GetBomb 方法。

这样篮子控制器就能通知调度器得分的变化情况，再由调度器反映到 UI 上，如图 8-75 所示。

🐾 **访问自身之外的对象上持有的组件的方法** 重要！

❶ 通过 Find 方法找出对象。

❷ 通过 GetComponent 方法获取对象持有的组件。

❸ 访问组件所持有的数据。

图 8-75　实现得分的更新

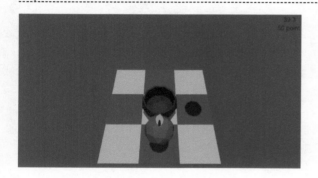

　　随着得分管理和剩余时间控制功能的实现，我们的作品越来越像一个正式的游戏了！当然，现在经过 60 秒后游戏也不会结束，道具仍会持续落下。因此，可以在剩余时间的值变为负数时，由调度器脚本通知生成器脚本"停止创建道具"。在接下来的关卡设计部分中，我们将实现这一功能。

8.8 关卡设计

本节将学习如何进行关卡设计。**关卡设计需要根据游戏的进度调整难易度，确保玩家能持续从游戏中获得更好的体验。**调整有可能让游戏更精彩，也有可能让游戏变得更乏味，这需要花费大量的时间进行调试。

8.8.1 试玩游戏

到 8.7 节为止，游戏已经能够试玩了，建议读者现在好好地体验一下游戏。最重要的是，要抱着客观的心态来试玩游戏，就像朋友邀请自己去试玩他开发的游戏那样，如图 8-76 所示。

这样做的目的是确保自己对游戏中有趣和无聊的地方都有个了解，把自己当作一个普通的玩家去感受。**下一阶段要做的就是尽量强化有趣的地方，消除乏味的地方。**

图8-76 试玩朋友制作的游戏

请读者抱着这样的态度先试玩本章开发的游戏。感觉如何呢？对笔者而言，游戏持续 30 秒后就觉得乏味了。由于一直在重复相同的任务，大脑总处于消极状态。尤其到了最后 15 秒甚至有了"怎么还没结束"的不耐烦感，如图 8-77 所示。

当然，出现这种情况不必太过悲观。**刚开发完未经任何调整就很好玩的游戏几乎是不存在的。**下面就来尝试改善游戏吧！

图8-77 随着时间流逝游戏体验开始变差

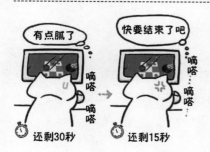

我们整理出游戏存在的两点问题。

❶ 游戏的限制时间太长导致玩家容易疲劳。

❷ 游戏缺乏变化，太过单调。

下面我们将针对这两点做改进。

8.8.2 调整游戏的限制时长

游戏的限制时间就像是改善游戏趣味性的一味"佐料"。不光是游戏，无聊的日常工作也往往会因为有了限制时间而变得更有趣。例如，我们定下工作目标——"天黑前必须完成！"后往往更容易激发出干劲，效率也能得到提升，如图 8-78 所示。

图8-78　有了限制时间后容易激发干劲

当然，也有很多有趣的游戏是没有时间限制的，毕竟如果过度强调限制时间，那么**一旦导致这种压迫感超过了趣味性，玩家就会感到不舒适**。应根据游戏的特性来判断是否需要进行时间限制，就像做菜时佐料的用法一样，如图 8-79 所示。

图8-79　限制时间和佐料很相似

试玩游戏后，我们感觉 60 秒的限制时间太长了。首先尝试将这个时间缩短看看。

应该缩短到什么程度呢？根据试玩体验，30 秒后就感觉有些腻了，可以认为游戏体验转折的临界点大约是 30 秒，因此先将限制时间改为 30 秒。

在工程视图中双击打开 GameDirector，将 time 变量的初始值从 60 秒改为 30 秒，如 List 8-13 所示。

List 8-13　更改限制时间的脚本

```
1  using System.Collections;
2  using System.Collections.Generic;
3  using UnityEngine;
4  using UnityEngine.UI;
5
6  public class GameDirector : MonoBehaviour {
7
8      GameObject timerText;
9      GameObject pointText;
10     float time = 30.0f;
11     int point = 0;
    ……省略……
```

改为 30 秒后再次体验游戏看看。由于限制时间变短了，游戏不再那么乏味，然而游戏仍然谈不上有趣。**这是因为游戏的进行过程中没有难度变化。**

好比动作类游戏，如果从"新手关"到最后的"boss 战"都是同一种难度，那么玩家应该很快就腻了吧？此时就需要**"根据游戏状况来改变难度"**的关卡设计方法登场了！

8.8.3　什么是关卡设计

关卡设计是游戏业内的专业术语，按字面意思就是对关卡进行设计。不过在游戏业内，**游戏的难易度控制属于"关卡"的内容，游戏中的地图（舞台）等也属于"关卡"的内容。**

本书将难易度调整称为关卡设计。关卡设计的核心任务就是确保**"玩家能持续获得更好的体验"**。也就是所谓的"乐趣"。如何才能达到这一目标呢？我们先暂时切换一下话题，讨论一下何谓"乐趣"。

某科学家发表了一些关于"乐趣"的研究成果。他将"沉迷"的状态称为**"心流状态"**。也就是说，**玩家的能力和要挑战内容的难易度匹配时最容易进入心流状态，沿着心流状态方向行动的人容易感受到乐趣**，如图 8-80 所示。

图8-80　趣味性和难易度的关系

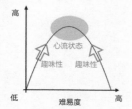

如果游戏能引导玩家进入心流状态，玩家就更能感受到游戏的乐趣。**为了让玩家更快进入心流状态，需要设置一个和玩家匹配的"最佳难易度"。**

如果游戏中的挑战过于简单，那么玩家会觉得乏味；如果太难，玩家又想放弃。不妨调整为逐渐地增加玩家挑战的难度，如图 8-81 所示。

图8-81 难易度和时间的关系

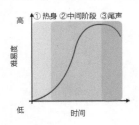

① 游戏开始时为了让玩家理解挑战的内容而设置的准备期，此时应避免游戏难度过高。

② 玩家对游戏已经比较熟悉了，此时难度可以逐渐上升，在这一阶段结束时正好达到游戏难度的巅峰。

③ 作为尾声，难度应该降下来，这是为了让玩家在通关时有较好的体验。如果直到游戏结束难度还一直很高，恐怕游戏结束后玩家会有强烈的疲劳感。为避免这一点，最后应当降低游戏的难度让玩家在轻松的体验中结束游戏。

8.8.4 挑战关卡设计

现在来试着为该游戏做关卡设计。和难易度有关系的参数有如下 3 个。

❶ 道具的生成速度。

❷ 道具的落下速度。

❸ 苹果和炸弹的比例。

可以调整这些参数来调整难易度。根据图 8-81 所示的曲线图，以游戏进度（经过的时间）为横轴，各个参数的设置如表 8-4 所示。

表8-4 根据难易度对各参数进行设置

剩余时间	道具的生成速度	道具的落下速度	炸弹的占比
30～20秒	1秒间隔	−0.03	20%
20～10秒	0.7秒间隔	−0.04	40%
10～5秒	0.4秒间隔	−0.06	60%
5～0秒	0.9秒间隔	−0.04	30%

当然，这样的设置只是根据体验初步调整的结果，肯定还有改善的空间，但这并不妨碍我们先用这些设置设计游戏，然后再根据反馈继续调整。

时间管理是由调度器负责的，到达限制时间后，调度器将向各个工厂发送"请将 xx 参数值设置为 yy"的请求，如图 8-82 所示。

图8-82 将参数值传递给工厂

设置参数值的方法已经在生成器脚本中实现了（List 8-9），现在要实现在调度器脚本中填充参数的部分。在工程窗口中双击打开 GameDirector，按 List 8-14 所示修改脚本内容。

List 8-14 设置参数的脚本

```
1  using System.Collections;
2  using System.Collections.Generic;
3  using UnityEngine;
4  using UnityEngine.UI;
5
6  public class GameDirector : MonoBehaviour {
7
8    GameObject timerText;
9    GameObject pointText;
10   float time = 30.0f;
11   int point = 0;
12   GameObject generator;
13
14   public void GetApple() {
15     this.point += 100;
16   }
17
18   public void GetBomb() {
19     this.point /= 2;
20   }
21
22   void Start() {
23     this.generator = GameObject.Find("ItemGenerator");
24     this.timerText = GameObject.Find("Time");
25     this.pointText = GameObject.Find("Point");
26   }
27
28   void Update() {
```

```
29      this.time -= Time.deltaTime;
30
31      if(this.time < 0) {
32          this.time = 0;
33          this.generator.GetComponent<ItemGenerator>().SetParameter(
            10000.0f, 0, 0);
34
35      } else if(0 <= this.time && this.time < 5) {
36          this.generator.GetComponent<ItemGenerator>().SetParameter(
            0.9f, -0.04f, 3);
37      } else if(5 <= this.time && this.time < 10) {
38          this.generator.GetComponent<ItemGenerator>().SetParameter(
            0.4f, -0.06f, 6);
39      } else if(10 <= this.time && this.time < 20) {
40          this.generator.GetComponent<ItemGenerator>().SetParameter(
            0.7f, -0.04f, 4);
41      } else if(20 <= this.time && this.time < 30) {
42          this.generator.GetComponent<ItemGenerator>().SetParameter(
            1.0f, -0.03f, 2);
43      }
44
45      this.timerText.GetComponent<Text>().text =
        this.time.ToString("F1");
46      this.pointText.GetComponent<Text>().text =
        this.point.ToString() + " point";
47  }
48 }
```

Update 方法中获取了当前剩余时间，可以根据该值为工厂设置不同的参数值。设置参数时使用的是 List 8-9 中编写的 SetParameter 方法。

当游戏结束后，为了停止生成道具，可以将生成间隔设置为一个较大的值。这样，生成下一个道具就必须经过较长的时间，看起来就好像已经停止生成道具了（当然，也可以在工厂脚本中编写真正停止生成道具的方法，不过这不是讨论的重点，所以暂时使用上面的方法）。

修改后再次启动游戏试玩。注意，每次调整后都应当客观地对游戏进行体验和评价。

▌8.8.5　调整参数

根据难易度曲线设置参数后，游戏体验如何呢？游戏随着时间不断改变难度的做法固然没错，但难易度的变化太快会使游戏的体验感不好。为了使难易度的变化过程更为自然，我们对参数再进行一些调整，如表 8-5 所示。

表8-5 考虑难易度变化的自然程度对参数进行调整

剩余时间	道具的生成速度	道具的落下速度	炸弹的占比
30～20秒	1秒间隔	−0.03	20%
20～10秒	0.8秒间隔	−0.04	40%
10～5秒	0.8秒间隔	−0.05	60%
5～0秒	0.7秒间隔	−0.04	30%

和上一次相比，现在各个参数的变化不再那样剧烈了。

将该内容反映到脚本中。双击打开 GameDirector，按 List 8-15 所示对第 35 行～43 行的部分进行替换。

List 8-15 调整参数的脚本

```
35      } else if(0 <= this.time && this.time < 5) {
36          this.generator.GetComponent<ItemGenerator>().SetParameter(
            0.7f, -0.04f, 3);
37      } else if(5 <= this.time && this.time < 10) {
38          this.generator.GetComponent<ItemGenerator>().SetParameter(
            0.8f, -0.05f, 6);
39      } else if(10 <= this.time && this.time < 20) {
40          this.generator.GetComponent<ItemGenerator>().SetParameter(
            0.8f, -0.04f, 4);
41      } else if(20 <= this.time && this.time < 30) {
42          this.generator.GetComponent<ItemGenerator>().SetParameter(
            1.0f, -0.03f, 2);
43      }
```

保存脚本后再次体验游戏，可以发现难度的变化变得比较连贯。不过，游戏开始时的热身期略长所以有些无聊，而且难度巅峰的持续时间还可以再长一些。

再次修改各个阶段的时长与道具的生成速度，具体参数如表 8-6 所示。

表8-6 从时间间隔考虑对参数进行调整

剩余时间	道具的生成速度	道具的落下速度	炸弹的占比
30～23秒	1秒间隔	−0.03	20%
23～12秒	0.8秒间隔	−0.04	40%
12～5秒	0.5秒间隔	−0.05	60%
5～0秒	0.7秒间隔	−0.04	30%

将数据反映到脚本中。和之前一样双击打开 GameDirector，按 List 8-16 所示修改第 35~43 行部分。

List 8-16 再次调整参数的脚本

```
35     } else if(0 <= this.time && this.time < 5) {
36         this.generator.GetComponent<ItemGenerator>().SetParameter(
           0.7f, -0.04f, 3);
37     } else if(5 <= this.time && this.time < 12) {
38         this.generator.GetComponent<ItemGenerator>().SetParameter(
           0.5f, -0.05f, 6);
39     } else if(12 <= this.time && this.time < 23) {
40         this.generator.GetComponent<ItemGenerator>().SetParameter(
           0.8f, -0.04f, 4);
41     } else if(23 <= this.time && this.time < 30) {
42         this.generator.GetComponent<ItemGenerator>().SetParameter(
           1.0f, -0.03f, 2);
43     }
```

保存后再次运行游戏，此时游戏和最初的版本相比已经有了非常大的改善。试玩时是不是已经能体验到游戏的乐趣了呢？

说到开发游戏，大家关注比较多的往往是脚本或者其他方面的技术。关卡的设计与调整却很容易被遗忘，专门探讨这方面的书籍也比较少见。

关卡设计工作必须在游戏能够运行以后才能进行。一些开发人员看到游戏能够运行后就觉得大功告成，殊不知，此时关卡设计的工作才刚刚开始。要想把游戏设计得更好，必须在游戏能够运行后再持续投入时间改善关卡设计才行。

用心的关卡设计，将实实在在地提升游戏的可玩性。那些好玩的游戏，大多都是花费了很多精力优化关卡设计的结果。

游戏并不是用来展示我们的技术能力的，它是为玩家而存在的。为了保证游戏作品的良好体验，请务必坚持不懈地打磨！

> **＞Tips＜ 有时开发的热情比技术更重要**
>
> 很多人觉得"开始制作游戏前必须先学好技术才行"。技术当然重要，然而对有些设计者来说，等到掌握了所有技术后，当初那种想制作游戏的欲望恐怕也荡然无存了，这样的话就得不偿失了。哪怕技术不够扎实，也完全可以随时开始尝试制作游戏，"试着做一做"的心态是非常重要的。

8.9 在手机上运行

游戏已经能够在电脑上运行了，最后将它移到手机上。该游戏在电脑上和手机上的操作没有区别，因此可以直接编译打包。

8.9.1 打包到 iOS

要在手机上测试，首先需要用 USB 数据线连接电脑和手机。手机打包的设置和之前介绍的步骤相同。

在 Bundle Identifier 中输入"com. 自身姓名的拼音 .appleCatch"（确保该字符串不与他人重复）。取消勾选 Build Settings 界面中 Scenes In Build 下的 Scenes/SampleScene 复选框，然后将工程窗口中的 GameScene 拖曳进来。完成后单击 Build 按钮，输入 AppleCatch_iOS 作为工程名开始导出。

导出结束后系统将自动打开 Xcode 工程文件夹。双击 Unity-iPhone.xcodeproj 打开 Xcode，选择 Signing 项中的 Team，即可安装到手机。

8.9.2 打包到 Android

要在手机上测试，首先需要用 USB 数据线连接电脑和手机。手机打包的设置和之前介绍的步骤相同。

在 Package Name 中输入"com. 自身姓名的拼音 .appleCatch"（确保该字符串不与他人重复）。取消勾选 Build Settings 界面中 Scenes In Build 下的 Scenes/SampleScene 复选框，然后将工程窗口中的 GameScene 拖曳进来。完成后单击 Build Settings 界面中的 Build And Run 按钮，再指定工程名为 AppleCatch_Android，指定保存工程的文件夹为 AppleCatch，确认后系统将开始生成 apk 文件并安装到手机上。